高 等 学 校 规 划 教 材

建 筑 制 图

钱晓明　吴雪梅　曲焱炎　主编
吴佩年　主审

中国建筑工业出版社

图书在版编目（CIP）数据

建筑制图/钱晓明，吴雪梅，曲焱炎主编．—北京：中
国建筑工业出版社，2015.3（2020.12重印）
高等学校规划教材
ISBN 978-7-112-17512-3

Ⅰ.①建… Ⅱ.①钱… ②吴… ③曲… Ⅲ.①建
筑制图-高等学校-教材 Ⅳ.①TU204

中国版本图书馆CIP数据核字（2014）第265161号

本书是编者多年教学研究成果和实践经验的积累与总结。全书分投影理论、建筑阴
影、建筑透视和土木工程专业制图四部分。本书配套《建筑制图习题集》供读者巩固所学
知识和练习使用。

本书内容比较丰富，理论联系实际；论述准确精炼，例证经典、难易适中；注重培养
和锻炼读者空间想象力和作图能力。

本书可作为高等学校建筑学、城市规划、室内设计、工业设计、环境艺术、装饰装潢
和风景园林等专业（或相近专业）的本科生教材，也可供从事建筑工程和建筑设计的工程
技术人员参考应用。

* * *

责任编辑：王美玲　王　跃
责任设计：王国羽
责任校对：姜小莲　关　健

高等学校规划教材
建筑制图
钱晓明　吴雪梅　曲焱炎　主编
吴佩年　主审
*
中国建筑工业出版社出版、发行（北京西郊百万庄）
各地新华书店、建筑书店经销
北京红光制版公司制版
北京建筑工业印刷厂印刷
*
开本：787×1092毫米　1/16　印张：18¾　字数：452千字
2015年7月第一版　　2020年12月第四次印刷
定价：36.00元
ISBN 978-7-112-17512-3
（26740）

前　言

本书是普通高等学校原《画法几何》、《建筑阴影与透视》和《土木工程制图》等教材的整合教材，适用于高等工科院校本科土建类等各专业工程图学相关课程的教学，也可供其他类型高等教育有关课程的教学使用。本书借鉴和吸收了多年的教学总结和实践经验，也融合了各项教学实践立项的成果，注入了新的内容，突出时代感和科学性，从而使得教材内容与工程实际相适应，推进土建类的教学改革和实践。

全书共分 17 章。内容包括：绪论；投影的基本知识；点、直线和平面的投影；立体的投影；工程曲面；轴测投影；阴影基本概念和点、直线、平面的阴影；立体的阴影；建筑细部及房屋阴影；透视图基本知识和点、直线、平面的透视；平面曲线及曲面立体的透视；建筑透视图的基本画法；透视图中的倒影和虚像；透视图阴影；斜透视；建筑制图的基本知识；工程形体的表达方法；建筑施工图。

本书在文字叙述上尽量做到简明扼要、通俗易懂，插图和例图也尽量做到简单清晰，来源于实际，便于教学。

参加本书编写工作的有：哈尔滨工业大学钱晓明（绪论、第 11 章、第 15 章、第 16 章、第 17 章）、吴雪梅（第 6 章、第 7 章、第 8 章、第 9 章、第 10 章、第 13 章）、曲焱炎（第 1 章、第 2 章、第 12 章）、贾洪斌（第 3 章）、尚元江（第 4 章）、李利群（第 5 章）、李平川（第 14 章）。由钱晓明、吴雪梅、曲焱炎任主编。哈尔滨工业大学吴佩年任主审。

由于编者的水平和经验有限，书中错漏及不妥之处在所难免，恳请使用本书的教师和读者批评指正。

目　　录

绪　　论

建筑制图是土建类各专业的重要学科基础课。它以投影法为理论基础，以各种表达方法和画法为手段，以工程对象为表达内容。这里主要介绍建筑制图课程的研究对象和学习方法。

一、本课程的性质和任务

现代各种工程建设，都离不开工程图样。例如建造一座房屋，首先，设计人员依据建设单位提供的必要条件进行设计，并将设计结果画出工程图样。然后，交到施工单位按图纸施工。因此，土木工程图样被喻为"工程界的技术语言"。它是工程技术人员表达技术思想的语言和重要工具，也是工程技术部门交流技术经验的重要资料。

建筑制图是研究绘制和阅读工程图样理论和方法的技术基础课，并通过实践培养学生的空间想象能力。建筑制图课程的主要任务是：

1. 学习投影法的基本理论及其应用。

2. 培养学生运用各种方法和画法图示表达能力。

3. 培养空间想象能力。

4. 培养绘制和阅读工程图样的基本能力。

此外，在教学过程中要有意识地培养自学能力、分析问题和解决问题的能力，以及认真负责、严谨细致的工作作风。

二、本课程的内容与要求

本课程包括画法几何、建筑阴影与透视、土木工程制图基础和建筑施工图等。具体内容可分为：

1. 画法几何是建筑制图的理论基础。通过学习投影法，掌握表达空间几何形体和图解空间几何问题的基本理论和方法。

2. 建筑阴影与透视是投影法的具体应用。通过斜投影法和中心投影法等表达建筑形体，掌握各种方法和画法。

3. 土木工程制图基础和建筑施工图要求学生贯彻国家标准中有关土木工程制图的基本规定，掌握工程形体投影图的画法、读法和尺寸标注，培养用仪器和徒手绘图的能力。

通过建筑制图的学习，应逐步熟悉有关专业的一些基本知识，了解建筑专业图的内容和图示特点，初步掌握绘制和阅读专业图样的方法。

本课程虽然为学生的绘图和读图打下一定的基础，要成为合格的工程人员还需要后续课程、生产实习、课程设计和毕业设计的学习与提高。

三、学习方法

由于本课程是一门实践性较强的课程，所以应在学习中认真地完成一定数量的习题和作业，注重理论与实践的结合，注意"多想、多画、多练"，不断提高空间想象力和创新能力。

第1章　投影的基本知识

1.1　投影的概念及分类

1.1.1　投影的概念

如图 1-1（a）所示，三角板在电灯光线照射下，落在地面上的影子就是一个呈影现象。画法几何中，把图 1-1（a）这种自然现象抽象为图 1-1（b）。相当于电灯的点 S，称为投影中心；相当于地面的平面 H，称为投影面；光线 SA、SB、SC 称为投射线。投射线 SA、SB、SC 与投影面 H 的交点 a、b、c 称为空间点 A、B、C 在投影面 H 上的投影。那么，空间△ABC 在 H 面上的投影即为△abc。

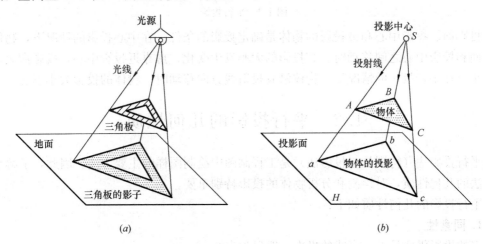

图 1-1　投影的概念

这种使空间物体在投影面上产生投影的方法，称为投影法。

1.1.2　投影的分类

按照投影中心距离投影面的远近，投影可分为中心投影和平行投影两种。

1. 中心投影

如图 1-1（b）所示，当投影中心 S 距离投影面 H 为有限远时，即所有射线在有限远处相交于一点 S，所得到的投影称为中心投影。

2. 平行投影

如图 1-2 所示，当投影中心 S 距离投影面 H 为无限远时，即所有投射线都相互平行，所得到的投影称为平行投影，根据投射线与投影面垂直与否，平行投影又分为斜投影和正

3

投影两类。

（1）斜投影

如图 1-2（a）所示，当投射线与投影面倾斜时，所得到的投影称为斜投影。

（2）正投影

如图 1-2（b）所示，当投射线与投影面垂直时，所得到的投影称为正投影。

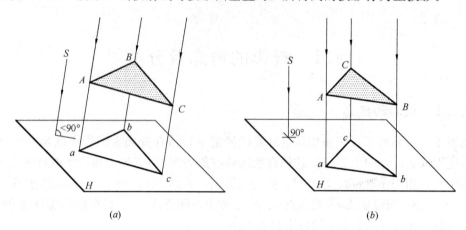

(a)   (b)

图 1-2　平行投影

投影面、投影中心和被投射的物体是确定投影的条件。在中心投影的情况下，物体在投影面和投影中心之间移动时，其投影的大小发生变化，愈靠近投影中心，投影愈大，反之愈小。在平行投影的情况下，物体沿着投射线方向移动时，物体的投影大小不变。

1.2　平行投影的几何性质

平行投影法（特别是正投影法）是工程制图中绘制图样的主要方法。因此，了解平行投影法的几何性质，对绘制和分析物体的投影特别重要。

平行投影的几何性质如下：

1. 同素性

点的投影仍然是点，直线的投影一般仍为直线。

如图 1-3 所示，过点 A 的投射线与投影面 H 的交点 a 即为点 A 的投影，过直线 BC 的投射面与投影面 H 的交线 bc 即为直线 BC 的投影。

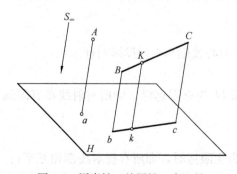

图 1-3　同素性、从属性、定比性

2. 从属性

点在直线上，点的投影在直线的投影上。如图 1-3 所示，若 $K \in BC$，则 $k \in bc$。

3. 定比性

点分线段所成的比例，等于点的投影分线段投影所成的比例。如图 1-3 所示，若 $K \in BC$，则 $BK : KC = bk : kc$。

4. 平行性

两直线平行，其投影也平行，且线段之比等

于投影之比。如图 1-4 所示，若 $AB /\!/ CD$，则 $ab /\!/ cd$，且 $AB : CD = ab : cd$。

5. 显实性

若当线段或平面平行于投影面，则它们的投影反映实长或实形。如图 1-5 所示，若 $MN /\!/ H$，则 $mn = MN$；若 $\triangle ABC /\!/ H$，则 $\triangle abc \cong \triangle ABC$。

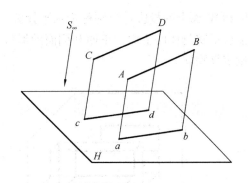

图 1-4　平行性

6. 积聚性

若直线或平面平行于投射线方向（对正投影来说，即直线或平面垂直于投影面），则直线的投影积聚为一点，平面的投影积聚为一直线，这样的投影叫作积聚投影。此时，直线上的点的投影必落在直线的积聚投影上，平面上的直线或点的投影必落在平面积聚投影上。

如图 1-6 所示，在正投影情况下，若 $AB \perp H$，则 $a(b)$ 为一点；若 $K \in AB$，则 $(k) \equiv a(b)$；若 $\triangle CDE \perp H$，则 cde 为一直线；若 $F \in \triangle CDE$、$MN \subset \triangle CDE$，则 $f \in \triangle cde$、$mn \subset \triangle cde$。

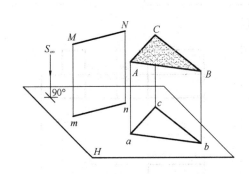

图 1-5　显实性

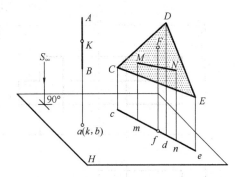

图 1-6　积聚性

1.3 多面正投影

工程制图绘制图样的主要方法是正投影法。但是，只用一个正投影图来表达物体是不够的。如图 1-7 所示，用正投影法将空间的物体 Ⅰ、Ⅱ 向投影面 H 上进行投影，所得到的投影完全相同。若根据这个投影图确定物体的形状，显然是不可能的。因为它可以是物体 Ⅰ，也可以是物体 Ⅱ。由此可见，单面正投影不能唯一地确定物体的形状，若使正投影图能够唯一地确定物体的形状就需要采用多面正投影的办法。

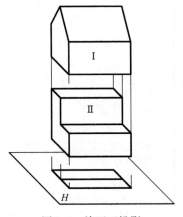

图 1-7　单面正投影

如图 1-8 所示，设定三个相互垂直的投影面 H、V、W，它们的交线是 OX、OY、OZ。用正投影法将物体分别向这三个投影面上进行投影。然后，使 V 面保持不动，把 H 面绕 OX 轴向下旋转 $90°$，把 W 面绕 OZ 轴向右旋转 $90°$，这样就得到了位于同一平面（展开后的平面）上的三个正投影图，这便是物体的三面投影图。物体在 H、

V 和 W 面上的投影，分别称为水平投影、正面投影和侧面投影。由于物体的三面投影图能够反映物体的上面、正面和侧面的形状、大小，因此根据物体的三面投影图可以唯一地确定该物体。

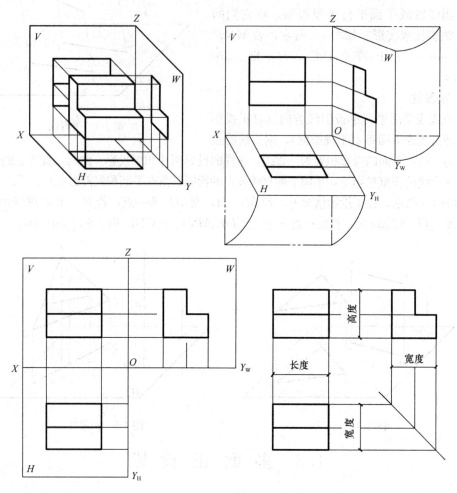

图 1-8 三面正投影的形成

思 考 题

1. 什么是中心投影，什么是平行投影？
2. 平行投影的六个几何性质是什么？
3. 什么是正投影？
4. 三面正投影图是怎样形成的，它们之间有什么关系？

第 2 章　点、直线和平面的投影

任何物体都可以看成是由点、直线和面构成的，因此在讨论物体的投影之前，应先讨论点、直线和平面的投影。

2.1　点　的　投　影

2.1.1　点的单面投影

点在某一投影面上的投影，实质上是过该点向投影面所作垂足。因此，点的投影仍然是点。

如图 2-1 所示，过空间点 A 向投影面 H 作投射线，该投射线与 H 面的交点 a，即为点 A 在 H 面上的投影。这个投影是唯一确定的。但是反过来，给出投影 a，不能唯一确定 A 点的空间位置。因为位于投射线上的所有点（如 A_1 点），其投影均与 a 重合。所以，空间点和它的单面投影之间不具有——对应的关系。

2.1.2　点的两面投影

要确定点的空间位置需要有点的两面投影。如图 2-2 (a) 所示，给出在两投影面的空间内有一点 A，由 A 点分别向 H 面和 V 面作垂线，所得的两个垂足即为 A 点的两个投影 a 和 a'。点 A 在 H 面上的投影 a，称为点 A 的水平投影；点 A 在 V 面上的投影 a'，称为点 A 的正面投影。现在假想把空间点 A 移去，再过 a 和 a' 分别作 H 面和 V 面的垂线，其交点就是点 A 的空间位置。这就是说，由空

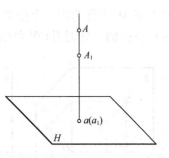

图 2-1　点的单面投影

间点的两个投影即可确定点的空间位置。由此可见，空间点和它的两个投影之间具有——对应的关系。

投影 a 位于 H 面上，a' 位于 V 面上。为使 a 和 a' 位于同一平面内，可以把 H、V 两个平面展成一个平面。如图 2-2 (b)，使 V 面保持不动，将 H 面绕 OX 轴向下旋转 $90°$ 与 V 面重合，即得点的两面正投影图，见图 2-2 (c)。其投影特性如下：

(1) 点的水平投影 a 和正面投影 a' 的连线（投影联系线）垂直于投影轴 OX，即 $\overline{aa'} \perp OX$；

(2) 点的水平投影到 OX 轴的距离等于空间点到 V 面的距离，点的正面投影到 OX 轴的距离等于空间点到 H 面的距离，即 $|aa_x| = |Aa'|$，$|a'a_x| = |Aa|$。

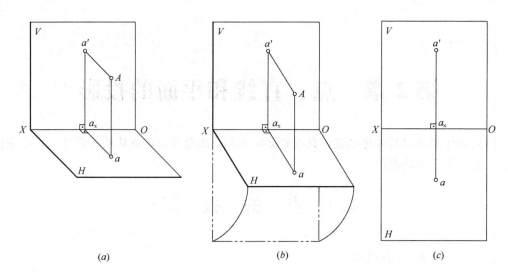

图 2-2　点的两面投影

2.1.3　点的三面投影

虽然点的两面投影已经能够确定点在空间的位置，但为表达物体特别是较复杂的物体，常常需要三面投影，因此还需要研究点的三面投影及其相互间的投影关系。

如图 2-3（a）所示，在两投影面 H 和 V 的基础上，再在右侧设立一个同时垂直于 H 和 V 的 W 面作为第三个投影面，该投影面称为侧立投影面。W 面与 H 面和 V 面的交线也称投影轴，分别用 OY 和 OZ 表示，OX、OY 和 OZ 的交点 O 称为原点。

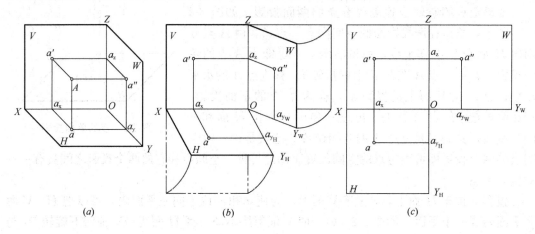

图 2-3　点的三面投影

如图 2-3（a）所示，给出在三投影面的空间内有一点 A，由 A 点分别向 H、V、W 面作垂线，所得的三个垂足即为 A 点的三个投影 a、a' 和 a''。在 W 面上的投影 a'' 称为点 A 的侧面投影。

如图 2-3（b）所示，为把三个投影 a、a' 和 a'' 表示在同一平面上，我们规定 V 面不动，把 H 面绕 OX 轴向下旋转 $90°$，把 W 面绕 OZ 轴向右旋转 $90°$，与 V 面重合（随 H 面旋转的 OY 轴以 OY_H 表示，随 W 面旋转的 OY 轴以 OY_W 表示），这样即得点的三面投影图，见图 2-3（c）。点的三面投影特性如下：

（1）点的水平投影 a 和正面投影 a' 的连线（投影联系线）垂直于投影轴 OX，即 $\overline{aa'}$ $\perp OX$；

（2）点的正面投影 a' 和侧面投影 a'' 的连线（投影联系线）垂直于投影轴 OZ，即 $\overline{a'a''}$ $\perp OZ$；

（3）点的侧面投影 a'' 到 OZ 轴的距离等于点的水平投影 a 到 OX 轴的距离（都等于空间点到 V 面的距离），即 $|a''a_z| = |aa_x|$ $(= |Aa'|)$。

上述特性说明了在点的三面投影图中，每两个投影之间都有一定的投影规律，因此，只要给出点的任意两个投影就可以求出第三个投影。

【例 2-1】 已知 A 点的水平投影 a 和正面投影 a'，求其侧面投影 a''，如图 2-4（a）所示。

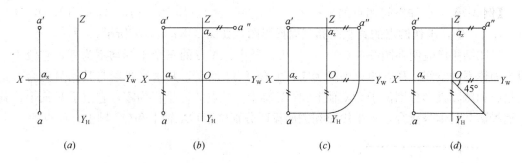

图 2-4 点的"二补三"作图

作图：

（1）如图 2-4（b）所示，过 a' 作 OZ 轴的垂线交 OZ 于 a_z（a'' 必在 $a'a_z$ 的延长线上）；

（2）在 $a'a_z$ 的延长线上截取 $a_z a'' = aa_x$，即得 a''。

作图中为使 $a''a_z = aa_x$，也可以用 1/4 圆弧将 aa_x 转向 $a''a_z$，如图 2-4（c）所示，可以用 45°斜线将 aa_x 转向 $a''a_z$，如图 2-4（d）所示。

2.1.4　点的投影和坐标的关系

如图 2-5 所示，如果把三个投影面视为三个坐标面，那么 OX、OY、OZ 即为三个坐

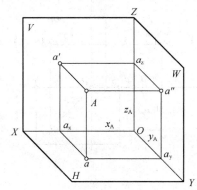
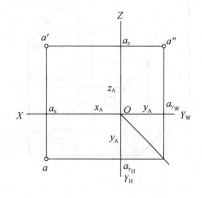

图 2-5　点的投影与坐标的关系

标轴，三个轴的交点即为坐标原点。这样点到投影面的距离就可以用点的三个坐标 x、y、z 来表示：

A 点到 W 面的距离等于它的 x 坐标，即 $Aa'' = Oa_x = x_A$；

A 点到 V 面的距离等于它的 y 坐标，即 $Aa' = Oa_y = y_A$；

A 点到 H 面的距离等于它的 z 坐标，即 $Aa = Oa_z = z_A$。

图中明显地反映出点的投影与坐标的关系：

坐标 x_A 和 y_A 确定了水平投影 a；

坐标 x_A 和 z_A 确定了正面投影 a'；

坐标 y_A 和 z_A 确定了侧面投影 a''。

由此可见，给出点的坐标可作出点的投影，反过来，给出点的投影也可量出点的坐标。

【**例 2-2**】 已知空间四点的坐标，$A(50，30，30)$，$B(20，40，0)$，$C(10，0，50)$，$D(30，0，0)$，求作四点的直观图和三面投影图，如图 2-6(a)、(b) 所示。

作图结果已表明在图 2-6 (c)、(d) 中。其中：A 点的三个坐标均不为零，它位于三投影面体系的空间；B 点的 z 坐标为零，它位于 H 面上，其水平投影与其本身重合，正面投影和侧面投影分别位于 OX 轴上和 OY 轴上；C 点的 y 坐标为零，它位于 V 面上，其正面投影与其本身重合，水平投影和侧面投影分别位于 OX 轴上和 OZ 轴上；D 点的 y、z

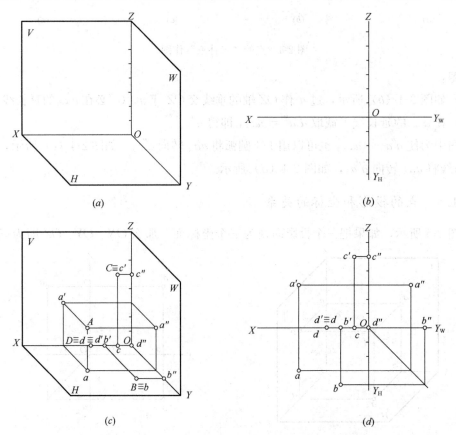

图 2-6　根据点的坐标作直观图和三面投影面

坐标均为零，它位于 OX 轴上，其正面投影和水平投影与其本身重合，侧面投影与原点重合。

2.1.5　两点的相对位置、重影点

两点的相对位置是指两点间的左右、上下、前后的位置关系。在投影图上判别两点的相对位置是读图中的重要问题。

如图 2-7（a）所示，假定观察者面对 V 面，则 OX 轴的指向为左方，OY 轴的指向为前方，OZ 轴的指向为上方，于是两点间的相对位置是：

比较 x 坐标的大小，可以判定两点左右的位置关系，x 大的点在左，x 小的点在右；比较 y 坐标的大小，可以判定两点前后的位置关系，y 大的点在前，y 小的点在后；比较 z 坐标的大小，可以判定两点上下的位置关系，z 大的点在上，z 小的点在下。

从三面投影图上看就是：

两点的水平投影反映两点间的左右、前后的位置关系；

两点的正面投影反映两点间的左右、上下的位置关系；

两点的侧面投影反映两点间的前后、上下的位置关系。

根据图 2-7（b）中 A、B 两点的三面投影可以判断：A 点在左，B 点在右；A 点在前，B 点在后；A 点在上，B 点在下。

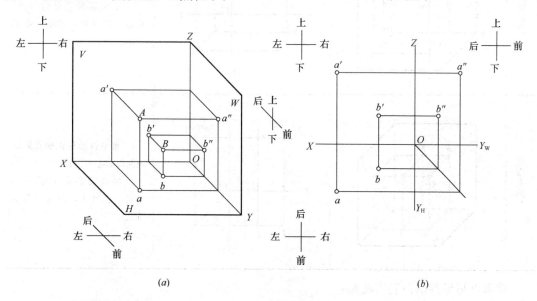

（a）　　　　　　　　　　　　　（b）

图 2-7　两点的相对位置

如果空间两个点在某一投影面上的投影重合，那么这两个点就叫作对于该投影面的重影点。见表 2-1，其中：

水平投影重合的两个点叫水平（H 面）重影点；

正面投影重合的两个点叫正面（V 面）重影点；

侧面投影重合的两个点叫侧面（W 面）重影点。

显然，出现两个点投影重合的原因是两个点位于某一投影面的同一条投射线上（这两

个点的某两个坐标相同）。因此，当观察者沿投射线方向观察两点时，必有一点可见，一点不可见，这就是重影点的可见性。

<table>
<tr><td colspan="4" align="right">重　影　点　　　　　　　　　　　　　　　　表 2-1</td></tr>
<tr><td></td><td>直观图</td><td>投影图</td><td>投影特性</td></tr>
<tr><td>水平重影点</td><td></td><td></td><td>1. 正面投影和侧面投影反映两点的上下位置
2. 水平投影重合为一点，上面一点可见，下面一点不可见</td></tr>
<tr><td>正面重影点</td><td></td><td></td><td>1. 水平投影和侧面投影反映两点的前后位置
2. 正面投影重合为一点，前面一点可见，后面一点不可见</td></tr>
<tr><td>侧面重影点</td><td></td><td></td><td>1. 水平投影和正面投影反映两点的左右位置
2. 侧面投影重合为一点，左面一点可见，右面一点不可见</td></tr>
</table>

重影点可见性的判别方法是：

对水平重影点，观察者从上向下看，上面一点可见，下面一点不可见；

对正面重影点，观察者从前向后看，前面一点可见，后面一点不可见；

对侧面重影点，观察者从左向右看，左面一点可见，右面一点不可见。

在投影图上判别重影点的可见性时，要求把不可见点的投影符号用括号括起来。

2.2　直　线　的　投　影

直线常用线段的形式来表示，在不考虑线段本身的长度时，也常把线段称为直线。

直线的投影，实质上是过该直线的投射面与投影面的交线，所以直线的投影还是直线（特殊情况除外），如图 2-8（a）所示。

由初等几何知道，两点决定一直线，所以作直线段的投影，只要分别作出直线段两端点的三面投影，然后再分别把这两点在同一投影面上的投影（以下简称同面投影）连接起来，即得直线的投影，如图 2-8（b）、（c）所示。

根据直线与投影面的相对位置，可把直线分为一般位置直线和特殊位置直线。

2.2.1　一般位置直线

如图 2-8（a）所示，与三个投影面都倾斜的直线 AB 称为一般位置直线。它与投影面 H、V、W 的倾角分别为 α、β、γ。其投影特性如下：

（1）直线的三面投影与投影轴都倾斜，任何投影与投影轴的夹角，均不反映直线与任何投影面的倾角；

（2）直线的三面投影均小于实长，即 $|ab|=|AB|\cdot\cos\alpha$，$|a'b'|=|AB|\cdot\cos\beta$，$|a''b''|=|AB|\cdot\cos\gamma$。

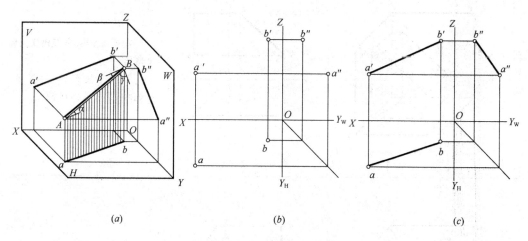

(a)　　　　　　　　　　(b)　　　　　　　　　　(c)

图 2-8　一般位置直线的投影

2.2.2　特殊位置直线

只与某一个投影面平行或垂直的直线叫特殊位置直线，它包括投影面平行线和投影面垂直线两种。

1. 投影面平行线

只与一个投影面平行（与另外两个投影面倾斜）的直线称为投影面平行线，与 H 面平行的直线称为水平线，与 V 面平行的直线称为正平线，与 W 面平行的直线称为侧平线。表 2-2 列出了这三种直线的直观图和三面投影图，从中可以归纳出投影面平行线的投影特性：

（1）直线在其平行的投影面上的投影反映线段的实长（显实性），并且该投影与投影轴夹角反映直线与相应投影面的倾角；

（2）直线的其他两个投影均平行于相应的投影轴，但不反映线段的实长。

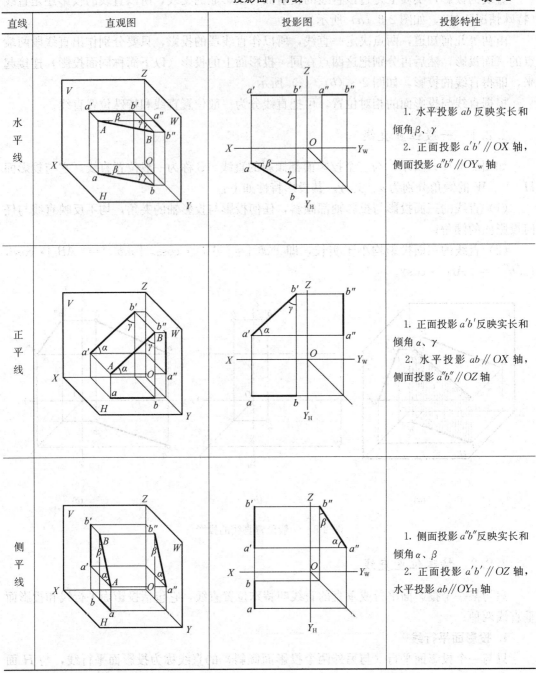

直线	直观图	投影图	投影特性
水平线			1. 水平投影 ab 反映实长和倾角 β、γ 2. 正面投影 $a'b'$ // OX 轴，侧面投影 $a''b''$ // OY_w 轴
正平线			1. 正面投影 $a'b'$ 反映实长和倾角 α、γ 2. 水平投影 ab // OX 轴，侧面投影 $a''b''$ // OZ 轴
侧平线			1. 侧面投影 $a''b''$ 反映实长和倾角 α、β 2. 正面投影 $a'b'$ // OZ 轴，水平投影 ab // OY_H 轴

2. 投影面垂直线

只与一个投影面垂直（必然与另外两个投影面平行）的直线称为投影面垂直线。与 H 面垂直的直线称为铅垂线，与 V 面垂直的直线称为正垂线，与 W 面垂直的直线称为侧垂线。表 2-3 列出了这三种直线的直观图和三面投影图，从中可以归纳出投影面垂直线的投影特性：

（1）直线在其垂直的投影面上的投影，积聚为一点（积聚性）；

（2）直线的其他两个投影均垂直于相应的投影轴，且反映线段的实长（显实性）。

投影面垂直线　　　　　　　　　　　　　　　　　　　　表 2-3

直线	直观图	投影图	投影特性
铅垂线			1. 水平投影积聚成一点 a (b) 2. 正面投影 $a'b'$ 垂直 OX 轴，侧面投影 $a''b''$ 垂直 OY_H 轴，并且都反映实长
正垂线			1. 正面投影积聚成一点 a' $(b)'$ 2. 水平投影 ab 垂直 OX 轴，侧面投影 $a''b''$ 垂直 OZ 轴，并且都反映实长
侧垂线			1. 侧面投影积聚成一点 a'' (b'') 2. 正面投影 $a'b'$ 垂直 OZ 轴，水平投影 ab 垂直 OY_H 轴，并且都反映实长

2.2.3　直线上的点

点在直线上，即点属于直线。根据平行投影的从属性和定比性可知：若点在直线上，则点的投影必落在直线的同面投影上，且点分线段所成的比例等于点的投影分线段相应投影所成的比例。

如图 2-9 所示，如果 $C \in AB$，则 $c \in ab$，$c' \in a'b'$，$c'' \in a''b''$；且 $AC : CB = ac : cb = a'c' : c'b' = a''c'' : c''b''$。

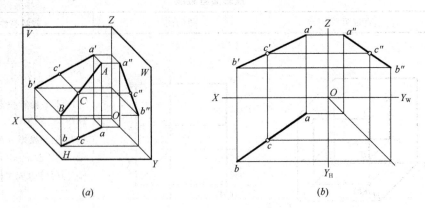

图 2-9 直线上的点

【**例 2-3**】 已知 C 点在水平线 AB 上，且 $AC = 20$ mm，求 C 点的两面投影（图 2-10）。

作图：

（1）在直线的水平投影（实长投影）ab 截取 $ac = 20$mm，得 c 点；

（2）自 c 点向上引联系线，在直线的正面投影 $a'b'$ 上确定出 c' 点。

【**例 2-4**】 已知 C 点在侧平线 AB 上，试根据水平投影 c 求正面投影 c'（图 2-11）。

作图：

用定比性将正面投影分成与水平投影成相同的比例，即 $\dfrac{a'c'}{c'b'} = \dfrac{ac}{cb}$，得正面投影 c'（图中表明了分定比的几何作图方法）。

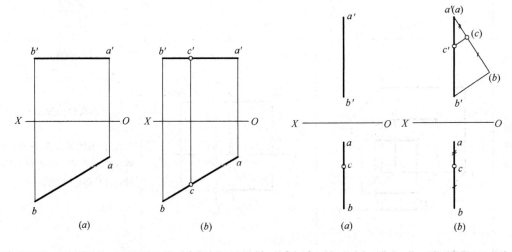

图 2-10 在水平线上定点
(a) 已知；(b) 作图

图 2-11 在侧平线上定点
(a) 已知；(b) 作图

2.2.4 线段的实长与倾角

在前节中，通过对特殊位置直线投影的讨论知道，特殊位置直线的投影能反映线段的实长和对投影面的倾角，而一般位置直线的投影均不反映实长，且投影与投影轴的夹角也不反映直线与投影面的倾角。但是，可以在投影图上用几何作图的方法求出一般位置直线的实长和倾角。这种方法称为直角三角形法。

如图 2-12（a）所示，过线段的端点 B 作水平投影 ab 的平行线，交 Aa 于 A_0，则 $\triangle AA_0B$ 是一个直角三角形。在此三角形中，直角边 A_0B 等于水平投影 ab，直角边 AA_0 等于线段两端点的 z 坐标差（$AA_0 = Aa - Bb = z_A - z_B = \Delta z_{AB}$），斜边 AB 即是线段的实长，而 $\angle ABA_0$ 等于线段与投影面 H 的倾角 α。

根据直观图的分析，可以利用它所表明的直角三角形中线段的实长、倾角、两端点坐标差和投影之间的关系，来完成如图 2-12（b）投影图上的求实长和 α 角的几何作图：

（1）以水平投影 ab 为一直角边，在另一直角边（自 a 点所作与 ab 垂直的线段）上截 $A_1a = a'a_0'（\Delta z_{AB}）$；

（2）连接 A_1b，作 $Rt\triangle abA_1$，则 $\triangle abA_1 \cong \triangle A_0BA$，斜边 A_1b 等于线段实长 AB，斜边 A_1b 与水平投影 ab 的夹角等于直线 AB 与 H 面的倾角 α。

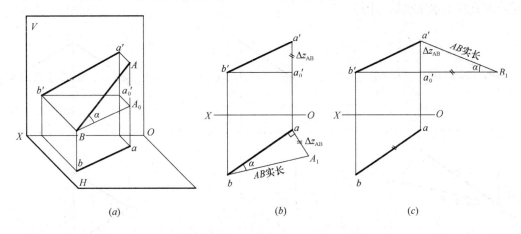

图 2-12　求线段的实长和 α 角

上述在投影图中完成的几何作图方法就是直角三角形法。在直角三角形中，有线段的实长、倾角 α、两端点的 z 坐标差、水平投影 ab 四个几何要素，只要知道其中的两个，另外两个就可以求得。这样完成的几何作图也可以如图 2-12（c）所示的那样来完成：以 $a'a_0'（\Delta z_{AB}）$为一直角边，在另一直角边（即 $b'a_0'$ 的延长线上）截取 $a_0'B_1$ 等于水平投影 ab，作 $Rt\triangle B_1a_0'a'$，则 $\triangle B_1a_0'a' \cong \triangle A_0BA$，斜边 $a'B_1 = AB$ 实长，$\angle a'B_1a_0' = \angle \alpha$。

图 2-13（a）表明了求一般位置直线实长和对 V 面的倾角 β 的作图原理。图 2-13（b）或图 2-13（c）是作图方法：以正面投影为一直角边，以两端点的 y 坐标差（Δy_{AB}）为另一直角边，作直角三角形，则三角形的斜边等于线段的实长，斜边与正面投影的夹角等于直线与 V 面的倾角 β。

【例 2-5】　在直线 AB 上截取 AK＝15mm（图 2-14），求 K 点的两面投影。

作图：

（1）用直角三角形法作出线段 AB 的实长 aB_1；

（2）在 aB_1 上截取 aK_1＝15mm；

（3）用分定比的方法找出 K 点的投影 k 和 k'。

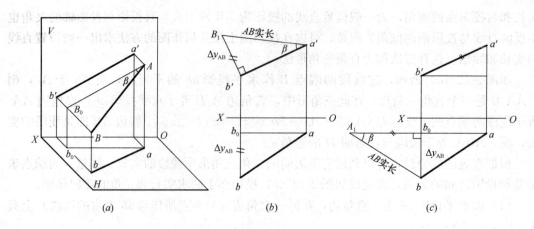

图 2-13　求线段的实长和 β 角

【例 2-6】 已知直线 AB 的正面投影 $a'b'$，A 点的水平投影 a，直线对 H 面的倾角 $\alpha = 30°$，求直线的水平投影（图 2-15）。

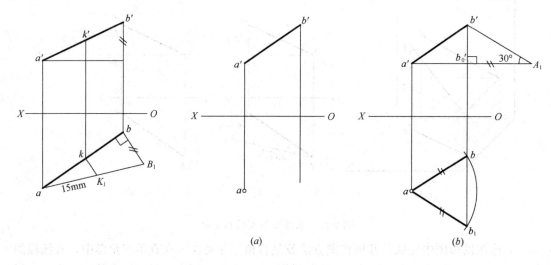

图 2-14　在一般直线
　　　上截取定长

图 2-15　补出线段的水平投影

作图：

（1）在正面投影上自 a' 点引 OX 轴平行线，与投影联系线相交于 b_0'，则 $b'b_0$ 为线段两端点的 z 坐标差（Δz_{AB}）；

（2）自 b' 点引与水平方向夹角 $30°$ 的斜线，与 $a'b_0'$ 的延长线交于 A_1 点，则 $\angle A_1 = \angle \alpha = 30°$，$A_1b_0' = ab$；

（3）在水平投影上以 a 点为圆心，以 A_1b_0' 为半径画弧，与投影联系线相交于 b 和 b_1；

（4）连 ab 和 ab_1，即为所求的水平投影（此题有两解）。

2.2.5　两直线的相对位置

空间两直线的相对位置有三种情况：平行、相交和交错。

1. 两直线平行

由平行投影的平行性可知：若空间两直线相互平行，则它们的同面投影也一定相互平行。反之，如果两直线的各同面投影相互平行，则这两直线在空间也一定相互平行，且两平行线段的长度之比等于同面投影的长度之比。

如图 2-16 所示，若 $AB /\!/ CD$，则有 $ab /\!/ cd$，$a'b' /\!/ c'd'$，$a''b'' /\!/ c''d''$，且 $AB : CD = ab : cd = a'b' : c'd' = a''b'' : c''d''$。

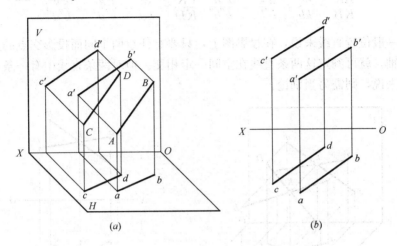

图 2-16 两平行直线的投影

对两条一般位置直线来说，在投影图上，只要有任意两个同面投影相互平行，就可判定这两条直线在空间一定平行。但对两条同为某一投影面的平行线来说，则需从两直线在该投影面上的投影是否平行来判定；或者当它们的方向趋势一致时，看其他两面投影的比例是否相等就可以了。如图 2-17 所示，两侧平线侧面投影不平行，故空间两侧平线不平行。

2. 两直线相交

两直线相交，必有一个交点，该交点为两直线的公共点。由平行投影的从属性和定比

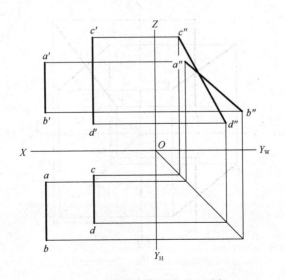

图 2-17 判断两侧平线是否平行

性，可得出如下结论：

（1）两直线相交，其同面投影必然相交，且投影的交点就是交点的投影（投影交点的连线必垂直于投影轴）；

（2）交点分线段所成的比例等于交点的投影分线段同面投影所成的比例。

如图 2-18 所示，若 $AB \cap CD$，K 为交点，则 $ab \cap cd$，$a'b' \cap c'd'$，$a''b'' \cap c''d''$，且

$$\frac{AK}{KB} = \frac{ak}{kb} = \frac{a'k'}{k'b'} = \frac{a''b''}{k''b''}, \frac{CK}{KD} = \frac{ck}{kd} = \frac{c'k'}{k'd'} = \frac{c''k''}{k''d''}$$

对两条一般位置直线来说，在投影图上，只要有任意两个同面投影交点的连线垂直于相应的投影轴，就可判定这两条直线在空间一定相交。但对两条直线中有一条为某一投影面的平行线来说，则需另当别论。

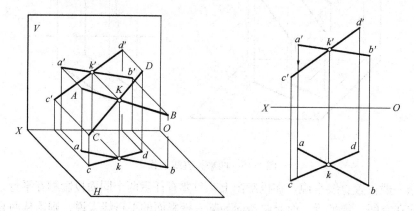

图 2-18 相交两直线的投影

如图 2-19 所示，AB 为一般位置直线，CD 为侧平线，在此种情况下，仅凭其水平投影和正面投影尚不能判定两直线是否相交。因为它们上面交点的连线总是垂直于 OX 轴的。可以用两种方法进行判定。

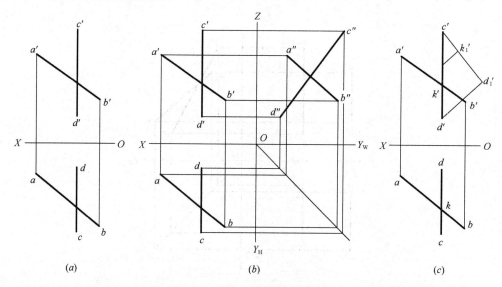

(a)　　　　　　　　　(b)　　　　　　　　　(c)

图 2-19 判别两直线是否相交

方法1：

利用第三面投影进行判定：作出两直线的侧面投影 $a''b''$ 和 $c''d''$，如果侧面投影也相交，且侧面投影的交点和正面投影的交点连线垂直于 OZ 轴，则两直线是相交的，否则不相交。从图 2-19（b）上可以看出，两直线正面投影的交点和其侧面投影的交点连线不垂直于 OZ 轴，故 AB 和 CD 两直线不相交。

方法2：

利用直线上点的定比性进行判定：如图 2-19（c）所示，假定 AB 与 CD 相交于 K，则 $ck:kd$ 应等于 $c'k':k'd'$。可以在正面投影上过 c' 任作一直线段，取 $c'k_1' = ck$，$k_1'd_1' = kd$；连接 $d_1'd'$，过 k_1' 作 $d_1'd'$ 的平行线，它与 $c'd'$ 的交点不是 k'。说明 $ck:kd \neq c'k':k'd'$。由此也可判定直线 AB 和 CD 不相交。

3. 两直线交错

空间两直线既不平行，也不相交，称为交错直线。因此，交错直线的投影，既不具备两直线平行的投影特点，也不具备两直线相交的投影特点。交错直线的同面投影可能相交，但同面投影的交点并不是空间一个点的投影，因此投影交点的连线不垂直于投影轴。

实际上，交错直线投影的交点，是空间两个点的投影，是位于同一投射线上而分属于两条直线的一对重影点。

从图 2-20 可以看出，直线 CD 上的点Ⅰ和 AB 上的点Ⅱ，位于同一条铅垂线上，是 H 面的重影点，即交点 1(2)。自 1(2) 向上引联系线即可找到它们的正面投影 $1'$、$2'$。比较 $1'$ 和 $2'$ 可知，位于直线 CD 上的Ⅰ点在上，位于直线 AB 上的Ⅱ点在下。因此，当沿着投影方向从上向下看时，水平重影点 1 可见，2 不可见。

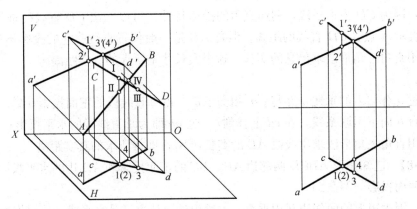

图 2-20 两交错直线的投影

直线 CD 上的点Ⅲ和 AB 上的点Ⅳ，位于同一条正垂线上，是 V 面的重影点，即交点 $3'(4')$。自交点 $3'(4')$ 向下引联系线即可找到它们的水平投影 3、4。比较 3 和 4 可知，位于直线 CD 上的Ⅲ点在前，位于直线 AB 上的Ⅳ点在后。因此，当沿着投影方向从前向后看时，正面重影点 $3'$ 可见，$4'$ 不可见。

2.2.6　直角的投影

空间的两直线，夹角可以是锐角、钝角或直角。一般地，要使两直线的夹角在某一投影面上的投影角度不变，必须使两直线都平行于该投影面。但是，对于直角来说，只要有一条直角边平行于某一个投影面，则该直角在该投影面上的投影仍然是直角，这就是直角的投影特性。

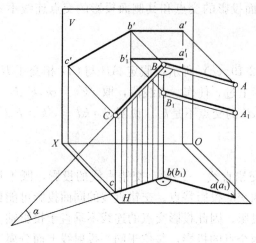

图 2-21　证明直角投影特性

直角投影特性的证明如图 2-21 所示：

设直线 $AB \perp BC$，且 $AB \parallel H$，证明 $ab \perp bc$。

$\because AB \perp BC$，$AB \perp Bb$（$AB \parallel H$，$Bb \perp H$），$\therefore AB \perp CBbc$；又 $\because ab \parallel AB$，$\therefore ab \perp CBbc$，故 $ab \perp bc$；证毕。

如果把 AB 直线平移至 A_1B_1 的位置上，即 A_1B_1 与 BC 垂直交错，那么同样可以证明 $a_1b_1 \perp bc$。也就是说，两垂直直线（垂直相交或垂直交错）只要其中有一条直线是水平线，则它们的水平投影一定垂直。

同理可知，两垂直直线（垂直相交或垂直交错），只要其中有一条直线是正平线，则它们的正面投影一定垂直。

图 2-22 给出了两直线的两面投影，根据直角投影特性可以断定它们在空间是相互垂直的，其中（a）、（c）是垂直相交，（b）、（d）是垂直交错。

【例 2-7】　求 A 点到正平线 CD 间的距离（图 2-23）。

分析：因为 CD 为正平线，利用直角的投影特性，可以作出 CD 直线的垂线 AB，线段 AB 就表示 A 点到 CD 直线的距离。但是 AB 是一般位置直线，它的投影不反映实长，因此需要用直角三角形法求出它的实长，这个实长才是所求的真实距离。

作图：

（1）过 a' 作 $c'd'$ 的垂线，并与 $c'd'$ 相交于 b'，得垂直线段的正面投影 $a'b'$；

（2）自 b' 向下引联系线，在 cd 上找到 b，连 ab 即为垂直线段的水平投影；

（3）用直角三角形法求出线段 AB 的实长 $a'B_1$，即得所求的真实距离。

【例 2-8】　已知矩形 $ABCD$ 两邻边 AB、BC 的正面投影和 AB 边的水平投影，试完成该矩形的两面投影（图 2-24）。

分析：因为矩形的两邻边互相垂直，而给出的 AB 边又是水平线，故根据直角投影特性可知 AB、BC 两邻边的水平投影一定垂直；又因为矩形的对边互相平行，根据平行两直线的投影特性可作出其余两边的投影。

作图：

（1）过 b 点作 ab 的垂线与过 c' 点的投影联系线相交于 c 点；

（2）分别过 a、c 作 bc 和 ab 的平行线，两平行线相交于 d 点，即得矩形的水平投影 $abcd$；

（3）分别过 a'、c' 作 $b'c'$ 和 $a'b'$ 的平行线，两平行线相交于 d' 点，即得矩形的正面投影 $a'b'c'd'$（dd' 连线应垂直于 OX 轴）。

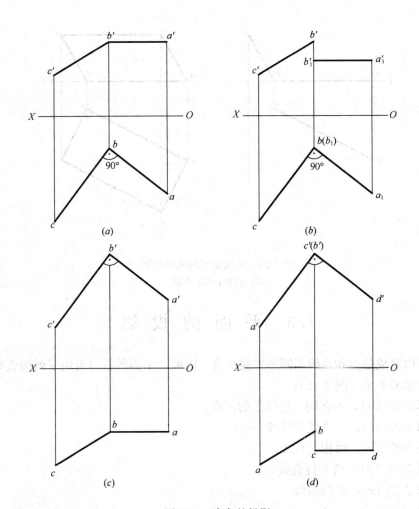

图 2-22　直角的投影

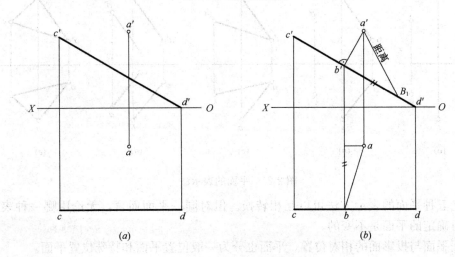

图 2-23　求点到直线间的距离

(a) 已知；(b) 作图

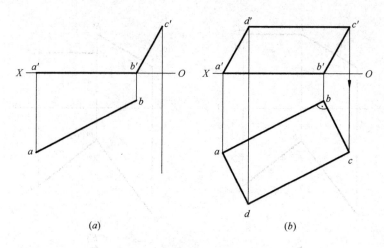

图 2-24　完成矩形的两面投影
(a) 已知；(b) 作图

2.3　平　面　的　投　影

平面可以看成是点和直线不同形式的组合。因此，平面的投影可用下列构成平面的几何要素的投影来表示（图 2-25）：

(1) 图 2-25 (a)，不在同一直线上的三点；

(2) 图 2-25 (b)，一直线和线外一点；

(3) 图 2-25 (c)，两相交直线；

(4) 图 2-25 (d)，两平行直线；

(5) 图 2-25 (e)，平面图形。

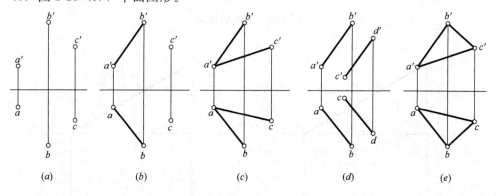

图 2-25　平面的表示法

以上五种平面的表示方法可以互相转换。但对同一平面而言，无论用哪一种表示方法，它所确定的平面是不变的。

根据平面与投影面的相对位置，平面也分为一般位置平面和特殊位置平面。

2.3.1　一般位置平面

与三个投影面都倾斜的平面称为一般位置平面。

如图 2-26 所示，由于一般位置平面与三个投影面都倾斜，因此平面三角形的三个投影均不反映实形，也无积聚性，但仍为原图形的类似形。

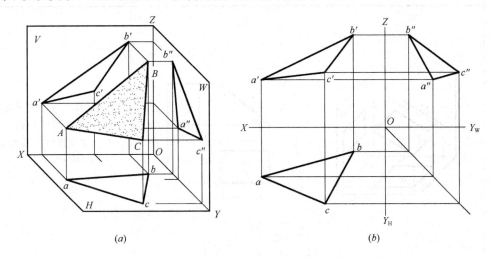

图 2-26　一般位置平面的投影

2.3.2　特殊位置平面

只与一个投影面垂直或平行的平面称为特殊位置平面。它包括投影面垂直面、投影面平行面两种。

1. 投影面垂直面

只与一个投影面垂直的平面称为投影面垂直面，其中：垂直于 H 面的平面称为铅垂面；垂直于 V 面的平面称为正垂面；垂直于 W 面的平面称为侧垂面。

表 2-4 列出了这三种平面的直观图和三面投影图，从中可以归纳出投影面垂直面的投影特性：

（1）平面在其垂直的投影面上的投影积聚成线段（积聚性），并且该投影与投影轴的夹角等于该平面与相应投影面的倾角；

（2）平面的其他两个投影都小于实形。

投影面垂直面 表 2-4

平面	直观图	投影图	投影特性
铅垂面			1. 水平投影 p 积聚成直线，并反映平面的倾角 β 和 γ 2. 正面投影 p' 和侧面投影 p'' 不反映实形

25

平面	直观图	投影图	投影特性
正垂面	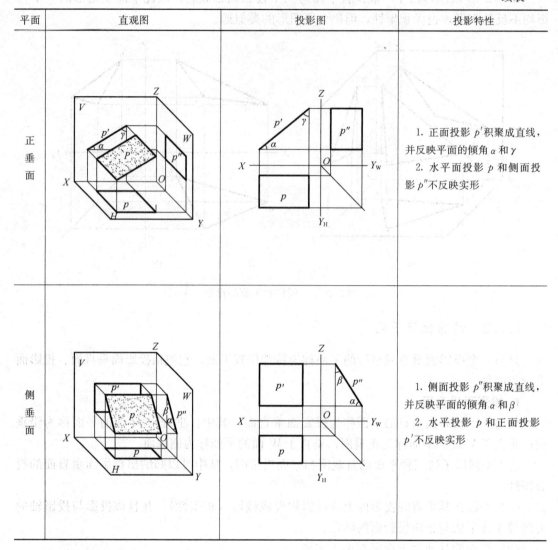		1. 正面投影 p' 积聚成直线，并反映平面的倾角 α 和 γ 2. 水平面投影 p 和侧面投影 p'' 不反映实形
侧垂面			1. 侧面投影 p'' 积聚成直线，并反映平面的倾角 α 和 β 2. 水平投影 p 和正面投影 p' 不反映实形

2. 投影面平行面

只与一个投影面平行的平面称为投影面平行面，其中：平行于 H 面的平面称为水平面；平行于 V 面的平面称为正平面；平行于 W 面的平面称为侧平面。

表 2-5 列出了这三种平面的直观图和三面投影图，从中可以归纳出投影面平行面的投影特性：

（1）平面在其平行的投影面上的投影反映实形（显实性）；

（2）平面的其他两个投影积聚成线段（积聚性），并且平行于相应的投影轴。

2.3.3 平面上的点和直线

1. 点在平面上

点在平面上的几何条件：

如果点在平面内的一条已知直线上，则该点必在此平面内。

26

如图 2-27（a）所示，$\because K \in AD$，$D \in CB$，$\therefore AD \in \triangle ABC$，$\therefore K \in \triangle ABC$。

投影面平行面

表 2-5

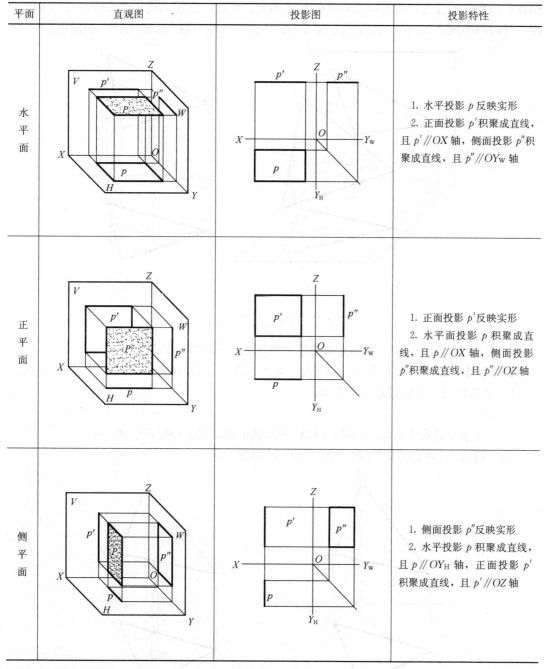

平面	直观图	投影图	投影特性
水平面			1. 水平投影 p 反映实形 2. 正面投影 p' 积聚成直线，且 $p' /\!/ OX$ 轴，侧面投影 p'' 积聚成直线，且 $p'' /\!/ OY_W$ 轴
正平面			1. 正面投影 p' 反映实形 2. 水平面投影 p 积聚成直线，且 $p /\!/ OX$ 轴，侧面投影 p'' 积聚成直线，且 $p'' /\!/ OZ$ 轴
侧平面			1. 侧面投影 p'' 反映实形 2. 水平投影 p 积聚成直线，且 $p /\!/ OY_H$ 轴，正面投影 p' 积聚成直线，且 $p' /\!/ OZ$ 轴

2. 直线在平面上

直线在平面上的几何条件：

如果直线过平面上的两个已知点，或者直线过平面上的一个已知点，并且平行于平面上的一条已知直线，则该直线必在此平面内。

如图 2-27（a）所示，$\because A$、$D \in \triangle ABC$，$\therefore AD \in \triangle ABC$；$\because E \in \triangle ABC$，且 $EF /\!/ AB$，

∴$EF \in \triangle ABC$。

从前面对直线上的点的从属关系、两直线平行和相交关系的讨论已经知道，此类关系都具有投影的不变性，即投影之后几何关系不变。由此，根据上述几何条件和投影的不变性，可以判断图 2-27（b）中给出的 K 点、AD 直线、EF 直线位于△ABC 平面上。

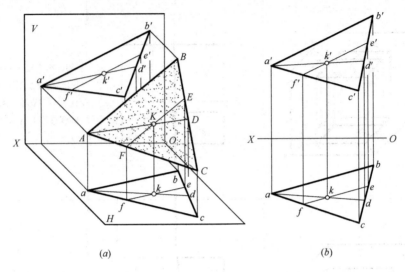

(a)   (b)

图 2-27　平面上的点和直线

上述几何条件和投影性质也是在平面上画线、定点的作图依据。

【例 2-9】　已知△ABC 平面上 M 点的水平投影 m，求它的正面投影及过 M 点属于△ABC 平面内的正平线投影（图 2-28）。

作图：

（1）在水平投影上过 m 作平行于 OX 轴的辅助线，交 ac 和 bc 于 d、e；

（2）自 d、e 向上引联系线，与 a′c′ 和 b′c′ 相交于 d′、e′；

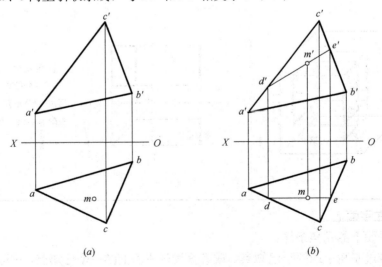

(a)   (b)

图 2-28　作出过 M 点的正平线

(a) 已知；(b) 作图

（3）连接 d'、e' 成直线，即得过 M 点的正平线 DE 的两面投影 de 和 $d'e'$；

（4）自 m 向上引联系线，与 $d'e'$ 相交于 m'。

【例 2-10】 已知平面四边形 $ABCD$ 的正面投影 $a'b'c'd'$ 和两邻边 AB、AD 的水平投影 ab、ad，试完成该四边形的水平投影（图 2-29）。

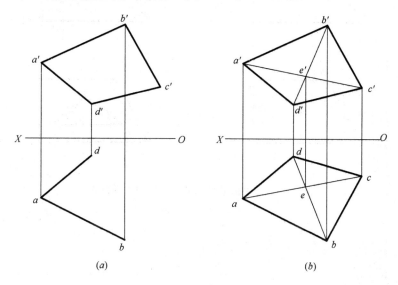

图 2-29　完成平面四边形的水平投影
(a) 已知；(b) 作图

分析：C 点属于 A、B、D 三点所确定的平面内，则 C 点的水平投影 c 可用在平面内取点的方法来求得。

作图：

（1）连接 B、D 的同面投影 b、d 和 b'、d'；

（2）连接 A、C 的正面投影 a'、c' 与 $b'd'$ 相交于 e'（即为两相交直线 BD、AC 的交点的正面投影）；

（3）自 e' 向下引联系线与 bd 相交于 e；

（4）连接 ae，自 c' 向下引联系线交 ae 延长线于 c；

（5）连接 bc 和 dc，完成作图。

【例 2-11】 已知梯形平面上三角形（且 $AD /\!/ LN$）的正面投影 $l'm'n'$，求它的水平投影 lmn（图 2-30）。

作图：

（1）延长 $m'n'$ 并与 $b'c'$ 和 $a'd'$ 分别相交于 $1'$、$2'$；

（2）自 $1'$ 和 $2'$ 分别向下引联系线，并在 bc 和 ad 上找到 1 和 2，连接 12；

（3）自 m' 和 n' 分别向下引联系线，并在 12 上找到 m 和 n；

（4）过 n 作 $ln /\!/ ad$（$\because AD$ 与 LN 共面，且 $l'n' /\!/ a'd'$，$\therefore ln /\!/ ad$）；

（5）自 l' 向下引联系线，在 ln 上找到 l；

（6）连接 lm，完成三角形的水平投影。

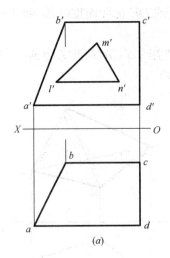
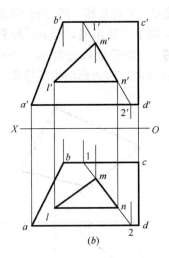

图 2-30　补出梯形平面上三角形的水平投影

(a) 已知；(b) 作图

2.3.4　直线的迹点和平面的迹线

1. 直线的迹点

直线与投影面的交点叫直线的迹点，其中：

与 H 面的交点叫水平迹点，用 M 表示；

与 V 面的交点叫正面迹点，用 N 表示；

与 W 面的交点叫侧面迹点，用 S 表示。

迹点既在直线上，又在投影面上，因此迹点的投影具有直线上的点和投影面上的点两种特性，如图 2-31 所示：

水平迹点的水平投影 m 在直线的水平投影 ab 上（是 M 点本身），它的正面投影 m′ 是直线的正面投影 a′b′ 与 OX 轴的交点，它的侧面投影 m″ 是直线的侧面投影 a″b″ 与 OY 轴的交点。

正面迹点的正面投影 n′ 在直线的正面投影 a′b′ 上（是 N 点本身），它的水平投影 n 是直线的水平投影 ab 与 OX 轴的交点，它的侧面投影 n″ 是直线的侧面投影 a″b″ 与 OZ 轴的交点（关于侧面迹点，请读者自己去研究）。

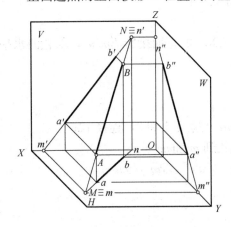

图 2-31　直线的迹点

根据上述迹点的投影特性，可以在直线的投影图上很容易地完成迹点的投影作图。

【例 2-12】　给出直线 AB 的投影，求直线的水平迹点和正面迹点（图 2-32）。

作图：

（1）延长直线的正面投影 a′b′ 并与 OX 轴交于 m′，自 m′ 向下引联系线与直线的水平投影 ab 交于 m，延长直线的侧面投影 a″b″ 并与 OY 轴交

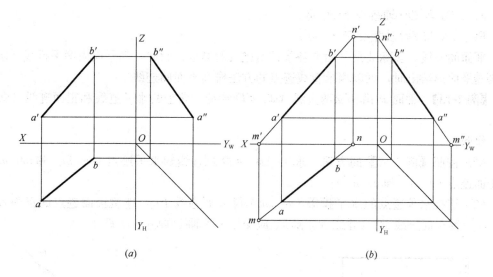

(a)　　　　　　　　　　(b)

图 2-32　求直线的水平迹点和正面迹点

(a) 已知；(b) 作图

于 m''，则 m'、m、m'' 为水平迹点的三面投影；

（2）延长直线的水平投影 ab 并与 OX 轴交于 n，自 n 向上引联系线与直线的正面投影 $a'b'$ 交于 n'，延长直线的侧面投影 $a''b''$ 并与 OZ 轴交于 n''，则 n、n'、n'' 为正面迹点的三面投影。

2. 平面的迹线

平面与投影面的交线叫平面的迹线，如图 2-33 所示。

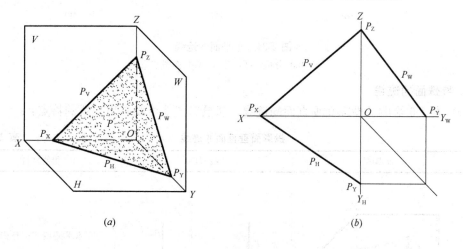

(a)　　　　　　　　　　(b)

图 2-33　平面的迹线

平面 P 与 H 面的交线叫水平迹线，用 P_H 表示；

平面 P 与 V 面的交线叫正面迹线，用 P_V 表示；

平面 P 与 W 面的交线叫侧面迹线，用 P_W 表示。

每两条迹线都与投影轴相交于一点（三面共点），其中：

P_H、P_V 与 OX 轴相交于 P_X 点；

P_H、P_W 与 OY 轴相交于 P_Y 点；

P_V、P_W 与 OZ 轴相交于 P_Z 点。

平面的迹线，实际上是平面上各条直线迹点的集合，因此，当平面由两平行线、两相交线或平面形给出时，可以用求直线迹点的方法作出平面的迹线。

【例 2-13】 平面 P 由相交两直线 AB、CD 给定，求它的水平迹线和正面迹线（图 2-34）。

作图：

（1）按照【例 2-12】的方法，求出 AB、CD 两直线的水平迹点（m_1、$m_1{}'$ 和 m_2、$m_2{}'$）和正面迹点（n_1、$n_1{}'$ 和 n_2、$n_2{}'$）；

（2）连接水平迹点的水平投影（m_1，m_2）得水平迹线 P_H，连接正面迹点的正面投影（$n_1{}'$，$n_2{}'$）得正面迹线 P_V（注意 P_H 和 P_V 应交于 OX 轴上的同一点 P_X）。

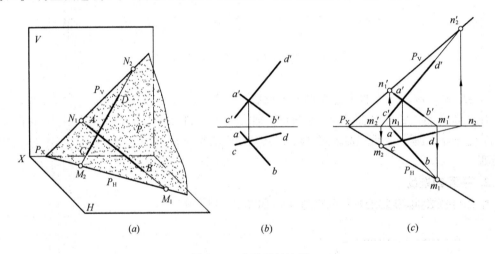

图 2-34　求平面的迹线

（a）分析；（b）已知；（c）作图

3. 特殊面的迹线

（1）表 2-6 给出了投影面垂直面的迹线，从投影图上可以看出迹线的特点：

投影面垂直面的迹线　　　　　　　　　　　　　　　　　　　　　　表 2-6

平面	直观图	投影图	投影特性
铅垂面			1. 水平迹线 P_H 有积聚性，并且反映平面的倾角 β 和 γ 2. 正面迹线 P_V 和侧面迹线 P_W 分别垂直于 OX 轴和 OY_W 轴

平面	直观图	投影图	投影特性
正垂面	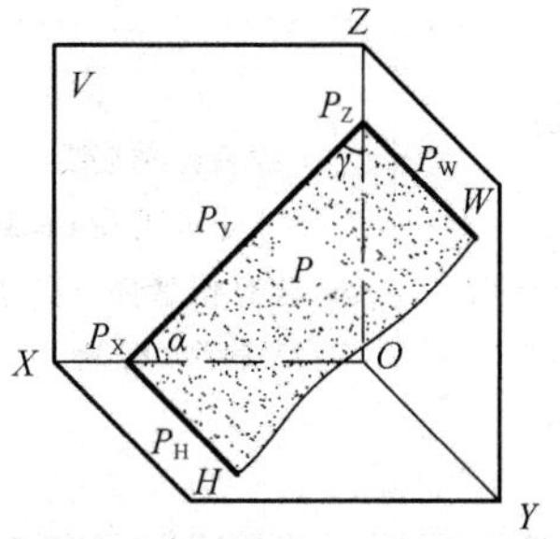	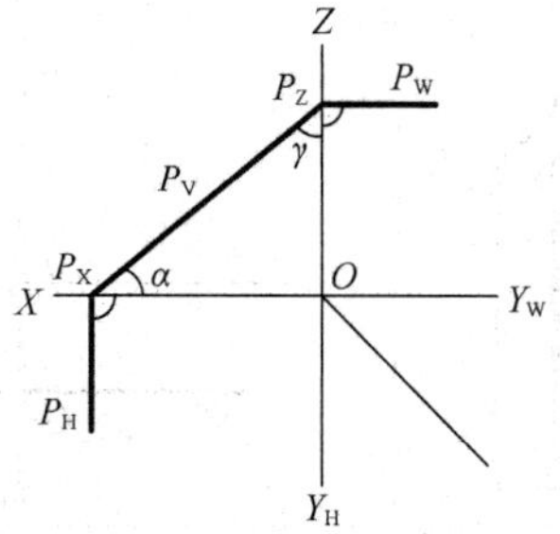	1. 正面迹线 P_V 有积聚性，并且反映平面的倾角 α 和 γ 2. 水平迹线 P_H 和侧面迹线 P_W 分别垂直于 OX 轴和 OZ 轴
侧垂面	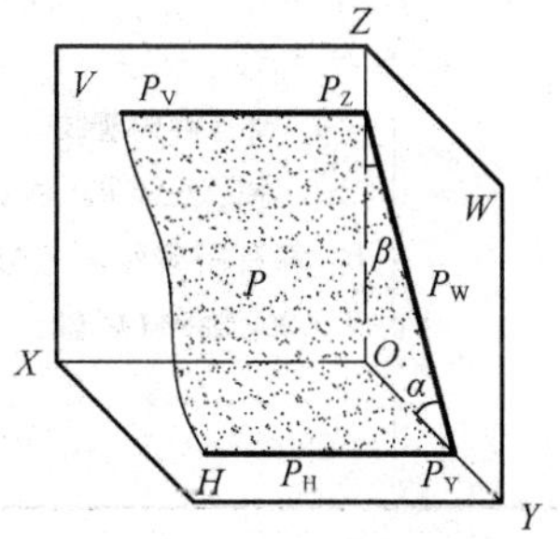	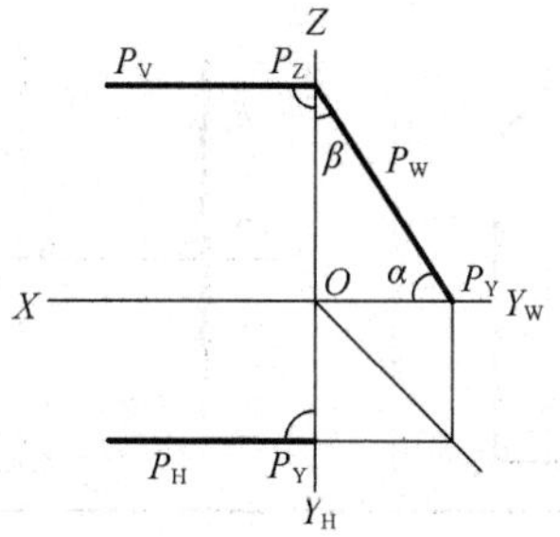	1. 侧面迹线 P_W 有积聚性，并且反映平面的倾角 α 和 β 2. 水平迹线 P_H 和正面迹线 P_V 分别垂直于 OY_H 轴和 OZ 轴

1）平面在它垂直的投影面上的迹线有积聚性（相当于平面的积聚投影），且迹线与投影轴的夹角等于平面与相应投影面的倾角。

2）平面的其他两条迹线垂直于相应的投影轴。

（2）表 2-7 给出了投影面平行面的迹线，从投影图上可以看出迹线的特点：

1）平面在它平行的投影面上没有迹线。

2）平面的其他两条迹线都有积聚性（相当于积聚投影），且迹线平行于相应的投影轴。

在两面投影图中，用迹线表示特殊位置平面是非常方便的。如图 2-35 所示：P_H 表示铅垂面 P（$P_V \perp OX$ 可省略）；Q_V 表示正垂面 Q（$Q_H \perp OX$ 可省略）；R_V 表示水平面 R；S_H 表示正平面 S。

投影面平行面的迹线 表 2-7

平面	直观图	投影图	迹线特点
水平面	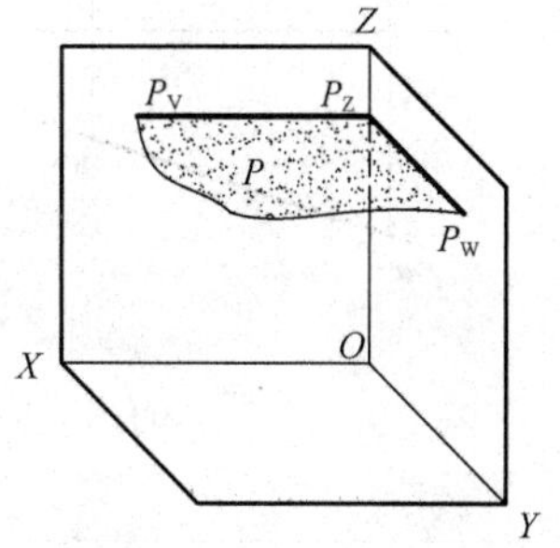	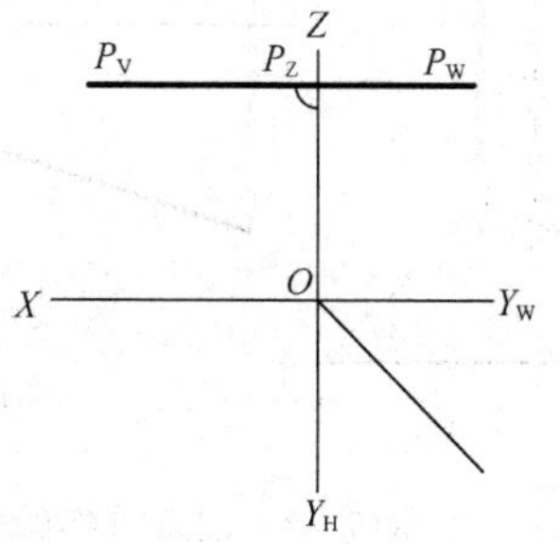	1. 没有水平迹线 2. 正面迹线 P_V 和侧面迹线 P_W 都有积聚性，且分别平行于 OX 轴和 OY_W 轴

平面	直观图	投影图	迹线特点
正平面	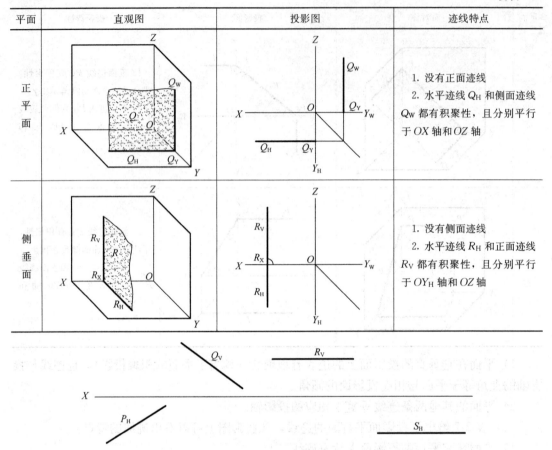		1. 没有正面迹线 2. 水平迹线 Q_H 和侧面迹线 Q_W 都有积聚性，且分别平行于 OX 轴和 OZ 轴
侧垂面			1. 没有侧面迹线 2. 水平迹线 R_H 和正面迹线 R_V 都有积聚性，且分别平行于 OY_H 轴和 OZ 轴

图 2-35　用迹线表示的特殊面

图 2-36 和图 2-37 是在投影作图中用迹线表示特殊位置平面的两个例子。前者是过 AB 直线作铅垂面 P，后者是过 A 点作水平面 R。

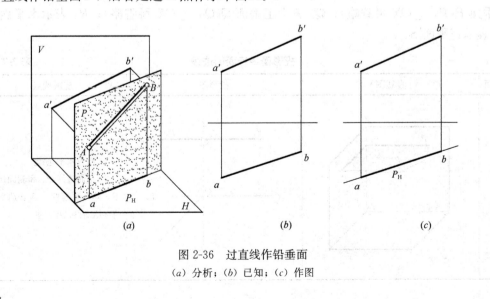

图 2-36　过直线作铅垂面
(a) 分析；(b) 已知；(c) 作图

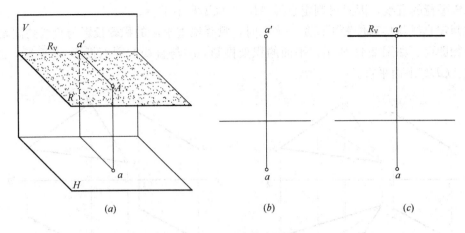

图 2-37　过点作水平面

(a) 分析；(b) 已知；(c) 作图

2.3.5　平行关系

1. 直线与平面平行

由立体几何可知：如果直线平行丁平面内的一条直线，则该直线与平面平行。反过来，如果直线与平面相互平行，则平面内必包含与直线平行的直线。如图 2-38（a）所示，AB 直线与 P 平面上的 CD 直线平行，所以 AB 直线与 P 平面平行。图 2-38（b）是它们的投影图。

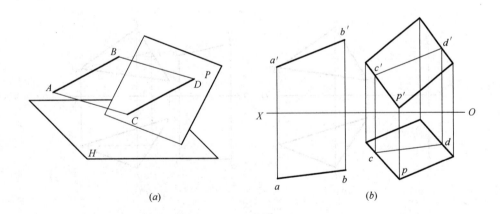

图 2-38　直线与平面平行

(a) 直观图；(b) 投影图

【例 2-14】　试判别直线 AB 与 $\triangle CDE$ 平面是否平行（图 2-39）。

分析：由直线与平面平行的几何条件可知，如果 $AB /\!/ \triangle CDE$，则必能在 $\triangle CDE$ 内作出与 AB 平行的直线，否则不平行。

作图：

(1) 在 $\triangle CDE$ 平面上作直线 CF，使 $c'f' /\!/ a'b'$，再作水平投影 cf；

(2) 从图中可以看出，cf 不平行于 ab，即 CF 不平行于 AB，这说明 $\triangle CDE$ 内不包

含与 AB 平行的直线，因此可判定直线 AB 与△CDE 不平行。

当判定直线与特殊位置平面是否平行时，只要检查平面的积聚投影与直线的同面投影是否平行即可。如图 2-40 所示，平面的积聚投影 cde 与直线的同面投影 ab 平行，故 AB 直线与△CDE 平面平行。

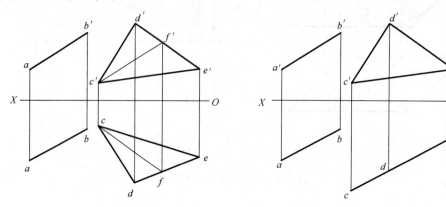

图 2-39　判定直线与平面是否平行　　　　图 2-40　判定直线与铅垂面是否平行

【例 2-15】　过 A 点作正平线 AB 平行于△CDE 平面（图 2-41）。

分析：根据题意，正平线 AB 必然与平面内的正平线平行。

作图：

（1）在△CDE 内作一条正平线 CF（cf、$c'f'$）；

（2）过 A 点作直线 AB 平行于 CF（ab∥cf，$a'b'$∥$c'f'$），则直线 AB 即为所求。

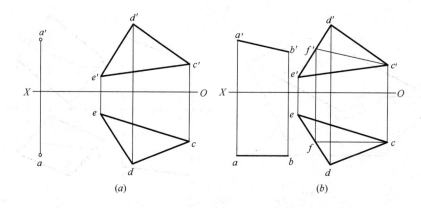

图 2-41　过点作正平线与平面平行

（a）已知；（b）作图

2. 平面与平面平行

由立体几何可知：如果一平面内的两条相交直线与另一平面内的两条相交直线分别平行，则两平面平行。

如图 2-42（a）所示，平面 P 上的两相交直线 AB、AC 对应地平行于 Q 平面上的两相交直线 DE、DF，所以 P、Q 两平面平行。图 2-42（b）是它们的投影图。

根据上述几何条件和平行投影的几何性质，即可在投影图上判定两平面是否平行，并

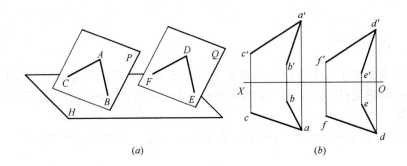

图 2-42　平面与平面平行
(a) 直观图；(b) 投影图

可依此解决有关两平面平行的投影作图问题。

【例 2-16】　试判定两平面△ABC 与 DEFG 是否平行（图 2-43）。

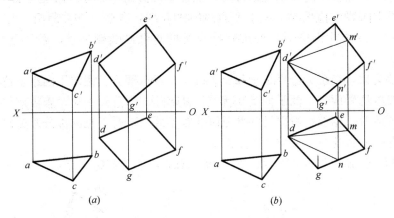

图 2-43　判定两平面是否平行
(a) 已知；(b) 作图

分析：由两平面平行的几何条件可知，如果△ABC∥DEFG，则必能在 DEFG 内作出两相交直线与△ABC 平面内的两相交直线平行，否则不平行。

作图：

（1）在△ABC 内任选两条相交直线 AB、AC；

（2）在四边形平面 DEFG 上过 D 点的水平投影 d 作出 dm∥ab，作 dn∥ac，并求出相应的 d′m′和 d′n′；

（3）从图中得知，AB、AC 与 DEFG 内的 DM、DN 的同面投影都相应平行，由此可判定两平面平行。

当判定两特殊位置平面是否平行时，只要检验它们的同面积聚投影是否平行即可。如图 2-44 所示，两铅垂面的水平投影（积聚投影）平行，所以两平面

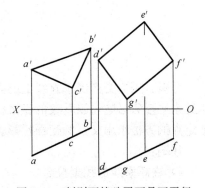

图 2-44　判别两特殊平面是否平行

37

平行。

2.3.6　相交关系

直线与平面相交有一个交点，交点是直线与平面的公共点，它既在直线上又在平面上；平面与平面相交有一条交线，交线是两平面的公共线。这种双重的从属关系是求交点或交线的依据。

求交点和交线是投影作图中的两个基本定位问题。下面分特殊情况和一般情况来讨论。

1. 特殊情况相交

在投影作图中，如果给出的直线或平面其投影具有积聚性，则可利用积聚性直接确定交点或交线的一个投影，然后再利用其他相应方法（线上定点、面上定点、面上定线）求出交点或交线的另一个投影。

直线与平面相交后，直线以交点为分界点被平面分成两部分。假定平面是不透明的，则沿着投射线方向观察直线时，位于平面两侧的直线，势必一侧看得见，另一侧看不见（被平面遮住）。在作投影图时，要求把看得见的直线画成粗实线，看不见的直线画成虚线。

两平面相交后，交线为分界线把每个平面均分成两部分。假定平面都不透明，则沿着投射线方向观察两平面时，两平面互相遮挡，被遮住的部分看不见，未被遮住的部分看得见。在作投影图时，要求把看得见的部分画成粗实线，把看不见的部分画成虚线。

（1）投影面垂直线与一般位置平面相交

【例 2-17】　已知铅垂线 MN 和一般平面△ABC，求它们的交点 K（图 2-45）。

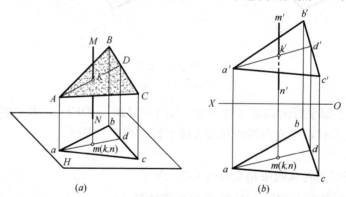

图 2-45　求特殊线与一般面的交点
(a) 分析；(b) 作图

分析：因为交点属于直线上的点，而铅垂线的水平投影具有积聚性，所以铅垂线上交点的水平投影必然与铅垂线的积聚投影重合；同时又由于交点是平面上的点，故可利用面上定点的方法求出交点的正面投影。

作图：

1）在铅垂线的积聚投影 m（n）上标出交点的水平投影 k；

2）在平面的水平投影上过 k 点引辅助线 ad，并作出它的正面投影 $a'd'$；

3）在 $a'd'$ 上找到交点的正面投影 k'。

判别直线的可见性：

因为直线是铅垂线，平面上过交点 K 的直线 AD 把平面分成前、后两部分，相对于铅垂线 MN，ADC 在其前，ADB 在其后，所以正面投影 $m'k'$ 可见，$k'n'$ 不可见。

（2）一般位置直线与特殊位置平面相交

【例 2-18】 求一般位置直线 MN 和铅垂面△ABC 交点 K（图 2-46）。

分析：因为铅垂面的水平投影具有积聚性，所以属于平面和直线上的共有点——交点的水平投影必然位于铅垂面的积聚投影和直线的水平投影的交点处，其正面投影可用线上定点的方法找到。

作图：

1）在直线的水平投影 mn 和平面的积聚投影 abc 的交点处标出交点的水平投影 k；

2）自 k 向上引联系线，在 $m'n'$ 上找到交点的正面投影 k'。

判别直线的可见性：

因为平面为铅垂面，所以它把直线分成 MK 和 KN 两部分，相对于平面，从水平投影看，mk 在前，kn 在后，所以在正面投影上，$m'k'$ 可见，$k'n'$ 不可见。

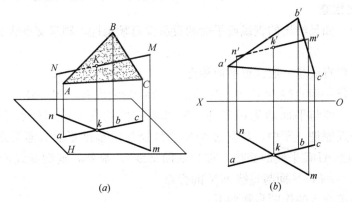

图 2-46　求一般线与特殊面的交点

(a) 分析；(b) 作图

（3）特殊位置平面与一般位置平面相交

【例 2-19】 求一般位置平面△ABC 和铅垂面 P 的交线 MN（图 2-47）。

分析：因为铅垂面的水平投影具有积聚性，所以交线的水平投影积聚在铅垂面的积聚投影上，然后利用在三角形平面上定线的方法可以找到交线的正面投影。

作图：

1）在平面的积聚投影 P 上标出交线的水平投影 mn（端点 M 和 N 实际上是 AC 边和 BC 边与 P 平面的交点）；

2）自 m 和 n 分别向上引联系线，并在 $a'c'$ 上和 $b'c'$ 上找到它们的正面投影 m' 和 n'；

3）用直线连接 m' 和 n'，即得交线的正面投影。

判别两平面的可见性：

因为平面 P 为铅垂面，所以它把△ABC 平面分成前、后两部分，从水平投影可以看出 CMN 在 P 前，$ABNM$ 在其后，由此，正面投影 $c'm'n'$ 可见，画粗实线，$a'b'n'm'$ 被遮

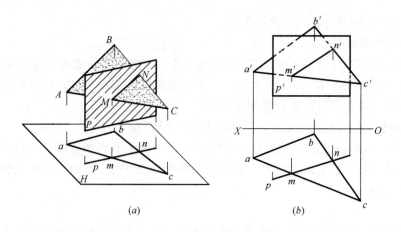

图 2-47　求一般面与特殊面的交线

(a) 分析；(b) 作图

住的部分不可见，画成虚线；相对地，P 平面正面投影的可见性可依据△ABC 平面的可见性直接判别。

2. 一般情况相交

在投影图中，如果给出的直线或平面的投影没有积聚性，则求交点或交线要用辅助平面法。

（1）一般位置直线与一般位置平面相交

【例 2-20】　求一般直线 MN 与一般平面△ABC 的交点 K（图 2-48）。

分析：因为直线与平面均无积聚性，所以求它们的交点应用辅助平面法。图 2-48（a）说明了其作图原理。图中，P 是过 MN 直线所作的辅助平面（通常是特殊面），DE 是辅助平面 P 与△ABC 平面的交线（称为辅助交线）。显然，辅助交线 DE 与 MN 直线的交点 K，就是△ABC 平面与直线 MN 的交点。

辅助平面法求交点的作图步骤如下：

1）过已知直线作一辅助平面（特殊位置平面）；

2）求辅助平面与已知平面的辅助交线；

3）求辅助交线与已知直线的交点。

作图：

1）过直线 MN 作辅助平面 P，如图 2-48（c），辅助面为铅垂面，迹线 P_H 应与 mn 重合；

2）求 P 平面与△ABC 平面的交线 DE，如图 2-48（d）；

3）找出辅助交线 DE 与直线 MN 的交点 K，即为所求的交点（k'，k），如图 2-48（e）。

判别直线的可见性：

用重影点判别法来完成直线的可见性判别。如图 2-48（f）所示，在交错两直线 AC、MN 的水平投影上标出水平重影点 d 和 f，向上引联系线到它们的正面投影 d' 和 f'，从图中可以看出 MN 直线上的 F 点高于 AC 边上的 D 点，这说明 NK 段直线高于△ABC 平面，水平投影 fk 可见，相反，KM 段低于△ABC 平面，水平投影 km 被遮挡部分不可见

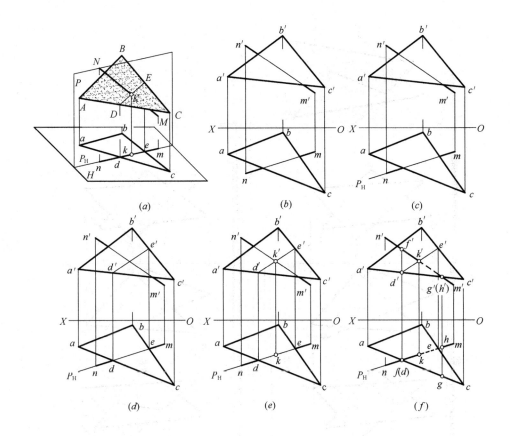

图 2-48 一般位置直线和一般位置平面相交

(a) 分析；(b) 已知；(c) 作图步骤 (1)；(d) 作图步骤 (2)；(e) 作图步骤 (3)；(f) 判别可见性

（图中已用虚线画出）；同样地，在交错两直线 AC、MN 的正面投影上标出正面重影点 g' 和 h'，向下引联系线找到它们的水平投影 g 和 h，从图中可以看出 AC 边上的 G 点前于 MN 直线上的 H 点，这说明 MK 段直线在△ABC 平面之后，正面投影 $m'k'$ 被遮住部分不可见（图中已用虚线画出），而 KN 段直线在△ABC 平面之前，正面投影 $k'n'$ 可见。

（2）两个一般位置平面相交

【例 2-21】 求两个一般位置平面 ABC 和 DEF 的交线 MN（图 2-49）。

分析：如图 2-49 (a) 所示，两平面 ABC 和 DEF 的交线 MN，其端点 M 是 AB 直线与 DEF 平面的交点，另一端点 N 是 DE 直线与 ABC 平面的交点。可见，用辅助平面法求出两个交点后，再连成直线就是所求的交线。

作图：

1）用辅助平面法求 AB 直线与 DEF 平面的交点 M（m，m'），如图 2-49 (c) 所示，作图过程同图 2-48；

2）用同样的方法求 DE 直线与 ABC 平面的交点 N（n，n'），如图 2-49 (d) 所示；

3）用直线连接 M 点和 N 点，即为所求交线（mn，$m'n'$），如图 2-49 (e) 所示。

判别两平面的可见性：

利用重影点法可判别两平面的可见性。如图 2-49 (e) 所示，利用水平重影点Ⅰ和Ⅱ可判断两平面水平投影的可见性；利用正面重影点Ⅲ和Ⅳ可判别两平面正面投影的可见性。

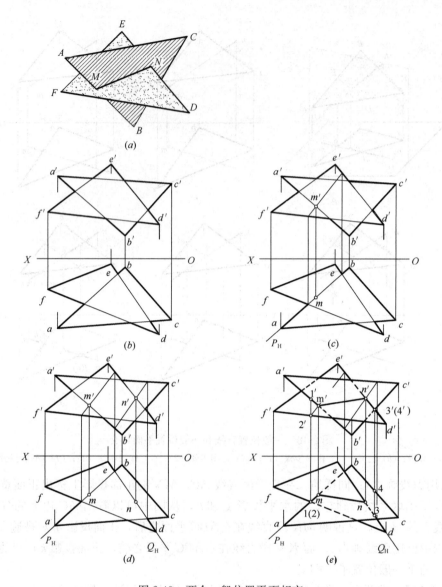

图 2-49　两个一般位置平面相交

思　考　题

1. 试述点的三面投影规律。
2. 试述特殊位置直线的投影特性。
3. 两相交直线和两交错直线的投影有何区别？
4. 试述特殊位置平面的投影特性。
5. 怎样在平面上画线定点？
6. 怎样求直线的迹点和平面的迹线？

第3章 立体的投影

本章讨论简单的平面立体和曲面立体的投影表示法，以及平面与立体相交——求截交线、立体与立体相交——求相贯线的投影作图方法。

3.1 平面立体的投影

平面立体是由多个多边形平面围成的立体，如棱柱体、棱锥体等。由于平面立体是由平面围成，而平面是由直线围成，直线是由点连成，所以求平面立体的投影实际上就是求点、线、面的投影。在投影图中，不可见的棱线投影用虚线表示。

3.1.1 棱柱

1. 投影

棱柱由棱面及上、下底面组成，棱面上各条侧棱互相平行。如图 3-1（a）为三棱柱，上、下底面是水平面（三角形），后棱面是正平面（长方形），左、右两个棱面是铅垂面（长方形）。把三棱柱分别向三个投影面进行正投影，得三面投影图为图 3-1（b）（投影面的边框线和投影轴不需要画出）。

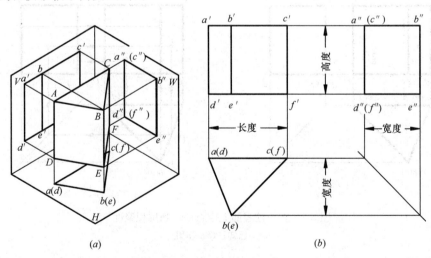

（a）   （b）

图 3-1 三棱柱的投影

（a）直观图；（b）投影图

分析三面投影图可知：三棱柱的水平投影是一个三角形。它是上底面和下底面的投影（上、下底重影，上底可见、下底不可见），并反映实形。三角形的三条边是垂直于 H 面的三个棱面的积聚投影。三个顶点是垂直于 H 面的三条棱线的积聚投影。

正面投影是两个长方形，左边长方形是左棱面的投影（可见），右边长方形是右棱面的投影（可见），这两个投影均不反映实形。两个长方形的外围线框构成的大长方形是后棱面的投影（不可见）反映实形。上、下两条横线是上底面和下底面的积聚投影。三条竖线是三条棱线的投影（反映实长）。

侧面投影是一个长方形，它是左、右两个棱面的重合投影（不反映实形，左面可见，右面不可见）。四条边分别是：左边是后棱面的积聚投影；上、下两条边分别是上、下两底面的积聚投影；右边是左、右两棱面的交线（棱线）的投影。左边同时也是另外两条棱线的投影。

为保证三棱柱的投影对应关系，三面投影图应满足：正面投影和水平投影长度对正，正面投影和侧面投影高度平齐，水平投影和侧面投影宽度相等。这就是三面投影图之间的"三等关系"。

2. 表面上的点

平面立体是由平面围成的，所以平面立体表面上点的投影特性与平面上点的投影特性是相同的，而不同的是平面立体表面上点存在着可见性问题。规定：处在可见平面上的点为可见点，用"○"（空心圆圈）表示；处在不可见平面上的点为不可见点，用"●"（实心圆圈）表示。

在投影图上，如果给出平面立体表面上点的一个投影，就可以根据点在平面上的投影特性，求出点在其他投影面上的投影。如图 3-2（a）所示，已知三棱柱表面上点Ⅰ、Ⅱ和Ⅲ的正面投影 1'（可见）、2'（不可见）和 3'（可见），可以作出它们的水平投影和侧面投影。

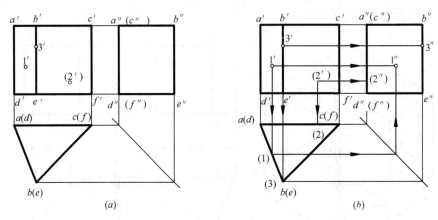

图 3-2　在棱柱表面上定点——利用积聚性
(a) 已知；(b) 作图

从投影图上可以看出，点Ⅰ在三棱柱左棱面 ABED（铅垂面）上，点Ⅱ在不可见的后棱面 ACFD（正平面）上，点Ⅲ在 BE 棱线（铅垂线）上。

作图过程见图 3-2（b）：

（1）利用左棱面 ABED 和后棱面 ACFD 水平投影有积聚性，由 1'、2' 向下引投影联系线求出水平投影 1、2；利用 BE 棱线水平投影的积聚性，可知水平投影 3 必落在 BE 的积聚投影上。

（2）通过"二补三"作图求出各点的侧面投影 $1''$、$2''$ 和 $3''$。

3.1.2 棱锥

1. 投影

棱锥由棱面和一个底面组成，棱面上各条侧棱交于一点，称为锥顶。如图 3-3（a）所示的三棱锥，底面是水平面（△ABC），后棱面是侧垂面（△SAC），左、右两个棱面是一般位置平面（△SAB 和△SBC）。把三棱锥向三个投影面作正投影，得三面投影图为 3-3（b）。

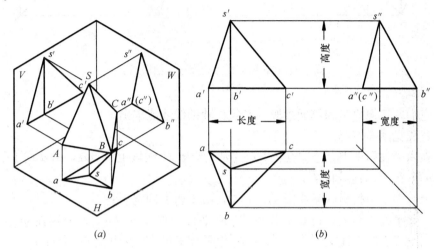

图 3-3　三棱锥的投影
（a）直观图；（b）投影图

从三面投影图中可以看出：水平投影由四个三角形组成，△sab 是左棱面 SAB 的投影（不反映实形）；△sbc 是右棱面 SBC 的投影（不反映实形）；△sac 是后棱面 SAC 的投影（不反映实形）；△abc 是底面 ABC 的投影（反映实形）。

正面投影由三个三角形组成，△$s'a'b'$ 是左棱面 SAB 的投影（不反映实形），△$s'b'c'$ 是右棱面 SBC 的投影（不反映实形），△$s'a'c'$ 是后棱面 SAC 的投影（不反映实形），下面的一条横线 $a'b'c'$ 是底面 ABC 的投影（有积聚性）。

侧面投影是一个三角形，它是左、右两个棱面的投影（左右重影，不反映实形），左边的一条线 $s''a''$（c''）是后棱面的投影（有积聚性），下边的一条线 a''（c''）b'' 是底面的投影（有积聚性）。

构成三棱锥的各几何要素（点、线、面）应符合投影规律，三面投影图之间应符合"三等关系"。

2. 表面上的点

在棱锥表面上定点，不像在棱柱表面上定点可以根据点所在平面投影的积聚性直接作出，而是需要在所处平面上引辅助线，然后在辅助线上作出点的投影。

如图 3-4（a）所示，已知三棱锥表面上点 Ⅰ 和 Ⅱ 的水平投影 1 和 2，要作出它们的正面投影和侧面投影。

从投影图上可知：点 Ⅰ 在左棱面 SAB 上，点 Ⅱ 在右棱面 SBC 上。两点均在一般位置

45

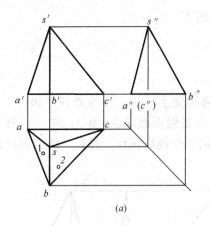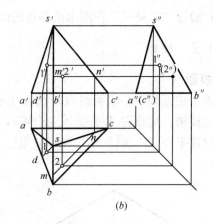

图 3-4　在棱锥表面上定点——辅助线法

(a) 已知；(b) 作图

平面上，它们的正面投影和侧面投影，必须作辅助线才能求出。

作图过程见图 3-4（b）：

（1）在水平投影图上，连 s 点和 1 点并延长交于 ab 线段上一点 d，由 d 向上引投影联系线交 a′b′ 于点 d′，连 s′ 和 d′；

（2）由 1 向上引投影联系线交 s′d′ 于 1′，由 1 和 1′ 确定 1″；

（3）在水平投影图上，过点 2 作直线 mn 平行于直线 bc（m、n 分别在 sb 和 sc 上），过点 n 向上引投影联系线交 s′c′ 于 n′，由 n′ 作平行于 b′c′ 的直线交 s′b′ 于 m′；

（4）由 2 向上引投影联系线交 m′n′ 于 2′，由 2 和 2′ 确定 2″。

3.2　曲面立体的投影

曲面立体是曲面或曲面与平面包围而成的立体。工程上应用较多的是回转体，如圆柱、圆锥和球等。

回转体是由回转曲面或回转曲面与平面围成的立体，回转曲面是由运动的母线（直线或曲线）绕着固定的轴线（直线）做回转运动形成的，曲面上任一位置的母线称为素线。

曲面立体的投影是由构成曲面立体的曲面和平面的投影组成的。

3.2.1　圆柱

圆柱是由圆柱面和上、下底面围成。圆柱面是一条直线（母线）绕一条与其平行的直线（轴线）回转一周所形成的曲面。

1. 投影

如图 3-5（a）所示，直立的圆柱轴线是铅垂线，上、下底面是水平面。把圆柱向三个投影面作正投影，得三面投影图，如图 3-5（b）所示。

水平投影是一个圆，它是上、下底面的重合投影（反映实形），圆周又是圆柱面的投影（有积聚性），圆心是轴线的积聚投影。过圆心的两条（横向与竖向）点画线是圆的对称中心线。

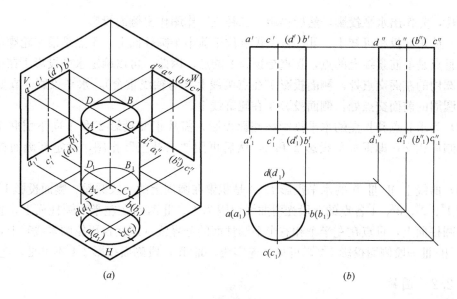

图 3-5　圆柱的投影

(a) 直观图；(b) 投影图

正面投影是一个矩形线框，它是前半个圆柱面和后半个圆柱面的重合投影，中间的一条竖直点画线是轴线的投影，上、下两条横线是上、下两个底面的积聚投影，左、右两条竖线是圆柱面上最左和最右两条轮廓素线 AA_1 和 BB_1 的投影，这两条轮廓素线的水平投影分别积聚为两个点 a (a_1) 和 b (b_1)，侧面投影与轴线的侧面投影重合。

2. 表面上的点和线

在圆柱表面上定点，可以利用圆柱表面投影的积聚性来作图。

如图 3-6 所示，已知圆柱的三面投影及其表面上过 I、II、III、IV 点的曲线 I II III IV 的正面投影 $1'2'3'4'$，求该曲线的水平投影和侧面投影。

点 I、II、III、IV 及曲线 I II III IV 都在圆柱面上，因此，可以利用圆柱面水平投影

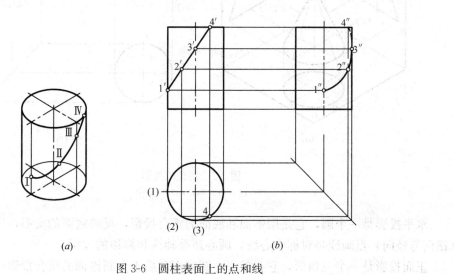

(a)　　　　　　　　　　　　(b)

图 3-6　圆柱表面上的点和线

(a) 直观图；(b) 投影图

的积聚性，先作出水平投影，然后再用"二补三"作图作出侧面投影。

（1）从正面投影可知Ⅰ、Ⅱ、Ⅲ、Ⅳ点位于前半个圆柱面上，Ⅰ点是最左轮廓素线上的点，Ⅲ点是最前素线上的点，Ⅳ点是顶圆上的点，因此，可以确定水平投影1在横向点画线与圆周的左面交点处，侧面投影1″在点画线上（与轴线重合），水平投影3在竖向点画线与圆周的前面交点处，侧面投影3″在轮廓线上。

（2）为求Ⅱ点和Ⅳ点的水平投影和侧面投影，需从正面投影2′和4′向下引联系线并与前半圆周相交，即得水平投影2和4，然后再用"二补三"作图，确定其侧面投影2″和4″。

（3）曲线Ⅰ Ⅱ Ⅲ Ⅳ的水平投影1234是积聚在圆周上的一段圆弧。侧面投影1″2″3″4″是连接1″、2″、3″、4″各点的一段光滑曲线，因为Ⅰ、Ⅱ两点在左半个圆柱面上，Ⅳ点在右半个圆柱面上，Ⅲ点在左半个和右半个圆柱面的分界线（侧面投影轮廓素线）上，所以曲线Ⅰ Ⅱ Ⅲ一段侧面投影1″2″3″可见，连实线，Ⅲ Ⅳ一段侧面投影3″4″不可见，连虚线。

3.2.2 圆锥

圆锥是由圆锥面和底面围成。圆锥面是一条直线（母线）绕一条与其相交的直线（轴线）回转一周所形成的曲面。

1. 投影

如图 3-7（a）所示，圆锥的轴线是铅垂线，底面是水平面，其三面投影如图 3-7（b）所示。

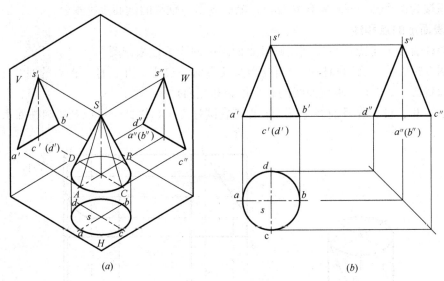

图 3-7　圆锥的投影
（a）直观图；（b）投影图

水平投影是一个圆，它是圆锥面和底面的重合投影，反映底面的实形，过圆心的两条（横向与竖向）点画线是对称中心线，圆心还是轴线和锥顶的投影。

正面投影是一个三角形，它是前半个圆锥面和后半个圆锥面的重合投影，中间竖直的点画线是轴线的投影，三角形的底边是圆锥底面的积聚投影，左、右两条边 $s'a'$ 和 $s'b'$ 是圆锥最左、最右两条轮廓素线 SA 和 SB 的投影 [SA 和 SB 的水平投影重合在横向点画线上，即 sa 和 sb，侧面投影重合在轴线的侧面投影上，即 $s''a''$（b''）]。

侧面投影也是一个三角形，它是左半个圆锥面和右半个圆锥面的重合投影，中间竖直的点画线是轴线的侧面投影，三角形底边是底面的投影，两条边线 $s''c''$ 和 $s''d''$ 是最前和最后两条轮廓素线 SC 和 SD 的投影，SC 和 SD 的水平投影位于竖向的点画线上，即 sc 和 sd，正面投影重合在轴线的正面投影上，即 $s'c'$（d'）。

2. 表面上的点和线

圆锥面上的任意一条素线都过圆锥顶点，母线上任意一点的运动轨迹都是圆。圆锥面的三个投影都没有积聚性，因此在圆锥表面上定点时，必须用辅助线作图，用素线作为辅助线作图的方法，称为素线法，用垂直于轴线的圆作为辅助线作图的方法，称为纬圆法。

如图 3-8 所示，已知圆锥表面上Ⅰ、Ⅱ、Ⅲ、Ⅳ四个点的正面投影 $1'$、$2'$、$3'$、$4'$ 以及曲线Ⅰ Ⅱ Ⅲ的正面投影 $1'2'3'$，求作它们的水平投影和侧面投影。

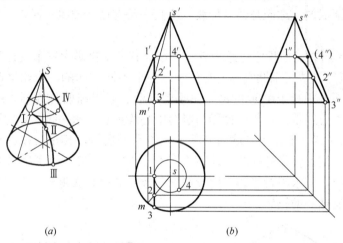

图 3-8　圆锥表面上的点和线

（a）直观图；（b）投影图

点Ⅰ、Ⅱ、Ⅲ、Ⅳ及曲线Ⅰ Ⅱ Ⅲ都在圆锥面上，Ⅰ点在圆锥面最左边轮廓素线上，Ⅲ点在底圆上，这两个点是圆锥面上的特殊点，可以通过引投影联系线确定其水平投影和侧面投影。Ⅱ点和Ⅳ点是圆锥面上的一般点，可以用素线法或纬圆法确定其水平投影和侧面投影。

作图过程为：

（1）Ⅰ点位于圆锥面最左边轮廓素线上，所以它的水平投影 1 应为自 $1'$ 向下引联系线与点画线的交点（可见），侧面投影 $1''$ 应为自 $1'$ 向右引联系线与点画线的交点（与轴线重影，可见）。

Ⅲ点是底圆前半个圆周上的点，水平投影 3 应为自 $3'$ 向下引联系线与前半个圆周的交点（可见），利用"二补三"作图确定其侧面投影 $3''$（可见）。

（2）用素线法作点Ⅱ投影的作图方法：

连 s' 和 $2'$ 延长交底圆于 m'，然后自 m' 向下引联系线交底圆前半个圆周于 m，连 sm，最后由 $2'$ 向下引联系线与 sm 相交，交点即为Ⅱ点的水平投影 2（可见）。Ⅱ点的侧面投影

2″可用"二补三"作图求得（可见）。

（3）用纬圆法作点Ⅳ投影的作图方法：

过4′点作直线垂直于点画线，与轮廓素线的两个交点之间的线段就是过Ⅳ点纬圆的正面投影，在水平投影上，以底圆中心为圆心，以纬圆正面投影的线段长度为直径画圆，这个圆就是过Ⅳ点纬圆的水平投影。然后自4′点向下引联系线与纬圆的前半个圆周的交点，即为Ⅳ点的水平投影4（可见）。最后利用"二补三"作图求出其侧面投影4″（不可见）。

（4）将点1、2、3连成实线就是曲线ⅠⅡⅢ的水平投影（锥面上的点和线水平投影都可见），曲线ⅠⅡⅢ全部位于左半个圆锥面上，所以侧面投影可见，将点1″、2″、3″用曲线光滑连接，即为曲线ⅠⅡⅢ的侧面投影。

3.2.3 球

球是由球面围成的。球面是圆（母线）绕其一条直径（轴线）回转180°形成的曲面。

1. 投影

如图3-9所示，在三面投影体系中有一个球，其三个投影为三个直径相等的圆（圆的直径等于球的直径）。这三个圆实际上是位于球面上不同方向的三个轮廓圆的投影：正面投影轮廓圆是球面上平行于V面的最大正平圆（前、后半球的分界圆）的正面投影，其水平投影与横向中心线重合，侧面投影与竖向中心线重合；水平投影轮廓圆是球面上平行于H面的最大水平圆（上、下半球的分界圆）的水平投影，其正面投影和侧面投影均与横向中心线重合；侧面投影轮廓圆是球面上平行于W面的最大侧平圆（左、右半球的分界圆）的侧面投影，其水平投影和正面投影均与竖向的中心线重合。在三个投影图中，对称中心线的交点是球心的投影。

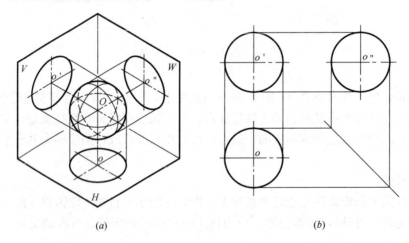

图3-9 球的投影
(a) 直观图；(b) 投影图

2. 表面上的点和线

在球面上定点，可以利用球面上平行于投影面的辅助圆进行作图，这种作图方法也称为纬圆法。

如图 3-10 所示，已知球的三面投影，以及球面上 I、II、III、IV 点的正面投影 1′、2′、3′、4′，求作它们的其他投影。

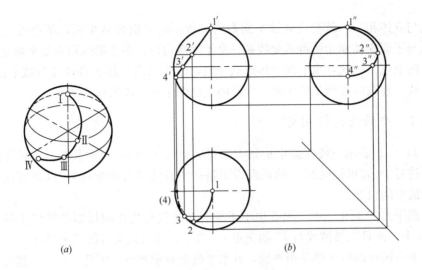

图 3-10　球表面上的点和线
(a) 直观图；(b) 投影图

从投影图上可知 I、IV 两点在正面投影轮廓圆上，III 点在水平投影轮廓圆上，这三点是球面上的特殊点，可以通过引联系线直接作出它们的水平投影和侧面投影。II 点是球面上的一般点，需要用纬圆法求其水平投影和侧面投影。

作图过程（图 3-10b）：

(1) I 点是正面投影轮廓圆上的点，且是球面上最高点，它的水平投影 1（可见）应落在中心线的交点上（与球心重影），侧面投影 1″应落在竖向中心线与侧面投影轮廓圆的交点上（可见）。III 点是水平投影轮廓圆上的点，它的水平投影 3（可见）应为自点 3′向下引联系线与水平投影轮廓圆前半周的交点，侧面投影 3″（可见）应落在横向中心线上，可由水平投影引联系线求得。IV 点是正面投影轮廓线上的点，它的水平投影（不可见）应为自 4′点向下引联系线与横向中心线的交点，侧面投影 4″（可见）应为自 4′向右引联系线与竖向中心线的交点。

(2) 用纬圆法求 II 点的水平投影和侧面投影的作图过程是：在正面投影上过 2′作平行横向中心线的直线，并与轮廓圆交于两个点，则两点间线段就是过点 II 纬圆的正面投影，在水平投影上，以轮廓圆的圆心为圆心，以纬圆正面投影线段长度为直径画圆，即为过点 II 纬圆的水平投影，然后自 2′点向下引联系线与纬圆前半个圆周的交点就是 II 点的水平投影 2（可见），最后利用"二补三"作图确定侧面投影 2″（可见）。

(3) 曲线 I II III IV 的水平投影 1234 是连接 1、2、3、4 各点的一段光滑曲线，由于 I II III 一段位于上半个球面上，III IV 一段位于下半个球面上，所以水平投影 123 一段可见，连实线，34 一段不可见，连虚线。点 I、II、III、IV 均处于左半个球面上，所以曲线 I II III IV 的侧面投影 1″2″3″4″可见，并为连接 1″、2″、3″、4″各点的一段光滑的曲线（实线）。

3.3 平面与平面立体相交

平面与立体相交，就是立体被平面截切，所用的平面称截平面，所得的交线称截交线。平面与平面立体相交所得截交线是一个平面多边形，多边形的顶点是平面立体的棱线与截平面的交点。因此，求平面立体的截交线，应先求出立体上各棱线与截平面的交点，然后再连线，连线时必须是位于同一个棱面上的两个点才能连接。

3.3.1 平面与棱柱相交

图 3-11 (a) 表示三棱柱被正垂面 P 截断，图 3-11 (b) 表示截断后三棱柱投影的画法，图中符号 P_V 表示特殊面 P 的正面投影是一条直线（有积聚性），这条直线可以确定该特殊面的空间位置。

由于截平面 P 是正垂面，因此位于正垂面上的截交线正面投影必然位于截平面的积聚投影 P_V 上，而且三条棱线与 P_V 的交点 $1'$、$2'$、$3'$ 就是截交线的三个顶点。

又由于三棱柱的棱面都是铅垂面，其水平投影有积聚性，因此，位于三棱柱棱面上的截交线水平投影必然落在棱面的积聚投影上。

至于截交线的侧面投影，只需通过 $1'$、$2'$、$3'$ 点向右作投影联系线即可在对应的棱线上找到 $1''$、$2''$、$3''$，将此三点依次连成三角形，就得到截交线的侧面投影。最后，擦掉切掉部分图线（或用双点画线代替），完成截断后三棱柱的三面投影图。

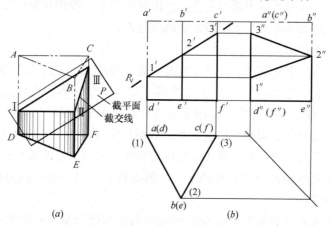

图 3-11　正垂面与三棱柱相交
(a) 直观图；(b) 投影图

【例 3-1】 完成五棱柱切割体的水平投影和侧面投影（图 3-12）。

分析：从正面投影可以看出，五棱柱的切口，是被一个水平面 P 和一个正垂面 Q 切割而成。切口的水平面是一个矩形，切口的正垂面是一个五边形（见直观图）。

作图：

（1）在五棱柱正面投影的切口处，标定出截平面与棱边以及 P 交 Q 后与棱面的各交点 $1'$ （$2'$）、$4'$ （$3'$）、$5'$ （$7'$）、$6'$；

（2）根据棱柱表面的积聚性，找出各交点的侧面投影 $1''$ （$4''$）、$2''$ （$3''$）、$5''$、$6''$、$7''$（切口

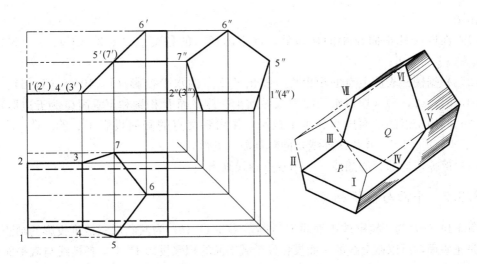

图 3-12　五棱柱切割体

水平面矩形的侧面投影 $1''2''3''4''$ 积聚成直线段，切口的正垂面侧面投影 $3''4''5''6''7''$ 为五边形）；

（3）利用交点的正面投影和侧面投影，作出各交点的水平投影 1、2、3、4、5、6、7（切口水平面水平投影 1234 反映矩形实形，切口正垂面水平投影 34567 为五边形），画出被挡住棱边水平投影的虚线；

（4）擦掉切掉部分的图线（或用双点画线画出）。

【例 3-2】　完成四棱柱切割体的水平投影和侧面投影（图 3-13）。

分析：从正面投影可以看出，四棱柱上的切口，是被一个水平面 P、一个正垂面 Q 和侧平面 R 切割而成的。切口的水平面 P 和正垂面 Q 是一个五边形，切口的侧平面 R 是一个长方形（见直观图）。

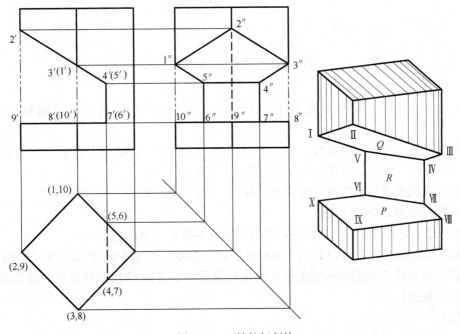

图 3-13　四棱柱切割体

作图：

（1）在四棱柱正面投影的切口处，标定出切口的各交点 2′、3′（1′）、4′（5′）、7′（6′）、8′（10′）、9′；

（2）根据棱柱表面上点的积聚性，找出各交点的水平投影（1，10）、（5，6）、（4，7）、（3，8）、（2，9）（切口水平面 P 反映实形、侧平面 R 积聚和正垂面 Q 为五边形）；

（3）利用交点的正面投影和水平投影，作出各交点的侧面投影 1″、2″、3″、4″、5″、6″、7″、8″、9″、10″，并顺次连线，同时判断可见性。

（4）擦掉切掉部分的图线（或用双点画线画出）。

3.3.2　平面与棱锥相交

图 3-14（a）为三棱锥被正垂面 P 截断，图 3-14（b）为截断后三棱锥投影的画法。截面 P 是正垂面，所以截交线的正面投影位于截平面的积聚投影 P_V 上，各棱线与截平面交点的正面投影 1′、2′、3′可直接得到。截交线的水平投影和侧面投影，可通过以下作图求出：

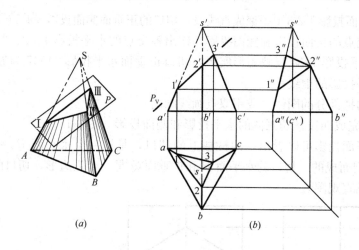

图 3-14　正垂面与三棱锥相交

（a）直观图；（b）投影图

（1）自 1′、2′、3′向右引联系线，在 $s''a''$、$s''b''$、$s''c''$上找到交点的侧面投影 1″、2″、3″；

（2）自 1′、3′向下引联系线，在 sa、sc 上找到交点Ⅰ、Ⅲ的水平投影 1、3；由 2′和 2″进行"二补三"作图找到Ⅱ点的水平投影 2（应在 sb 上）；

（3）连接同面投影，得截交线的水平投影△123 和侧面投影△1″2″3″。

（4）擦掉切掉部分的图线。

【例 3-3】　完成四棱锥切割体的水平投影和侧面投影（图 3-15）。

分析：从正面投影中可以看出，四棱锥的切口是由一个水平面 P 和一个正垂面 Q 切割而成的。水平面 P 切割四棱锥的截交线是三角形，正垂面 Q 切割四棱锥的截交线是五边形（见直观图）。

作图：

（1）在正面投影上，标出各交点的正面投影 1′、2′（3′）、4′（5′）、6′；

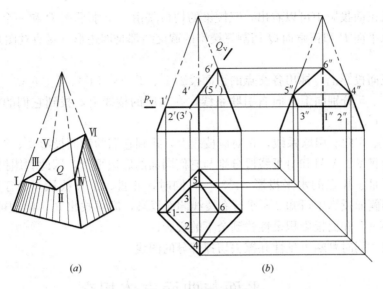

图 3-15 棱锥切割体

(a) 直观图;(b) 投影图

(2) 自 1′、6′分别向下、向右引联系线,在对应的棱线上,找到它们的水平投影 1、6 和侧面投影 1″、6″;

(3) 自 4′、5′向右引联系线,在对应棱线上,找到它们的侧面投影 4″、5″,并利用"二补三"作图找到它们的水平投影 4、5;

(4) 因为ⅠⅡ和ⅠⅢ线段分别与它们同面的底边平行,因此利用投影的平行性可以作出Ⅱ、Ⅲ两点的水平投影 2、3,然后利用"二补三"作图找到它们的侧面投影 2″、3″;

(5) 连点,并擦去切掉部分的图线。

【例 3-4】 完成三棱锥切割体的水平投影和侧面投影(图 3-16)。

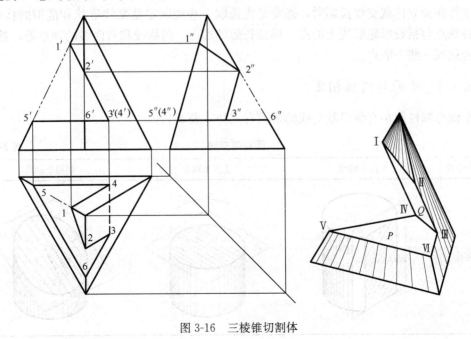

图 3-16 三棱锥切割体

55

分析：从正面投影中可以看出，三棱锥的切口是由一个水平面 P 和一个正垂面 Q 切割而成的。水平面 P 和正垂面 Q 切割三棱锥的截交线都是四边形（见直观图）。

作图：

（1）在正面投影上，标出各交点的正面投影 $1'$、$2'$、$3'$（$4'$）、$5'$、$6'$；

（2）自 $1'$、$5'$分别向下、向右引联系线，在对应的棱线上，找到它们的水平投影 1、5 和侧面投影 $1''$、$5''$；

（3）自 $2'$、$6'$向右引联系线，在对应棱线上，找到它们的侧面投影 $2''$、$6''$；

（4）因为Ⅳ Ⅴ、Ⅴ Ⅵ和Ⅶ Ⅲ线段分别与它们同面的底边平行，因此利用投影的平行性可以作出Ⅵ、Ⅲ、Ⅳ点的水平投影 6、3、4，同时，Ⅱ Ⅲ、Ⅰ Ⅳ线段平行于同面的右棱线，在三棱锥侧面投影中可知 $2''3''$平行右棱线侧面投影，即可找出 $3''$，同理可找到 2，然后利用"二补三"和面投影积聚性找到余下的投影；

（5）连点，同时判断可见性并擦去切掉部分的图线。

3.4　平面与曲面立体相交

平面与曲面立体相交所得截交体的形状可以是曲线围成的平面图形，或曲线和直线围成的平面图形，也可以是平面多边形。截交线的形状由截平面与曲面立体的相对位置来决定。

截交线是截平面和曲面立体表面的共有线，截交线上的点也都是它们的共有点。因此，在求截交线的投影时，先在截平面有积聚性的投影上，确定截交线的一个投影，并在这个投影上选取若干个点；然后把这些点看作曲面立体表面上的点，利用曲面立体表面定点的方法，求出它们的另外两个投影；最后，把这些点的同名（同面）投影光滑连接，并标明投影的可见性。

求作曲面立体截交线投影时，通常是先选取一些能确定截交线形状和范围的特殊点，这些特殊点包括投影轮廓线上的点、椭圆长短轴端点、抛物线和双曲线的顶点等，然后按需要再选取一些一般点。

3.4.1　平面与圆柱相交

平面与圆柱面相交所得截交线的形状有三种（表 3-1）：

圆柱截交线　　　　　　　　　　　　　　　　　　　　　　　　　表 3-1

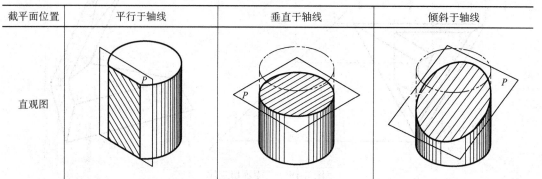

截平面位置	平行于轴线	垂直于轴线	倾斜于轴线
直观图			

截平面位置	平行于轴线		垂直于轴线	倾斜于轴线
投影图	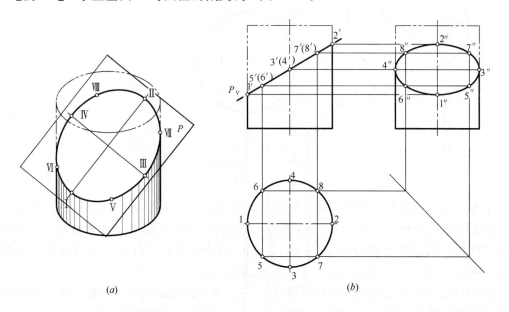			
截交线形状	两条素线		圆	椭圆

（1）当截平面通过圆柱的轴线或平行于轴线时，截交线为两条素线；

（2）当截平面垂直于圆柱的轴线时，截交线为圆；

（3）当截平面倾斜于圆柱的轴线时，截交线为椭圆。

【例 3-5】 求正垂面 P 与圆柱的截交线（图 3-17）。

图 3-17　正垂面切割圆柱

（a）直观图；（b）投影图

分析：从投影图上可知，截平面 P 与圆柱轴线倾斜，截交线应是一个椭圆。椭圆长轴Ⅰ Ⅱ是正平线，短轴Ⅲ Ⅳ是正垂线。因为截平面的正面投影和圆柱的水平投影有积聚性，所以椭圆的正面投影是积聚在 P_V 上的线段，椭圆的水平投影是积聚在圆柱面上的轮廓圆，椭圆的侧面投影仍是椭圆（不反映实形）。

作图：

（1）在正面投影上，选取椭圆长轴和短轴端点 1′、2′和 3′（4′），然后，再选取一般点 5′（6′）、7′（8′）；

（2）由这八个点的正面投影向下引联系线，在圆周上找到它们的水平投影 1、2、3、4、5、6、7、8；

（3）利用"二补三"作图找到它们的侧面投影 1″、2″、3″、4″、5″、6″、7″、8″；

（4）依次光滑连接 1″、5″、3″、7″、2″、8″、4″、6″、1″，即得椭圆的侧面投影。

【例 3-6】 求圆柱切割体的水平投影和侧面投影（图 3-18）。

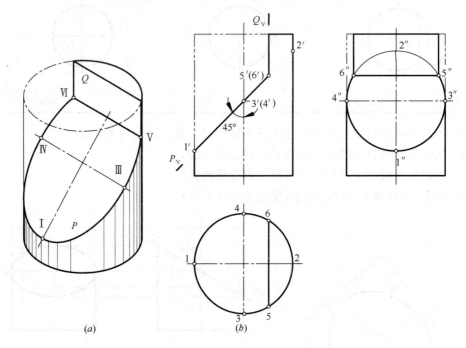

图 3-18　圆柱切割体

（a）直观图；（b）投影图

分析：从正面投影上可知，圆柱是被一个正垂面 P 和一个侧平面 Q 切割，切口线是一段椭圆弧和一个矩形，它们的正面投影分别积聚在 P_V 上和 Q_V 上，水平投影分别积聚在圆周 53146 一段圆弧上和 Q_H（符号 Q_H 表示特殊面 Q 的水平投影是一条直线，有积聚性），利用"二补三"作图可以作出它们的侧面投影。

图中所给 P 平面与圆柱轴线恰好倾斜 45°角，椭圆的侧面投影正好是个圆（椭圆长轴和短轴的侧面投影 1″2″和 3″4″相等，都等于圆柱的直径），可用圆规直接画图。

3.4.2　平面与圆锥相交

平面与圆锥面相交所得截交线的形状有五种（表 3-2）：

（1）当截平面通过锥顶时，截交线为两条相交素线；

（2）当截平面垂直于轴线时，截交线为一圆；

（3）当截平面与轴线夹角 α 大于母线与轴线夹角 θ 时，截交线为一椭圆；

（4）当截平面平行于一条素线（即 $\alpha=\theta$ 时，截交线为抛物线）；

（5）当截平面与轴线夹角 α 小于母线与轴线夹角 θ 时，截交线为双曲线。

圆锥截交线

表 3-2

截平面位置	过圆锥锥顶	垂直于轴线	倾斜于轴线（$d>\theta$）	倾斜于轴线（$d=\theta$）	倾斜于轴线（$d<\theta$）
直观图					
投影图		$\alpha=90°$	$\alpha>\theta$	$\alpha=\theta$	$\alpha<\theta$
截交线形状	两条素线	圆	椭圆	抛物线	双曲线

【例 3-7】 求正垂面 P 与圆锥的截交线（图 3-19）。

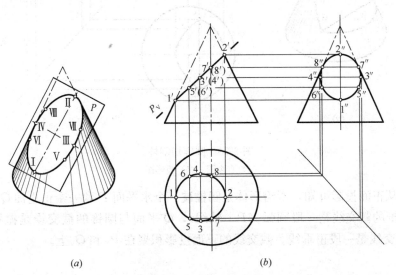

图 3-19　正垂面切割圆锥

（a）直观图；（b）投影图

分析：从正面投影可知，截平面 P 与圆锥轴线夹角大于母线与轴线夹角，所以截交线是一个椭圆。

椭圆的正面投影积聚在截平面的积聚投影 P_V 上成为线段，水平投影和侧面投影仍然是椭圆（都不反映实形）。

为了求出椭圆的水平投影和侧面投影，应先在椭圆的正面投影上标定出所有的特殊点（长短轴端点和侧面投影轮廓线上的点）和几个一般点，然后把这些点看作圆锥表面上的点，用圆锥表面定点的方法（素线法或纬圆法），求出它们的水平投影和侧面投影，再将它们的同面投影依次连接成椭圆。

作图：

（1）正面投影上，找到椭圆的长轴两端点的投影 $1'$、$2'$，短轴两端点的投影 $3'$（$4'$）（位于线段 $1'2'$ 的中点），侧面投影轮廓线上的点 $7'$（$8'$）和一般点 $5'$（$6'$）；

（2）自 $1'$、$2'$、$7'$、$8'$ 向下和向右引联系线，直接找到它们的水平投影 1、2、7、8 和侧面投影 $1''$、$2''$、$7''$、$8''$；

（3）用纬圆法求出 Ⅲ、Ⅳ、Ⅴ、Ⅵ 点的水平投影 3、4、5、6 和侧面投影 $3''$、$4''$、$5''$、$6''$；

（4）将八个点的同名投影光滑地连成椭圆。

【例 3-8】 完成圆锥切割体的水平投影和侧面投影（图 3-20）。

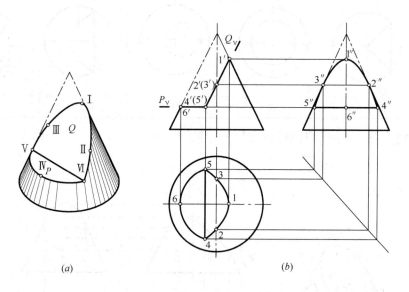

图 3-20 圆锥切割柱
（a）直观图；（b）投影图

分析：从正面投影可知，所给形体是圆锥被一个水平面 P 和一个正垂面 Q 切割而成。P 平面与圆锥的截交线是一段圆弧（$P \perp$ 轴线），Q 平面与圆锥的截交线是抛物线，P 平面与 Q 平面交线是一段正垂线。截交线的正面投影积聚在 P_V 和 Q_V 上。

作图：

（1）在正面投影上标出圆弧上点 $6'$、$4'$（$5'$）和抛物线上点 $4'$（$5'$）、$2'$（$3'$）、$1'$；

（2）自 $1'$、$2'$（$3'$）向右引投影联系线，求出 Ⅰ、Ⅱ、Ⅲ 点的侧面投影 $1''$、$2''$、$3''$，

再用"二补三"作图求出水平投影1、2、3；

（3）用纬圆法求出Ⅳ、Ⅴ、Ⅵ点的水平投影4、5、6和侧面投影4″、5″、6″；

（4）将4、5、6点连成圆弧，4、2、1、3、5点连成抛物线，4、5两点连成直线，得圆锥切割体的水平投影；

（5）将4″和5″两点连接成直线，5″、3″、1″、2″、4″点连成抛物线，再将3″点和2″点以上的侧面投影轮廓线擦掉（或画成双点画线），就得到圆锥切割体的侧面投影。

【例3-9】 完成圆锥切割体的水平投影和侧面投影（图3-21）。

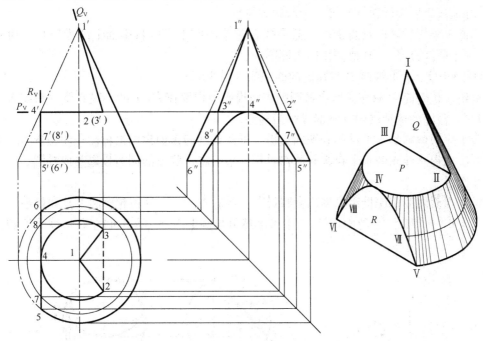

图3-21　圆锥切割体

分析：从正面投影可知，所给形体是圆锥被一个水平面 P、一个正垂面 Q 和一个侧平面 R 切割而成。P 平面与圆锥的截交线是一段圆弧（$P \perp$ 轴线），Q 平面与圆锥的截交线是三角形（Q 过锥顶），R 平面与圆锥截交线是双曲线的一支（$R /\!/$ 轴线）；P 平面与 Q 平面交线是一段正垂线。截交线的正面投影积聚在 P_V、Q_V 和 R_V 上。

作图：

（1）在正面投影上标出圆弧上点4′、2′（3′），锥顶1′和双曲线上5′（6′），一般位置7′（8′）点；

（2）截取截交线圆弧半径画出水平圆，自2′（3′）向下引投影联系线，求出Ⅱ、Ⅲ点的水平投影2、3，再用"二补三"作图求出侧面投影2″、3″；

（3）用纬圆法求出Ⅶ、Ⅷ点的水平投影7、8，再用"二补三"作图求出7″、8″和5″、6″；

（4）将1、2、3点连成三角形，5、7、4、8、6点连成直线为双曲线的水平投影，再将双曲线平面左侧底面圆部分擦去，以1点为圆心，画出243段圆弧，23线段连成虚线，即得圆锥切割体的水平投影；

（5）将 1″、2″、3″ 连接成三角形，水平圆侧面投影积聚连成直线段，5″、7″、4″、8″、6″连成双曲线，再将水平圆之上的侧面投影圆锥的前后轮廓线擦去（或画成双点画线），就得到圆锥切割体的侧面投影。

3.4.3 平面与球相交

平面与球面相交所得截交线是圆。

当截平面为投影面平行面时，截交线在截平面所平行的投影面上的投影为圆（反映实形），其他两投影为线段（长度等于截圆直径）；

当截平面为投影面垂直面时，截交线在截平面所垂直的投影面上的投影是一段直线（长度等于截圆直径），其他两投影为椭圆。

【例 3-10】 求正垂面 P 与球面的截交线（图 3-22）。

分析：正垂面 P 截球面所得截圆的正面投影是积聚在 P_V 上的一段直线（长度等于截圆直径），截圆的水平投影和侧面投影为椭圆。

为了作出截圆的水平投影和侧面投影，可在截圆的正面投影上标注一些特殊点，然后用纬圆法求得这些点的水平投影和侧面投影，最后将这些点的同名投影连成椭圆。

作图：

（1）在截圆的正面投影上标出截圆最左、最右点 $1'$、$2'$（在轮廓圆上）和最前、最后点 $3'$（$4'$）（在线段 $1'2'$ 的中点处），上下半球分界圆上点 $5'$（$6'$）和左右半球分界圆上点 $7'$（$8'$）；

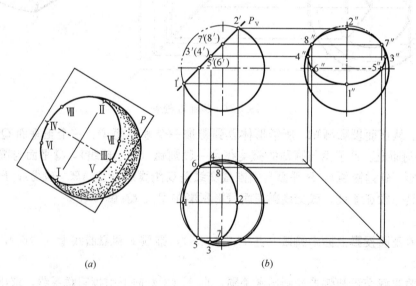

图 3-22　正垂面切割球
(a) 直观图；(b) 投影图

（2）求出这些点的水平投影和侧面投影，其中 1、2 和 1″、2″ 应在前后半球分界圆上（即横向中心线和竖向中心线上），3、4 和 3″、4″ 用纬圆法求得（前后对称，两点距离应等于截圆直径），5、6 在水平投影轮廓圆上，5″、6″ 在横向中心线上，7、8 在竖向中心线上，7″、8″ 在侧面投影轮廓圆上；

（3）在水平投影上，按 153728461 顺序连成椭圆，并将 516 一段左侧轮廓圆 $\overset{\frown}{56}$ 擦掉；

（4）在侧面投影上，按 $1''5''3''7''2''8''4''6''1''$ 顺序连成椭圆，并将 $7''2''8''$ 一段上面轮廓圆 $\overset{\frown}{7''8''}$ 擦掉。

【例 3-11】 完成半球切割体的水平投影和侧面投影（图 3-23）。

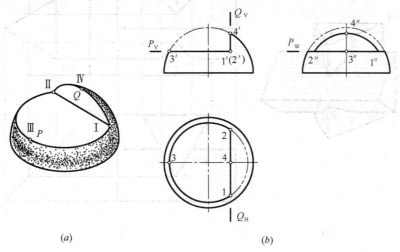

图 3-23　半球切割体

（a）直观图；（b）投影图

从正面投影上可知，所给半球切割体是由一个水平面 P 和一个侧平面 Q 切割而成，P 面与半球的截圆正面投影为与 P_V 重影的一段直线，水平投影为一段圆弧，侧面投影为与 P_W（符号 P_W 表示特殊面 P 的侧面投影是一条直线，有积聚性）重影的一段直线；Q 面与半球的截圆正面投影为与 Q_V 重影的一段直线，水平投影为与 Q_H 重影的一段直线，侧面投影为一段圆弧；P 面与 Q 面交线为一段正垂线，其正面投影为 P_V 与 Q_V 的交点，水平投影与 Q_H 重影，侧面投影与 P_W 重影。

作图时，只要注意切口线处水平圆弧和侧平圆弧圆心位置和半径大小，就可以用圆规直接画出切口线的水平投影和侧面投影（请读者自己分析作图过程）。

3.5　两平面立体相交

两立体相交，也称两立体相贯，其表面交线称为相贯线。

两平面立体相交所得相贯线，一般情况是封闭的空间折线，如图 3-24 所示。相贯线上每一段直线都是一立体的棱面与另一立体棱面的交线，而每一个折点都是一立体棱线与另一立体棱面的交点，因此，求两平面立体相贯线的方法是：

（1）确定两立体参与相交的棱线和棱面；

（2）求出参与相交的棱线与棱面的交点；

（3）依次连接各交点，连点时就遵循：只有当两个点对于两个立体而言都位于同一个棱面上才能连接，否则不能连接；

（4）判别相贯线的可见性，判别的方法是：只有两个可见棱面的交线才可见，连实线；否则不可见，连虚线。

【例3-12】 求直立三棱柱与水平三棱柱的相贯线（图3-24）。

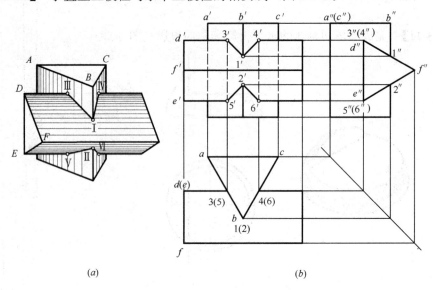

图 3-24　两三棱柱相贯

(a) 直观图；(b) 投影图

分析：从水平投影和侧面投影可以看出，两三棱柱相互部分贯穿，相贯线应是一组空间折线。

因为直立三棱柱的水平投影有积聚性，所以相贯线的水平投影必然积聚在直立三棱柱的水平投影轮廓线上；同样，水平三棱柱的侧面投影有积聚性，因此相贯线的侧面投影必然积聚在水平三棱柱的侧面投影轮廓线上。于是，相贯线的三个投影，只需求出正面投影。

从直观图中可以看出，水平三棱柱的 D 棱、E 棱和直立三棱柱的 B 棱参与相交（其余棱线未参与相交），每条棱线有两个交点，可见相贯线上总共应有六个折点，求出这些折点便可连成相贯线。

作图：

(1) 在水平投影和侧面投影上，确定六个折点的投影 1（2）、3（5）、4（6）和 $1''$、$2''$、$3''$（$4''$）、$5''$（$6''$）；

(2) 由 3（5）、4（6）向上引联系线与 d' 棱和 e' 棱相交于 $3'$、$4'$ 和 $5'$、$6'$，再由 $1''$、$2''$ 向左引联系线与 b' 棱相交于 $1'$、$2'$；

(3) 连点并判别可见性（图中 $3'5'$ 和 $4'6'$ 两段是不可见的，应连虚线）。

【例3-13】 求四棱柱与四棱锥的相贯线（图3-25）。

分析：从水平投影可以看出，四棱柱从上向下贯入四棱锥中，相贯线是一组封闭的折线。

因为直立的四棱柱水平投影具有积聚性，所以相贯线的水平投影必然积聚在直立四棱柱的水平投影轮廓线上，相贯线的正面投影和侧面投影需要作图求出。

从图中可知，四棱柱的四条棱线和四棱锥的四条棱线参与相交，每条棱线有一个交

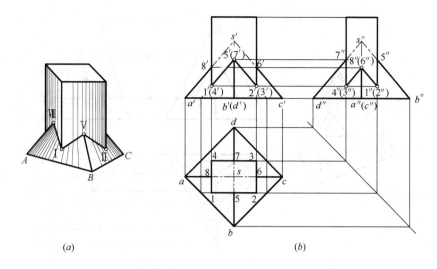

图 3-25　四棱柱与四棱锥相贯

(a) 直观图；(b) 投影图

点，相贯线上总共有八个折点。

作图：

（1）在相贯线的水平投影上标出各折点的投影 1、2、3、4、5、6、7、8；

（2）过 I 点在 SAB 平面上作辅助线与 SA 平行，利用平行性求出 I 点的正面投影 $1'$，进而利用对称性求出 IV、II、III 点的正面投影 $(4')$、$2'$ $(3')$，然后由 $1'$ $(4')$、$2'$ $(3')$ 向右引联系线求出侧面投影 $1''$ $(2'')$、$(3'')$ $4''$；

（3）V、VI、VII、VIII 四个点分别位于四棱锥的四条棱线上，利用四棱锥左右棱面的积聚性可以确定 $8'$ 和 $6'$，而后引投影联系线找到 $8''$ $(6'')$，利用四棱锥前后棱面的积聚性可以确定 $5''$ 和 $7''$，而后引投影联系线找到 $5'$ $(7')$；

（4）连接 $1'5'$ 和 $5'2'$、$4''8''$ 和 $8''1''$（其余的线或是积聚，或是重合）；

（5）将参与相交的棱线画到交点处。

【例 3-14】 求出带有三棱柱孔的三棱锥的水平投影和侧面投影（图 3-26）。

分析：三棱锥被三棱柱穿透后形成一个三棱柱孔，并且在三棱锥的表面上出现了孔口线，其实，孔口线与三棱锥、三棱柱相贯线完全是一样的。由于三棱柱孔正面投影有积聚性，因此孔口线的正面投影积聚在三棱柱孔的正面投影轮廓线上，棱柱和棱锥的水平投影和侧面投影没有积聚性，孔口线的水平投影和侧面投影就需要作图求出。

三棱柱孔的三条棱线和三棱锥的一条棱线参与相交，孔口线上应有八个折点，但从正面投影上可以看出，三棱柱的上边棱线与三棱锥的前边棱线相交，所以实际折点只有七个。

作图：

（1）在正面投影图上标出七个折点的投影 $1'$、$2'$、$3'$、$4'$、$5'$、$6'$、$7'$；

（2）利用棱锥表面定点的方法，求出它们的水平投影 1、2、3、4、5、6、7 和侧面投影 $1''$、$2''$、$3''$、$4''$、$5''$、$6''$、$7''$；

（3）将各折点按下述方法连接：水平投影上 15、57、73、31 连接（形成前部孔口

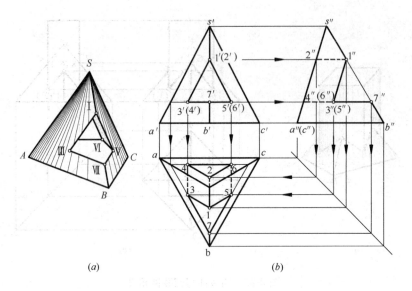

图 3-26 穿孔的三棱锥

(a) 直观图；(b) 投影图

线），26、64、42连线（形成后部孔口线），侧面投影上1″3″、3″7″连线（其余线或积聚或重合）；

（4）用虚线画出三棱柱孔的棱线的水平投影和侧面投影，并擦掉1″7″一段侧面投影轮廓线。

3.6 平面立体与曲面立体相交

平面立体与曲面立体相交所得相贯线，一般是由几段平面曲线结合而成的空间曲线。相贯线上每段平面曲线都是平面立体的一个棱面与曲面立体的截交线，相邻两段平面曲线的交点是平面立体的一个棱线与曲面立体的交点。因此，求平面立体与曲面立体的相贯线，就是求平面与曲面立体的截交线和求直线与曲面立体的交点。

求平面立体与曲面立体的相贯线方法是：

（1）求出平面立体棱线与曲面立体的交点；

（2）求出平面立体的棱面与曲面立体的截交线；

（3）判别相贯线的可见性，判别方法与两平面立体相交时相贯线的可见性判别方法相同。

【例3-15】 求圆柱与四棱锥的相贯线（图3-27）。

分析：从水平投影可知，相贯线是由四棱锥的四个棱面与圆柱相交所产生的四段一样的椭圆弧（前后对称，左右对称）组成的，四棱锥的四条棱与圆柱的四个交点是四段椭圆弧的结合点。

由于圆柱的水平投影有积聚性，因此，四段椭圆弧以及四个结合点的水平投影都积聚在圆柱的水平投影上；正面投影上，前后两段椭圆弧重影，左、右两段椭圆弧分别积聚在四棱锥左、右两棱面的正面投影上；侧面投影上，相贯线的左、右两段椭圆弧重影，前、

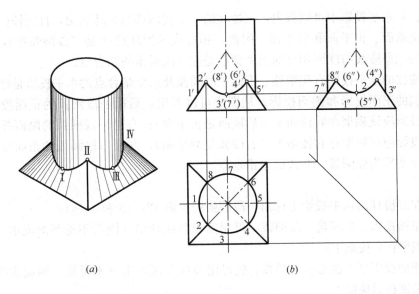

(a)   (b)

图 3-27　圆柱与四棱锥相贯

(a) 直观图；(b) 投影图

后两段椭圆弧分别积聚在四棱锥前后两棱面的侧面投影上。作图时，应注意对称性，正面投影应与侧面投影相同。

作图：

(1) 在水平投影上，用 2、4、6、8 标出四个结合点的水平投影，并在四段交线的中点处标出椭圆弧最低点的水平投影 1、3、5、7；

(2) 在正面投影和侧面投影上，求出这八个点的正面投影 $1'$、$2'(8')$、$3'(7')$、$4'(6')$、$5'$ 和侧面投影 $7''$、$8''(6'')$、$1''(5'')$、$2''(4'')$、$3''$；

(3) 在正面投影上，过 $2'(8')$、$3'(7')$、$4'(6')$ 点画椭圆弧，在侧面投影上，过 $8''(6'')$、$1''(5'')$、$2''(4'')$ 点画椭圆弧。

【例 3-16】　求三棱柱与半球的相贯线（图 3-28）。

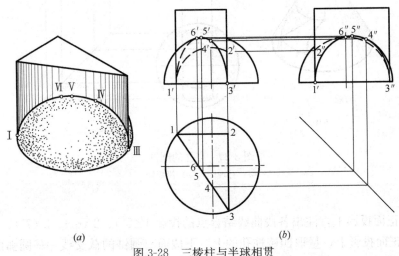

(a)   (b)

图 3-28　三棱柱与半球相贯

(a) 直观图；(b) 投影图

67

分析：从水平投影中可以看出，三棱柱的三个棱面都与半球相交，且三棱柱的三个棱面分别是铅垂面、正平面和侧平面。因此，相贯线的形状应该是三段圆弧组成的空间曲线，棱柱的三条棱线与球面相交的三个交点是这三段圆弧的结合点。

由于棱柱的水平投影有积聚性，因此三段圆弧及三个结合点的水平投影是已知的，只需求出它们的正面投影和侧面投影。从图中可以看出，后面一段圆弧的正面投影反映实形，侧面投影应该积聚在后棱面上（后棱面是正平面）；右边一段圆弧的侧面投影反映实形，正面投影应该积聚在右棱面上（右棱面是侧平面）；左面一段圆弧的正面投影和侧面投影都应该变形为椭圆弧（左棱面是铅垂面）。

作图：

（1）在三棱柱的水平投影上标出三段圆弧的投影 12、23 和 34561；

（2）正面投影 1'2' 应是一段圆弧，可用圆规直接画出（因看不见要画成虚线），侧面投影 1"2" 积聚在后棱面上；

（3）侧面投影 2"3" 也是一段圆弧，也可用圆规直接画出（不可见，画成虚线），正面投影 2'3' 积聚在后棱面上；

（4）用球面上定点的方法求出Ⅳ、Ⅴ、Ⅵ点的正面投影 4'、5'、6' 和侧面投影 4"、5"、6"，然后连成椭圆弧（其中 1'6' 一段和 4"3" 一段是不可见的，画成虚线）。

【例 3-17】 求出带有四棱柱孔的圆锥的水平投影和侧面投影（图 3-29）。

分析：四棱柱孔与圆锥表面的交线相当于四棱柱与圆锥的相贯线，它是前后对称、形状相同的两组曲线，每组曲线都是由四段平面曲线结合成的，上、下两段是圆弧，左、右两段是相同的双曲线弧。相贯线的正面投影积聚在四棱柱孔的正面投影上，水平投影和侧面投影需要作图求出。

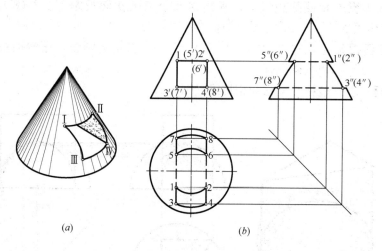

图 3-29　穿孔的圆锥
（a）直观图；（b）投影图

作图：

（1）在正面投影上，注出各段曲线结合点的投影 1'(5')、2'(6')、3'(7')、4'(8')；

（2）在正面投影上，量取四棱柱孔的上、下棱面与圆锥的截交线——圆弧的直径，并在水平投影上直接画出其投影 12、56、34、78 四段圆弧，然后，作出它们的侧面投影 1"

（2″）、5″（6″）、3″（4″）、7″（8″）；

（3）在侧面投影上，作出双曲线弧 1″3″、5″7″、（2″4″）、（6″8″），它们的水平投影 13、57 和 24、68 分别积聚在四棱柱孔的左、右两个棱面上；

（4）画出四条棱线的水平投影和侧面投影（虚线），并擦掉被挖掉的侧面投影轮廓线部分。

3.7 两曲面立体相交

两曲面立体相交所得相贯线，在一般情况下是空间封闭的曲线；在特殊情况下，可以是平面曲线或直线。

3.7.1 两曲面立体相交的一般情况

两曲面立体的相贯线是两曲面立体表面的共有线，相贯线上的点是两曲面立体表面的共有点。求作两曲面立体相贯线的投影时，一般是先作出两曲面立体表面上一些共有点的投影，而后再连成相贯线的投影。

在求作相贯线上的点时，与作曲面立体截交线一样，应作出一些能控制相贯线范围的特殊点，如曲面立体投影轮廓线上的点，相贯线上最高、最低、最左、最右、最前、最后点等，然后按需要再求作相贯线上的一般点。在连线时，应标明可见性，可见性的判别原则是：只有同时位于两个立体可见表面上的相贯线才是可见的；否则不可见。

1. 表面取点法

当两个立体中至少有一个立体表面的投影具有积聚性（如垂直于投影面的圆柱）时，可以用在曲面立体表面上取点的方法作出两曲面立体表面上的这些共有点的投影。具体作图时，先在圆柱面的积聚投影上，标出相贯线上的一些点；然后把这些点看作另一曲面的点，用表面取点的方法，求出它们的其他投影；最后，把这些结合点的同面投影光滑地连接起来（可见线连成实线、不可见线连成虚线）。

【例 3-18】 求大小两圆柱的相贯线（图 3-30）。

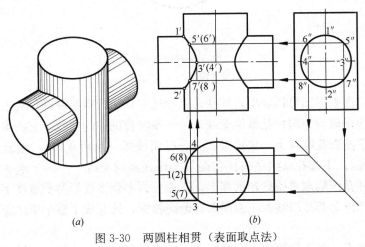

图 3-30 两圆柱相贯（表面取点法）

（a）直观图；（b）投影图

分析：从已知条件可知，两圆柱的轴线垂直相交，有共同的前后对称面和左右对称面，小圆柱横向穿过大圆柱。因此，相贯线是左、右对称的两条封闭空间曲线。

由于大圆柱的水平投影积聚为圆，相贯线的水平投影就积聚在小圆柱穿过大圆柱处的左右两段圆弧上；同样地，小圆柱的侧面投影积聚为圆，相贯线的侧面投影也就积聚在这个圆上。因此，只有相贯线的正面投影需要作图求得。因为相贯线前后对称，所以相贯线的正面投影为左、右各一段曲线弧。

作图：

（1）作特殊点。先在相贯线的水平投影和侧面投影上，标出左侧相贯线的最上、最下、最前、最后点的投影1(2)、3、4和1″、2″、3″、4″，再利用"二补三"作图作出这四个点的正面投影1′、2′、3′(4′)；

（2）作一般点。在相贯线的水平投影和侧面投影上标出前后、上下对称的四个点的投影5(7)、6(8)和5″、6″、7″、8″，然后利用"二补三"作图作出它们的正面投影5′(6′)、7′(8′)。

（3）按1′5′3′7′2′顺序将这些点光滑连接（与1′6′4′8′2′一段曲线重影），即得左侧相贯线的正面投影。

（4）利用对称性，作出右侧相贯线的正面投影。

【例3-19】 作出带有圆柱孔的半球的正面投影和侧面投影（图3-31）。

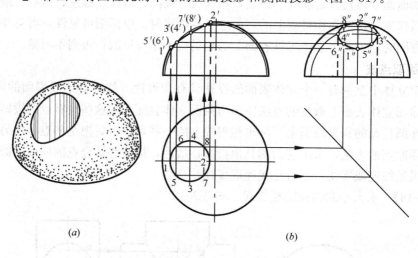

图 3-31　穿孔半球（表面取点法）
(a) 直观图；(b) 投影图

分析：从三面投影图可以看出，圆柱孔在半球左侧、前后对称的位置上，竖向穿透半球。上部孔口线是球面与圆柱孔面的交线——一条闭合的空间曲线，它的水平投影积聚在圆柱孔面的水平投影轮廓圆上，正面投影为一段曲线弧（前后重影），侧面投影为封闭的曲线（全部可见）；下部孔口线是圆柱孔面与半球底面的交线——一个水平圆，它的水平投影积聚在圆柱孔面的水平投影轮廓圆上，正面投影和侧面投影都积聚在半球底面上。由此可知，只要作出上部孔口线的正面投影和侧面投影，就完成了整个半球穿孔体的投影。

作图：

（1）作特殊点。在孔口线的水平投影上，标出最左、最右、最前、最后四个点的投影

1、2、3、4。然后由1、2向上引联系线与正面投影轮廓圆交于1′、2′，1′、2′向右引联系线与竖向中心线交于1″、2″。用球面上定点的方法（图中过3、4作侧平圆，并作出该侧平圆的侧面投影），在圆柱孔的轮廓线上找到3″、4″，向左引联系线在圆孔轴线位置上找到3′（4′）。

（2）作一般点。在孔口线的水平投影上，标出左右、前后对称的四个点的投影5、6、7、8，然后把这四个点看作球面上的点，利用球面上定点的方法（图中过5、7、6、8作了两个相等的正平圆），求出它们的正面投影5′（6′）、7′（8′）和侧面投影5″、6″、7″、8″。

（3）按孔口线水平投影上各点顺序，连接它们的正面投影和侧面投影，完成孔口线的作图。

2. 辅助截平面法

如图3-32（a）所示，为求两曲面立体的相贯线，可以用辅助截平面切割这两个立体，切得的两组截交线必然相交，且交点为"三面共点"（两曲面及辅助截平面的共有点），"三面共点"当然就是相贯线上的点。用辅助截平面求得相贯线上点的方法就是辅助截平面法。具体作图时，首先加辅助截平面（通常是水平面或正平面）；然后分别作出辅助截平面与两已知曲面的两组截交线（应为直线或圆）；最后找出两组截交线的交点，即为相贯线上的点。

【例3-20】 求圆柱和圆台的相贯线（图3-32）。

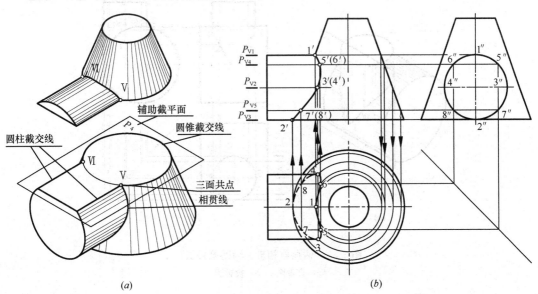

图 3-32　圆柱与圆台相贯（辅助截平面法）
（a）直观图；（b）投影图

分析：从图中可以看出，圆柱与圆台前后对称，整个圆柱在圆台的左侧相交，相贯线是一条闭合的空间曲线。由于圆柱的侧面投影有积聚性，所以相贯线的侧面投影积聚在圆柱的侧面投影轮廓圆上；又由于相贯线前后对称，所以相贯线的正面投影前后重影，为一段曲线弧；相贯线的水平投影为一闭合的曲线，其中处在上半个圆柱面上的一段曲线可见（画实线），处在下半个圆柱面上一段曲线不可见（画虚线）。此题适于用水平面作为辅助截平面进行作图。

作图：

（1）加水平面 P_1（它的正面投影积聚成一条横线，横线的高低即为水平面的高低），它与圆柱面相切于最上面的一条素线（正面投影为轮廓线，水平投影与轴线重合），它与圆锥面交出一个水平圆（正面投影为垂直于圆锥轴线的横线，水平投影为反映真实大小的圆），找到素线与圆的交点 1 和 $1'$（相贯线上的最前点和最后点）；

（2）过圆柱轴线加水平面 P_2，P_2 与圆柱面交出两条素线（水平投影为轮廓线），与圆锥面交出一个水平圆，作出该圆的水平投影并找到素线与圆的交点 3 和 4，然后通过投影联系线在 P_{V2} 上找到 $3'$ 和 $4'$（相贯线上的最高点）；

（3）加水平面 P_3，它与圆柱面切于最下面一条素线，与圆锥面相交于一个水平圆，找到素线和圆的交点 2 和 $2'$（相贯线上的最低点）；

（4）在适当位置上加水平面 P_4 和 P_5，重复上面作图，求出一般点的水平投影 5、6 和 7、8 以及正面投影 $5'$、$6'$ 和 $7'$、$8'$；

（5）依次连接各点的同面投影，正面投影 $1'5'3'7'2'$ 一段和 $1'6'4'8'2'$ 一段重影（连实线），水平投影 46153 一段可见，连实线，48273 一段不可见，连虚线。

【例 3-21】 求轴线垂直交错的大、小两圆柱的相贯线（图 3-33）。

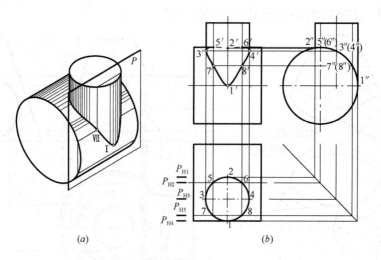

图 3-33 两圆柱相贯（辅助截面法）
(a) 直观图；(b) 投影图

分析：从投影图上可以看出，两圆柱轴线垂直交错。大圆柱轴线是侧垂线，大圆柱面的侧面投影有积聚性；小圆柱轴线是铅垂线，小圆柱面的水平投影有积聚性。小圆柱在大圆柱的上部偏前部位相交，相贯线是一条闭合的空间曲线。相贯线的水平投影积聚在小圆柱的水平投影上；相贯线的侧面投影积聚在大圆柱的侧面投影上；相贯线的正面投影为闭合的曲线，其中处在前半个小圆柱面上的一段曲线可见，处在后半个小圆柱面上的一段曲线不可见。此题适于用正平面作为辅助截平面进行作图。

作图：

（1）加正平面 P_1（它的水平投影积聚成一条横线，横线在下表示正平面在前，横线在上表示正平面在后），它与小圆柱相切于最后面的一条素线（正面投影与轴线重合），它与大圆柱交于两条素线，找出素线与素线的交点 $2'$（相贯线上取最后点）；

（2）过大圆柱的轴线加正平面 P_2，它与大圆柱的截交线就是它的正面投影轮廓线，它与小圆柱交于两条素线，作出两条素线的正面投影并找出交点 $5'$ 和 $6'$（相贯线上最高点）；

（3）过小圆柱的轴线加正平面 P_3，它与小圆柱的截交线是它的正面投影轮廓线，它与大圆柱交于两条素线，作出大圆柱的素线（截交线）并找出交点 $3'$ 和 $4'$（相贯线上最左和最右点）；

（4）加正平面 P_4，它与大、小圆柱均相切于最前面的轮廓素线（它们的正面投影均与轴线重合），找出交点 $1'$（相贯线上最前点）；

（5）在适当位置上加正平面 P_5，作出 P_5 平面与大小圆柱的交线——素线的正面投影，并找出交点 $7'$ 和 $8'$；

（6）在正面投影上，依次连接各点的正面投影，其中 $3'7'1'8'4'$ 一段位于前半个小圆柱面上可见，连实线，$3'5'2'6'4'$ 一段位于后半个小圆柱面上不可见，连虚线。

3.7.2 两曲面立体相交的特殊情况

在一般情况下，两曲面立体的相贯线是空间曲线。但是，在特殊情况下，两曲面立体的相贯线可能是平面曲线或直线。下面介绍两曲面的相贯线为平面曲线的两种特殊情况。

1. 两回转体共轴

当两个共轴的回转体相贯时，其相贯线一定是一个垂直于轴线的圆。

如图 3-34 所示，图（a）为圆柱与半球具有公共的回转轴（铅垂线），它们的相贯线是一个水平圆，其正面投影积聚为直线，水平投影为圆（反映实形，与圆柱等径）。图（b）为球与圆锥具有公共的回转轴，其相贯线也为水平圆，该圆正面投影积聚为直线，水平投影为圆（反映实形）。

2. 两回转体轴线相交，公切于球

当两个回转体轴线相交，公切于一个球面时，则它们的相贯线是两个椭圆。

如图 3-35 所示，图（a）为两圆柱，直径相等，轴线垂直相交，还同时外切于一个球面，它们的相贯线是两个正垂的椭圆，其正面的投影积聚为两相交直线，水平投影积聚在竖直圆柱的投影轮廓圆上。图（b）为轴线垂直相交，还同时公切于一个球面的一个圆柱与一个圆锥相贯，它们的相贯线是两个正垂的椭圆，其正面投影积聚为两相交直线，水平投影为两个椭圆。

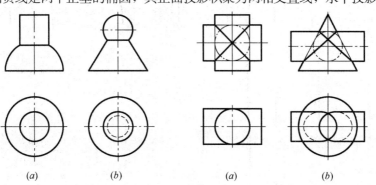

| (a) | (b) | (a) | (b) |

图 3-34　共轴的两回转体相交　　　图 3-35　公切于球面的两回转体相交

思 考 题

1. 棱柱、棱锥、圆柱、圆锥、球的投影有哪些特性？
2. 求作立体表面上点和线的投影有哪些方法？
3. 平面与平面立体相交时，其截交线是什么性质的线，怎样作图？
4. 圆柱、圆锥的截交线形状各有几种，怎样作图？
5. 两平面立体的相贯线是什么性质的线，怎样作图？
6. 平面立体与曲面立体的相贯线是什么样的，怎样作图？
7. 在一般情况下，两曲面立体的相贯线是什么性质，怎样作图？
8. 用表面取点法求相贯线投影的应用条件是什么，作图步骤是什么？
9. 用辅助截平面法求相贯线投影的作图步骤是什么？
10. 在特殊情况下，两曲面立体的相贯线是什么性质，产生的条件是什么？

第4章 工 程 曲 面

在建筑工程中，有些建筑物的表面是由一些特殊的曲面构成的，这些曲面统称为工程曲面，例如图 4-1（a）所示建筑物的顶面和图 4-1（b）所示建筑物的立面。

(a)　　　　　　　　　　　　　(b)

图 4-1　工程曲面实例
（a）某教堂；（b）某美术馆

曲面可以看成是线运动的轨迹，这种运动着的线叫母线，控制母线运动的线或面叫导线或导面，由直母线运动形成的曲面叫直纹曲面；由曲母线运动形成的曲面叫非直纹曲面。母线在运动过程中，母线的每一个位置都是曲面上的线，这些线叫曲面的素线。

如图 4-2 所示，直母线 AA_1 沿着 H 面上的曲导线 ABC 滑动时始终平行于直导线 L，即可形成一个直纹曲面，在这个直纹曲面上存在着许许多多的直线（直纹曲面的素线）。

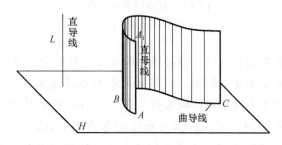

图 4-2　曲面的形成与要素

同一个曲面可能由几种不同的运动形式形成，例如图 4-3 所示的正圆柱：图 4-3（a）为直线绕着与它平行的轴线作回转运动；图 4-3（b）为铅垂线沿着水平圆滑动；图 4-3（c）为水平圆沿着垂直方向平行移动。

曲面的种类繁多，本章仅讨论工程上常用曲面的形成和它们的图示方法。

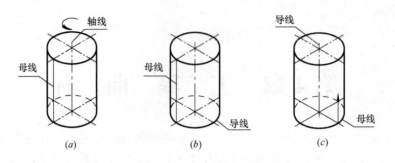

图 4-3　正圆柱形成的不同形式

4.1　柱 面 和 锥 面

4.1.1　柱面

如图 4-4（a）所示，直母线 AA_1 沿着曲导线 $ABCD$ 移动，且始终平行于直导线 L，这样形成的曲面叫柱面。

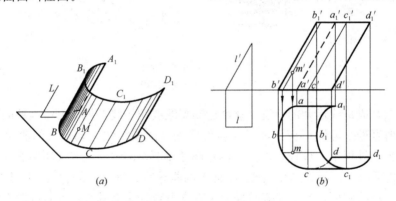

图 4-4　柱面的形成及投影
（a）形成；（b）投影

表示柱面的基本要素是直母线、直导线和曲导线。从理论上说，只要把这些要素的投影画出，则柱面即可完全确定。但是，这样表示的柱面不能给人以完整清晰的感觉，因此，还需要画出柱面的边界线和投影轮廓线。图 4-4（b）中直线 AA_1、DD_1 和曲线 AB-CD、$A_1B_1C_1D_1$ 都是柱面的边界线，需要画出全部投影；BB_1 是柱面正面投影轮廓线，只需画出正面投影；而 CC_1 是柱面水平投影轮廓线，只需画出水平投影。

在图 4-4（b）中还表示了在柱面上画点的作图方法，例如已知柱面上 M 点的正面投影 m'，则利用柱面上的素线为辅助线可以求出它的水平投影 m。

图 4-5（a）、（b）、（c）给出了三种形式的柱面。当它们被一个与母线垂直的平面截割时，所得正截面是圆或椭圆。根据正截面的形状，把它们分别叫做正圆柱、正椭圆柱和斜圆柱。

4.1.2 锥面

如图 4-6（a）所示，直母线 SA 沿着曲导线 $ABCDE$ 移动，且始终通过一点 S，这样形成的曲面叫锥面。

画锥面的投影时，必须画出锥顶 S 及导线 $ABCDE$ 的投影，此外还需要画出锥面的边界线 SA 和 SE 的投影以及正面投影轮廓线

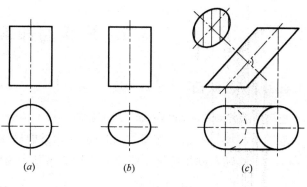

图 4-5　各种柱面

SC 的正面投影和水平投影轮廓线 SB、SD 的水平投影（图 4-6b）。

图中还表明了以素线（过锥顶的直线）为辅助线在锥面上画点的方法。

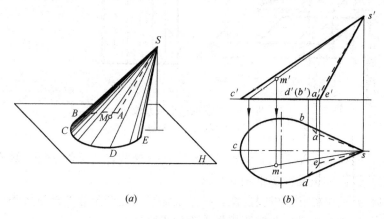

(a)　　　　　　　　　　(b)

图 4-6　锥面的形成及投影
（a）形成；（b）投影

图 4-7 中给出了三种形式的锥面，它们也同样用正截面的形状来命名；图 4-7（a）为正圆锥，图 4-7（b）为正椭圆锥，图 4-7（c）为斜椭圆锥。

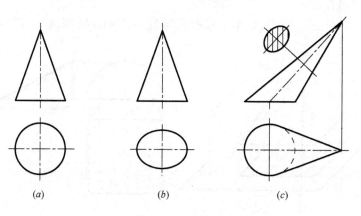

(a)　　　　　　　　(b)　　　　　　　　(c)

图 4-7　各种锥面

4.2 柱状面和锥状面

4.2.1 柱状面

直母线沿着两条曲导线移动，且又始终平行于一个导平面，这样形成的曲面叫柱状面。

如图 4-8（a）所示，直母线 AA_1 沿着两条曲导线——半个正平椭圆 ABC 和半个正平圆 $A_1B_1C_1$ 移动，并且始终平行于导平面 P（图中为侧平面），即可形成一个柱状面。

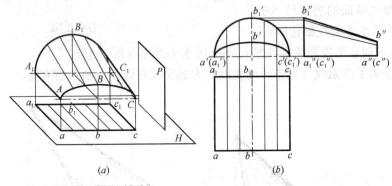

图 4-8　柱状面的形成及投影
（a）形成；（b）投影

可以看出，柱状面上相邻的素线都是交错直线，这些素线又都平行于侧平面，都是侧平线，因此水平投影和正面投影都相互平行。

图 4-8（b）是这个柱状面的投影图，在图上除了画出两条导线的投影外，还画出曲面的边界线和投影轮廓线（图中没有画出导平面的投影）。

4.2.2 锥状面

直母线一端沿着直导线移动，一端沿着曲导线移动，而且又始终平行于一个导平面，这样形成的曲面叫锥状面。

如图 4-9（a）所示，直母线 AA_1 沿着直导线 AC 和曲导线 $A_1B_1C_1$（半个椭圆）移

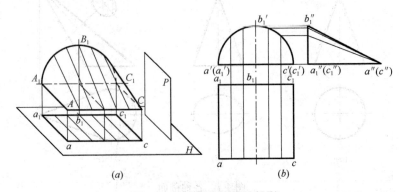

图 4-9　锥状面的形成及投影
（a）形成；（b）投影

动，且始终平行于导平面 P（侧平面），即可形成一个锥状面。

在这个锥状面上，相邻的素线也都是交错直线，所有的素线也都是侧平线，它们的水平投影和正面投影都相互平行。图 4-9（b）是锥状面的投影图，图中没有画出导平面。

图 4-10 为一锥状面应用的例子——体育馆的入口顶棚。

图 4-10　锥状面的实例

4.3　单叶回转双曲面

两条交错直线，以其中一条直线为母线，另一条直线为轴线作回转运动，这样形成的曲面叫单叶回转双曲面。

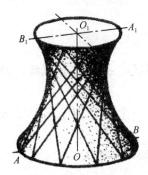

图 4-11　单叶回转双曲面的形成

如图 4-11 所示，AA_1、OO_1 为两条交错直线，以 AA_1 为母线，OO_1 为轴线作回转运动，即可形成一个单叶回转双曲面。在回转过程中，母线上各点运动的轨迹都是垂直于轴线的纬圆，纬圆的大小取决于母线上的点到轴线的距离。母线上距离轴线最近的点形成了曲面上最小的纬圆，称为喉圆。

从图 4-11 中可以看出，如果把母线 AA_1 换到 BB_1 的位置，那么这两个母线形成的是同一个单叶回转双曲面。可见，在单叶回转双曲面上存在着两族素线，同一族素线都是交错直线，不同族素线都是相交直线。

画单叶回转双曲面的投影，同样要求画出边界线的投影和轮廓线的投影。

图 4-12（a）给出了单叶回转双曲面的母线 AA_1 和轴线 OO_1。

图 4-12（b）表明了投影图的画法——素线法，其步骤如下：

（1）作出母线 AA_1 和轴线 OO_1 的两面投影；

（2）作出母线 AA_1 的两端点绕轴线 OO_1 的回转形成的两个边界圆的两面投影；

（3）在水平投影上，自 a 点和 a_1 点起把两个边界圆作相同等分（图中为十二等分），得等分点 1、2…11、12 和 1_1、2_1…11_1、12_1，向上引联系线，在正面投影上得各等分点 $1'$、$2'$…$11'$、$12'$ 和 $1_1'$、$2_1'$…$11_1'$、$12_1'$；

（4）水平投影上连素线 11_1、22_1……1111_1、1212_1，并以 o 点为圆心作圆与各素线相切，即为喉圆的水平投影；

（5）在正面投影上连素线 $1'1_1'$、$2'2_1'$…$11'11_1'$、$12'12_1'$，并且画出与各素线相切曲线（包络线），即为轮廓线的正面投影。

图 4-12（c）表明了投影图的另一种画法——纬圆法，其步骤如下：

（1）作出母线 AA_1 和轴线 OO_1 的两面投影；

（2）a 点和 a_1 点分别作出两个边界圆的水平投影，而后作出它们的正面投影；

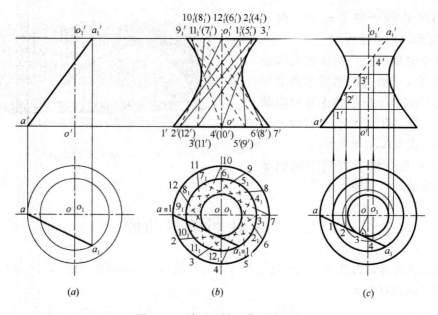

图 4-12　单叶回转双曲面的画法

(a) 已知条件；(b) 素线法；(c) 纬圆法

(3) 在母线 aa_1 上找出与轴线距离最近的点 3，并以 o 点为圆心、$o3$ 为半径画圆，得喉圆的水平投影，而后再作出喉圆的正面投影；

(4) 在母线 aa_1 上适当地选定三个点 1、2 和 4，并且过这三个点分别作三个纬圆（先作水平投影，再作正面投影）；

(5) 根据各纬圆的正面投影作出单叶回转双曲面的轮廓线投影（双曲线）。

4.4　双曲抛物面

直母线沿着两条交错的直导线移动，并且始终平行于一个导平面，这样形成的曲面叫双曲抛物面。如图 4-13 (a) 所示，两交叉直线 AB、CD 为直导线，H 面为导平面，当

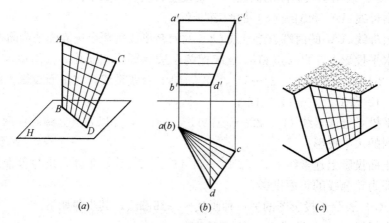

图 4-13　双曲抛物面

(a) 形成；(b) 投影；(c) 实例

直母线 AC 沿着 AB、CD 移动时，始终与 H 面平行。图 4-13（b）是它的投影图。图中画出了两交叉导线的投影及一系列素线的投影。图 4-13（c）为这种曲面的应用实例。

如图 4-14（a）所示，已知交叉直导线 AB、CD 的两投影，以及铅垂导平面 P 的投影，作双曲抛物面步骤如下：

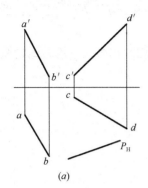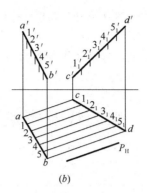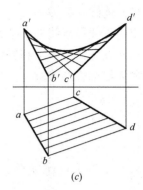

图 4-14　双曲抛物面一般作图

（1）如图 4-14（b）所示，先将直导线 AB 分为若干等分，得等分点的水平及正面投影 1、2、3、4、5 及 $1'$、$2'$、$3'$、$4'$、$5'$，再过各等分点作素线，先过各水平投影点作 11_1、22_1…素线平行于 P_H，并与 cd 交于 1_1、2_1…即得双曲抛物面的水平投影，然后由 1_1、2_1…求得正面投影 $1_1'$、$2_1'$…；

（2）如图 4-14（c）所示，作出各素线的正面投影，并作出与素线都相切的包络线，即双曲抛物面的正面投影。

此为双曲抛物面的一般情况作图。

如图 4-15 所示，直母线 AD 沿着两条交错的直导线 AB、CD 移动，并且平行于一个导平面 P（图中 P 为铅垂面），即可形成一个双曲抛物面。

如果以 CD 直线为母线，AD、BC 两条直线为导线，铅垂面 Q 为导面，也可形成一个双曲抛物面。显然，这个双曲抛物面与前面形成的那个双曲抛物面是同一个曲面。

因此，在双曲抛物面上也存在着两族素线，同族素线相互交错，不同族素线全部相交。

图 4-16 为双曲抛物面投影图画法，其步骤如下：

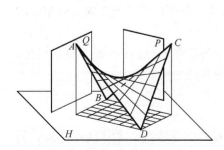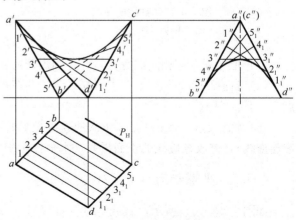

图 4-15　双曲抛物面的形成　　　　　图 4-16　双曲抛物面的画法

81

（1）画出导平面（铅垂面）P 的水平迹线 P_H 以及导线 AB、CD 的各个投影（P_H 应与 ad、bc 平行）；

（2）把导线 AB、CD 作相同的等分（图中为六等分），得等分点的各个投影 1、$2\cdots$，$1'$、$2'\cdots$ 和 $1''$、$2''\cdots$ 以及 1_1、$2_1\cdots$，$1'_1$、$2'_1$ 和 $1''_1$、$2''_1\cdots$；

（3）连线 ad、bc、11_1、$22_1\cdots$，$a'd'$、$b'c'$、$1'1'_1$、$2'2'_1\cdots$ 和 $a''d''$、$b''c''$、$1''1''_1$、$2''2''_1$ $\cdots$ 作出边界线和素线的各个投影；

（4）在正面投影上和侧面投影上，分别作出与各素线都相切的包络线（均为抛物线），完成曲面轮廓线的投影。

4.5 螺旋线及螺旋面

4.5.1 圆柱螺旋线

如图 4-17（a）所示，M 点沿着圆柱表面的母线 AA_1 向上等速移动，而母线 AA_1 又同时绕着轴线 OO_1 等速转动，则 M 点的运动轨迹是一条圆柱螺旋线。这个圆柱叫导圆柱，圆柱的半径 R 叫螺旋半径，动点回转一周沿轴向移动的距离 h 叫导程。

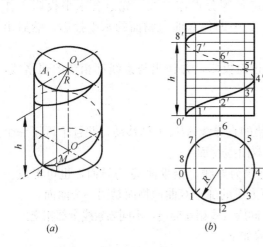

图中表明了 M 点沿 AA_1 上升，AA_1 绕 OO_1 向右旋转形成的一条螺旋线；可想而知，如果 M 点沿 AA_1 上升，AA_1 绕 OO_1 向左旋转，同样可以形成另一条螺旋线，前者叫右螺旋线，后者叫左螺旋线。控制螺旋线的要素为螺旋半径 R、导程 h 和旋转方向。

图 4-17（b）为圆柱螺旋线投影图的画法，其步骤如下：

（1）画出导圆柱的两面投影（圆柱的高度等于 h，圆柱的直径等于 $2R$）；

（2）把导圆柱的底圆进行等分（图中作了八等分），并按右螺旋方向（逆时针方向）进行编号 0、1、$2\cdots7$、8；

图 4-17 圆柱螺旋线
（a）形成；（b）投影

（3）把导程 h 作相同的等分，并且画出横向格线；

（4）自 0、1、$2\cdots7$、8 向上引联系线，并在横向格线上自下而上、依次地找到相应的点 $0'$、$1'$、$2'\cdots7'$、$8'$；

（5）将 $0'$、$1'$、$2'\cdots7'$、$8'$ 依次地连成光滑的曲线（为正弦曲线，$4'\sim8'$ 一段不可见，应连虚线），完成螺旋线的正面投影（水平投影积聚在导圆柱的轮廓圆上）。

4.5.2 平螺旋面

如图 4-18（a）所示，直线 MN（母线），一端沿着圆柱螺旋线（曲导线）移动，另一端沿着圆柱轴线（直导线）移动，并且始终与水平面 H（导平面）平行，这样形成的

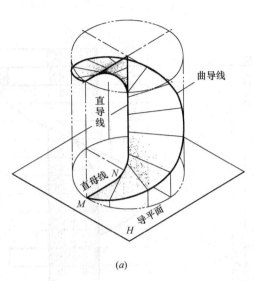

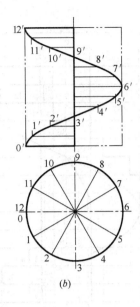

图 4-18 平螺旋面

（a）形成；（b）投影

曲面叫平螺旋面。

　　为了画出平螺旋面的投影，应当首先根据螺旋半径、导程、螺旋方向画出导圆柱的轴线和圆柱螺旋线的投影，然后画出各条素线的投影（图中画出了十二条素线）。由于平螺旋面的母线平行于水平面，所以平螺旋面的素线也都是水平线，它们的正面投影与轴线垂直，水平投影与轴线相交，如图 4-18（b）所示。在建筑工程上，圆柱螺旋线和平螺旋面常见于螺旋楼梯及扶手，作图方法如图 4-19 及图 4-20 所示。

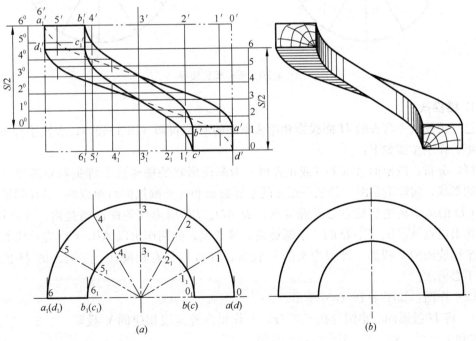

图 4-19　楼梯扶手弯头

（a）作图；（b）结果

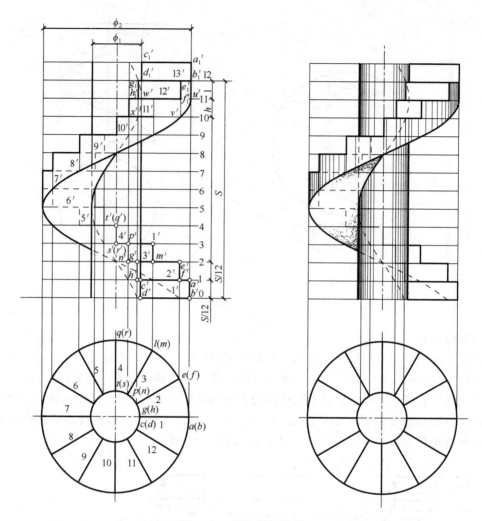

图 4-20　圆柱螺旋楼梯

1. 楼梯扶手

已知楼梯扶手弯头的 H 面投影和弯头断面的 V 面投影（图 4-19a），求扶手弯头的 V 面投影，作图步骤如下：

（1）分析：以矩形 $ABCD$（或正方形）为断面形状的楼梯扶手弯头和双跑楼梯扶手弯头的形状，实际上是由二分之一螺距的平螺旋面和内外圆柱面所组成的：AB 的运动轨迹和 CD 的运动轨迹都是空心平螺旋面，而 AD、BC 所形成的曲面则是内、外圆柱面，只要作出过点 A、B、C、D 的 4 条螺旋线，或者说，分别作出以 AB、CD 为母线的两个空心平螺旋面的 V 投影，即得弯头的 V 投影；H 投影具有积聚性，与给出的 H 投影重合，不必另求。

（2）作图：如图 4-19（a）所示。

1）将 H 投影同心半圆分成 6 等分，并作出内外素线相应的 V 投影 $1'$、$2'$、$3'$、$4'$、$5'$、$6'$ 和 $1_1'$、$2_1'$、$3_1'$、$4_1'$、$5_1'$、$6_1'$；

2）将 c' 与 c_1' 之间的铅垂高度（$S/2$）6 等分，并过分点各作水平线，得 1、2、3、4、

84

5、6点。再将 b' 与 b_1' 之间的铅垂高度（$S/2$）6 等分，过分点各作水平线，得 1^0、2^0、3^0、4^0、5^0、6^0 点；

3）铅垂素线的 V 投影与相应水平分格线的交点，即为螺旋线上的点，作出以 AB 和 CD 为母线的平螺旋面即为所求，并判别可见性，图 4-19（b）为加阴影线的最后结果图。

2. 螺旋楼梯

在实际工程中，螺旋楼梯的承重方式常见的有两种，一是由中间实心圆柱承重，如图 4-20 所示；二是由一定厚度的楼梯板承重，如图 4-20 右面去掉中间柱子，楼板的下表面就是螺旋面。下面举例说明其画法。

已知内、外圆柱直径为 ϕ_1 和 ϕ_2，螺距为 S，踢面高 $h＝S/12$（通常取 150～170mm），梯板厚度 $l＝S/12$（也可大于 $S/12$），求作螺旋楼梯的 H、V 投影。

作图步骤如下：

（1）作 H 投影，如图 4-20 所示：过圆心将圆周作 12 等分，得踏面（水平面）和踢面（铅垂面）的 H 投影。

（2）作 V 投影，如图 4-20 所示：

1）将螺距 S 十二等分，得水平分格线，并注上数字 0～12。

2）作各踢面（矩形）的 V 投影：第一踢面由矩形 $ABDC$ 组成，是 V 面平行面，V 投影反映实形，在 0 线与 1 线之间得到 $a'b'd'c'$；第二踢面由矩形 $EFHG$ 组成，从 H 投影 e（f）、g（h）各点引铅垂线与水平分格线 1 线、2 线相交，得矩形线框 $e'f'h'g'$；第三踢面由矩形 $LMNP$ 组成，从 H 投影 l（m）、p（n）引铅垂线与水平分格线 2 线、3 线相交，得矩形线框 $l'm'n'p'$；第四踢面是侧平面 $QRST$ 矩形，其 V 投影积聚为一条竖直线 t'（q'）s'（r'）；其余各踢面 V 投影的作法也都相类似。

3）作各踏面（扇形）的 V 投影（均为水平线）：各踢面作出之后各踏面的积聚投影——水平线，就带出来了，如踏面扇形 $AFHC$，其 V 投影就是水平面 $a'f'h'c'$；踏面扇形 $EMNG$ 其 V 投影就是水平线 $e'm'n'g'$。与踏面 $LRSP$ 对称的左右、前后四个踏面的 V 投影，在作出相近踏面 $4'$、$10'$ 之后，由于 $4'$、$10'$ 积聚为铅垂线，故踏面 V 投影所积聚的水平线需加长一段，如踏面扇形 $LRSP$，其 V 投影应将水平线 $l'p'$ 延长到与 s'（r'）相交止，这样，$l'p's'$（r'）即为踏面 $LRSP$ 的 V 投影，其余与它对称的三个踏面的作法类似。

4）作梯板的 V 投影：具有一定厚度的梯板的内、外表面实际是圆柱面，下表面是平螺旋面。画梯板的 V 投影，实际上只要绘出梯板与内、外圆柱表面交线——螺旋线即可。外螺旋线画法：从每一踢面外侧边线（铅垂线）往下取一个厚度 $l＝S/12$，即为螺旋线各分点（如图中从 $13'$ 踢面外侧线 $a_1'b_1'$ 往下取一个厚度 l 得 u' 点；从 $12'$ 踢面外侧边线 $e_1'f_1'$ 往下取一个厚度 l 得 v' 点），连接起来就得出外表面上螺旋线。内圆柱上螺旋线画法：从每一踢面的内侧边线（也是踢面与内圆柱表面交线）往下取一 l 厚，得螺旋线上各点（如从图中第 $13'$ 踢面内侧边线 $c_1'd_1'$ 往下取一个 $l＝S/12$ 厚，得 w' 点，u' 与 w' 点同在一水平线上，第 $12'$ 踢面内侧边线 $g_1'h_1'$ 往下取一个 $l＝S/12$ 厚，得 x' 点，同样 v' 和 x' 点在同一水平线上……），连接起来就得到内表面上螺旋线。

5）螺旋线作出之后，为了加强直观性，可在余下的大圆柱可见侧表面和小圆柱可见侧表面上加绘阴影线，阴影线用细实线画，近轮廓素线处间距密些，近轴线处间距疏些，以加强直观性。

思 考 题

1. 什么是曲面形成的要素?
2. 柱面是怎样形成的,常见的柱面有哪些?
3. 锥面是怎样形成的,常见的锥面有哪些?
4. 什么是柱状面,它的投影有何特点?
5. 什么是锥状面,它的投影有何特点?
6. 单叶回转双曲面是怎样形成的,怎样作出它的投影?
7. 双曲抛物面是怎样形成的,怎样作出它的投影?
8. 平螺旋面是怎样形成的,怎样作出它的投影?

第5章 轴 测 投 影

多面正投影图能够完整、准确地表达物体各部分的形状和大小，而且绘图简便，便于施工，是工程上普遍采用的图样。但它的缺点是立体感差，读图困难，如图 5-1（a）所示。轴测投影图简称轴测图，是采用平行投影法得到的单面投影图，能同时表达物体长、宽、高三个方向的结构，如图 5-1（b）所示。因此，与同一物体多面正投影相比，轴测图立体感强，易于读图，弥补多面正投影图的缺点。但由于这种轴测图存在绘制复杂、度量性差等缺点，所以工程上常用轴测图作为辅助图样。轴测图对于研究建筑空间的构成及建筑节点构造具有简明、直观的表达效果，也常用来表达零件、机器设备的外观、空间机构和管路的布局等。

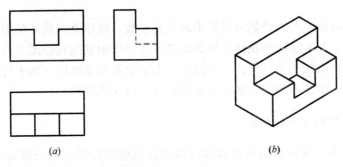

图 5-1 物体的三面投影图和轴测投影图
（a）多面正投影；（b）轴测图

5.1 轴测投影的基本知识

5.1.1 轴测投影图的形成

如图 5-2 所示，将物体连同确定其空间位置的直角坐标系一起，用平行投影法投射到选定的单一投影面 P 上，所得具有立体感的单面投影图称为轴测投影图，简称轴测图。投影面 P 称为轴测投影面，S 为投射方向。

轴测投影图不仅能反映物体三个方向的形状和尺度，具有立体感；而且能够沿轴向测量物体三个方向的尺寸，即具有轴向可测性，这是轴测投影命名的来由。

5.1.2 轴间角及轴向伸缩系数

1. 轴间角

如图 5-2 所示，$O\text{-}XYZ$ 是表示空间物体长、宽、高三个方向的直角坐标系，$O_1\text{-}$

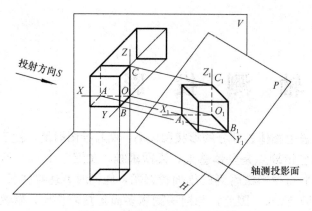

图 5-2 轴测投影的形成和分类

$X_1Y_1Z_1$ 是指其在轴测投影面 P 上的轴测投影，坐标轴 OX、OY、OZ 的轴测投影 O_1X_1、O_1Y_1、O_1Z_1 称为轴测轴，其夹角 $\angle X_1O_1Y_1$、$\angle Y_1O_1Z_1$ 和 $\angle X_1O_1Z_1$ 称为轴间角。

2. 轴向伸缩系数

如图 5-2 所示，轴测轴上线段长度与坐标轴上对应线段长度之比，称为轴向伸缩系数。各轴的伸缩系数是：

$$p=O_1A_1/OA \quad q=O_1B_1/OB \quad r=O_1C_1/OC$$

式中　p、q、r——X、Y、Z 轴向伸缩系数。

当空间坐标轴 $O\text{-}XYZ$ 的位置发生变化，或者投射线 S 方向发生变化时，轴间角和伸缩系数都将变化。

轴间角和轴向伸缩系数是轴测投影中的重要参数，确定轴间角和伸缩系数就等于确定轴向和轴向比例，只有轴向和轴向比例确定之后才可以画轴测投影图。

因为轴测投影也属于平行投影，所以平行投影中的基本性质（如平行性、从属性和定比性）在轴测投影中是不变的，画图时应该充分利用这些性质。

5.1.3 轴测投影的分类

在轴测投影中，投射方向与投影面可以垂直也可以倾斜。当投射方向 S 与投影面 P 垂直时，所得投影叫正轴测投影；当投射方向 S 与投影面 P 倾斜时，所得投影叫斜轴测投影。具体分类如下：

正轴测投影——投射方向 S 垂直于投影面 P 时所得的轴测投影。

斜轴测投影——投射方向 S 倾斜于投影面 P 时所得的轴测投影。

这两类轴测投影根据伸缩系数不同又各分为三种：

（1）$p=q=r$，称为正（斜）等轴测投影，简称正（斜）等测。

（2）$p=q\neq r$ 或 $p=r\neq q$ 或 $q=r\neq p$，称为正（斜）二等轴测投影，简称正（斜）二测。

（3）$p\neq q\neq r$，称正（斜）三测轴测投影，简称正（斜）三测。

5.2　正　等　轴　测　投　影

本节主要讨论正等测的轴间角、轴向伸缩系数和正等测的画法。

5.2.1 正等测的轴间角与轴向伸缩系数

正等测的投影条件是：投射方向 S 与投影面 P 垂直，三个坐标轴 OX、OY、OZ 与投影面 P 倾斜而且倾角相等。

如图 5-3 所示，满足上述条件的正等测图中轴间角均为 120°，轴向伸缩系数 $p_1=q_1=r_1=0.82$。通常将 O_1Z_1 轴画成竖直方向，O_1X_1、O_1Y_1 轴与水平成 30°。为了作图方便，采用简化的轴向伸缩系数，即 $p=q=r=1$。用简化系数作图时，物体上所有的轴向尺寸与实际尺寸相等，可直接量取，但画出的正等测图被放大了 $\frac{1}{0.82}\approx1.22$ 倍，各部分相对比例保持不变，并不影响立体感。采用这两种伸缩系数绘图产生的差异如图 5-3（c）所示。

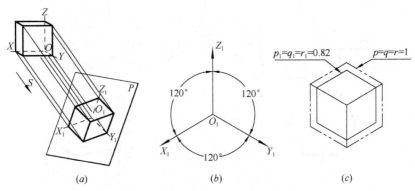

(a)　　　　　　　　(b)　　　　　　　　(c)

图 5-3　正等测的轴间角及轴向伸缩系数

5.2.2　正等测的画法

根据物体不同的结构特征，绘制轴测图的基本方法有坐标法、切割法、叠加法，其中坐标法是绘制轴测图的基本方法，也是其他画法的基础。

画轴测图时，首先要在物体建立直角坐标系，然后画出轴测轴，根据物体上各点的直角坐标值画出各点的轴测投影，最后连接各点的轴测投影，完成所给物体的轴测投影图（在轴测图上，不可见的线不必画出）。

通常直角坐标的原点选在物体的某个顶点上（或对称中心上），坐标轴选在物体的棱线上（或轴线、对称线上），坐标面选在物体的棱面上。

1. 坐标法

根据物体与坐标系的相对位置，按坐标关系作出物体各顶点或线段端点的轴测投影，再将这些点的投影按原有关系连接起来，即可作出物体的轴测图，这种方法称为坐标法，也是绘制曲线轴测图的根本方法。

【例 5-1】　作出图 5-4 所示正六棱柱的正等测。

分析：为减少不必要的作图线，先从正六棱柱顶面开始作图比较方便。故把坐标面 XOY 重合于顶面，且 Z 轴过顶面中心。

作图：

（1）在给定的投影图中选定直角坐标系，并在水平投影图中确定坐标轴上的点 1、2、3、4，六棱柱顶面正六边形的顶点 5、6、7、8，如图 5-4（a）所示；

（2）画轴测轴，并根据水平投影图作出坐标轴上 1、2、3、4 点的轴测投影 1_1、2_1、3_1、4_1，如图 5-4（b）所示；

（3）过 3_1、4_1 分别作直线平行于 O_1X_1 轴并量取 $3_15_1=35$，$3_16_1=36$，$4_17_1=47$，

$4_1 8_1 = 48$，得 5_1、6_1、7_1、8_1 点，用直线连接各点，完成顶面轴测图，如图 5-4（c）所示；

（4）过 7_1、1_1、5_1、6_1 各点作棱线平行于 $O_1 Z_1$ 轴，长度等于六棱柱的高度 h，得底面上各点，如图 5-4（d）所示；

（5）作出正六棱柱底面的可见棱线，擦去多余作图线，描深，完成轴测图，如图 5-4（e）所示。

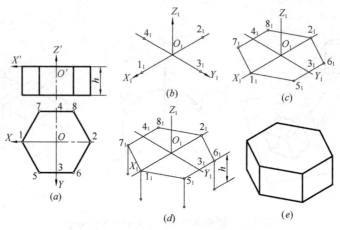

图 5-4　正六棱柱正等测画法

2. 切割法

某些物体可以看成是由基本几何体经一系列切割而形成的。因此画轴测图时也可按其形成过程画，先画出原始基本几何体，逐步去掉切去的部分，最后形成轴测图。

【例 5-2】 作出图 5-5（a）所示垫块的正等测。

分析：图 5-5（a）所示，垫块是一个简单组合体，它可以看成由基本几何体——长方体切割而成。

作图

（1）在给定的投影图上选定坐标系，如图 5-5（a）所示；

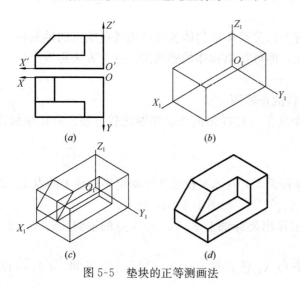

（2）画未切割前的原始形体——长方体，如图 5-5（b）所示；

（3）切去左前方一长方体，再切去左后方一三棱柱，如图 5-5（c）所示；

（4）擦去多余线，描深，完成垫块正等测，如图 5-5（d）所示。

3. 叠加法

某些物体常常是由简单基本几何形体（或由基本几何体衍生的变体）组合而成，可将各部分轴测图按照它们之间的相对位置关系叠加起来，画出各表面的连接关系，从而完成轴

图 5-5　垫块的正等测画法

测图。

【例5-3】 作出图5-6（a）所示楼梯段的正等测。

分析：图5-6（a）所示的楼梯段由两级台阶和左右栏板三部分组成，按其相互表面位置关系逐一画出每部分，叠加在一起，即完成楼梯段的轴测图。

作图：

（1）在给定的投影图上选定坐标系，如图5-6（a）所示；

（2）画出左右栏板原始形体——长方体的正等测，如图5-6（b）所示；

（3）按尺寸切去相应的部分，完成左右栏板的正等测，如图5-6（c）所示；

（4）按坐标画出两级台阶在右侧栏板的交线，如图5-6（d）所示；

（5）根据交线，完成两级台阶的正等测，如图5-6（e）所示；

（6）擦去多余线条，加深，完成楼梯段的正等测，如图5-6（f）所示。

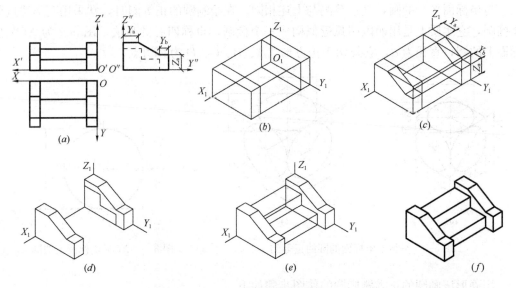

图5-6 楼梯段的正等测

实际复杂的物体的形成往往不是单纯叠加和单纯切割，经常是既有叠加，又有切割。这就要求作图时，综合运用坐标法、切割法、叠加法，以便快速、准确地画出轴测图；另外要考虑到物体与轴测投影面相对位置，使轴测图能清楚地反映出物体所需表达部分，如图5-7所示。

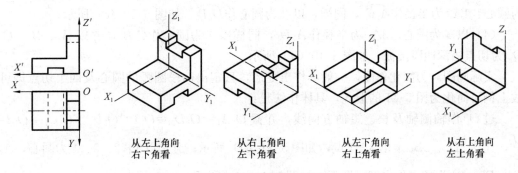

图5-7 不同位置的正等测

5.2.3 圆及圆角的正等测

1. 坐标面上（或平行于坐标面）的圆的正等测近似画法

在正等轴测图中，由于各坐标面对轴测投影面倾角均相等，所以位于各坐标面上直径相等的圆，其轴测投影都是大小完全相同的椭圆，只是长、短轴方向各不相同。

经理论分析，物体上位于 XOY 坐标面上的圆的正等测椭圆，长轴垂直于轴测轴 O_1Z_1；位于 XOZ 坐标面上的圆的正等测椭圆，长轴垂直于轴测轴 O_1Y_1；位于 YOZ 坐标面上的圆的正等测椭圆，长轴垂直于轴测轴 O_1X_1。各椭圆的短轴垂直于长轴。椭圆长轴的长度等于圆的直径 d，短轴长度等于 $0.58d$，如图 5-8（a）所示。

如果采用简化伸缩系数时，其长、短轴均放大 1.22 倍，即长轴等于 $1.22d$，短轴等于 $0.71d$，如图 5-8（b）所示。

与坐标面平行的圆，其正等测与上述相同。在绘制圆的正等测时，常采用菱形法近似画椭圆，它实质上是用四段圆弧近似构成一个椭圆，也称四心圆弧法。图 5-9 为 XOY 坐标面上的圆，直径为 d，它外切于正方形，A、B、C、D 为其切点。

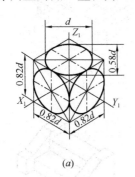 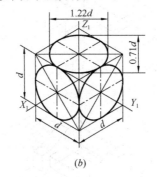 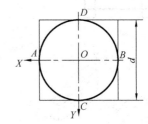

图 5-8　平行于坐标面的圆的正等测　　　　图 5-9　XOY 坐标面上的圆

用菱形法画圆的正等测椭圆的作图步骤如下：

（1）过圆心 O_1 作轴测轴 OX_1、OY_1，并在其上作出外切正方形切点的轴测投影 A_1、B_1、C_1、D_1，如图 5-10（a）所示；

（2）作出圆外切正方形的正等测——菱形，56、12 为菱形的对角线，也是椭圆长、短轴方向，如图 5-10（b）所示；

（3）连接 $1A_1$、$1C_1$ 交 56 于 3、4 两点，则 1、2、3、4 分别为四段圆弧的圆心，以 1 为圆心、$1A_1$ 为半径作 $\overset{\frown}{A_1C_1}$，同样，以 2 为圆心作 $\overset{\frown}{D_1B_1}$，如图 5-10（c）所示；

（4）以 3 为圆心、$3A_1$ 为半径作 $\overset{\frown}{A_1D_1}$，同样以 4 为圆心作 $\overset{\frown}{C_1B_1}$，并以 A_1、B_1、C_1、D_1 为切点描深四段圆弧，如图 5-10（d）所示。

实际画图时为简化作图，一般不作出菱形，只定出四段圆弧的圆心及四个切点即可。故上例可简化为图 5-11 的形式，具体作法是：

过 O_1 作轴测轴及长、短轴方向线，并截 $O_1A_1 = O_1D_1 = O_11 = O_1B_1 = O_1C_1 = O_12 = \dfrac{d}{2}$，连接 $2D_1$、$2B_1$ 定出 3、4 点，如图 5-11（a）所示；分别以 1、2、3、4 为圆心，A_1、C_1、B_1、D_1 为切点作出四段圆弧，如图 5-11（b）所示。

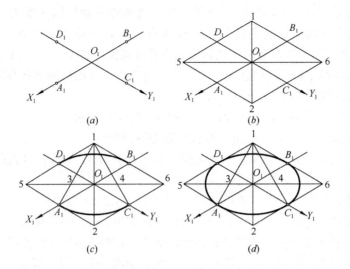

图 5-10　椭圆的菱形画法

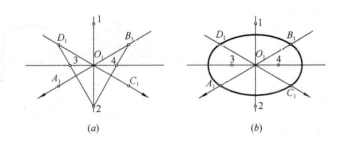

图 5-11　椭圆菱形画法的简化画法

2. 圆角正等测画法

图 5-12（a）是一块有圆角的底板，厚度为 h；圆角各占圆周的四分之一，半径为 R。这些圆角的正等测应为椭圆的一部分，作图步骤如下：

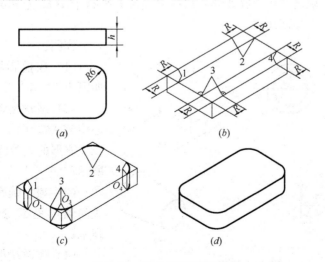

图 5-12　圆角的正等测画法

（1）画出未带圆角底板轴测图，从角的顶点沿两边分别量取长度为 R 的点（切点），过切点作相应边的垂线，分别交于 1、2、3、4 点，如图 5-12（b）所示；

（2）以 1、2、3、4 为圆心，相应长度为半径作圆弧，将 1、3、4 沿 Z_1 轴方向向下平移距离 h，得 O_1、O_3、O_4，分别以 O_1、O_3、O_4 为圆心、以相应的半径作圆弧，并作两个小圆弧的公切线，如图 5-12（c）所示；

（3）擦去作图线，描深，完成全图，如图 5-12（d）所示。

【例 5-4】 画出图 5-13（a）所示圆柱的正等轴测图。

分析：圆柱的轴线是铅垂线，因而两端面是平行于 XOY 坐标面且直径相等的圆。

作图：

（1）在正投影图中选定坐标系，如图 5-13（a）所示；

（2）画轴测轴，定出上、下端面中心的位置，如图 5-13（b）所示；

（3）画上、下端面的正等测椭圆及两侧轮廓线，如图 5-13（c）所示；

（4）擦去作图线，描深，完成圆柱的轴测图，如图 5-13（d）所示。

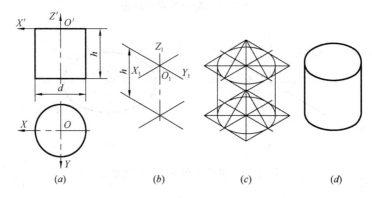

图 5-13　圆柱的正等测画法

【例 5-5】 作出图 5-14（a）所示圆台的正等轴测图。

分析：圆台的轴线是水平放置的，它的两端面是平行于 YOZ 坐标面的圆，可按平行于该坐标面的圆的正等测画出。

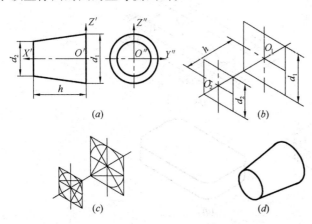

图 5-14　圆台的正等测画法

作图：

（1）在投影图中确定坐标系，如图 5-14（a）所示；

（2）画轴测轴，定出两端面中心位置 O_1、O_2，画出两端圆的外切正方形的正等测，如图 5-14（b）所示；

（3）画左端面小椭圆、右端面大椭圆可见部分，如图 5-14（c）所示；

（4）作两端椭圆的公切线，擦去作图线，描深，完成圆台的轴测图，如图 5-14 （d） 所示。

【例 5-6】 被截切后圆柱的两面投影如图 5-15 （a） 所示，试画出其正等测。

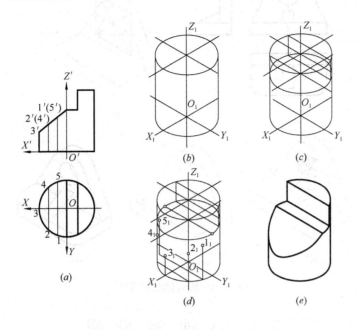

图 5-15 截切后圆柱的正等测

分析：圆柱轴线垂直于 H 面，被一个侧平面、一个水平面、一个正垂面所截。画图时可先画出完整圆柱，再按顺序截切。

作图：

（1）在正投影图中确定坐标系及截交线上一系列点的坐标，如图 5-15 （a） 所示；

（2）画出圆柱的正等测，切去上端部分圆柱，其水平切口的轴测投影为部分椭圆，垂直切口为平行四边形，如图 5-15 （b）、（c） 所示；

（3）画左侧斜截部分的交线——椭圆，用坐标法作出截交线上系列点的轴测投影，如图 5-15 （d） 所示；

（4）依次光滑连接各点，擦去作图线，描深，完成轴测图，如图 5-15 （e） 所示。

【例 5-7】 画出如投影图 5-16 （a） 所示组合体的正等测。

分析：图示组合体由底板、立板和三角形肋板三部分组成。底板前端带圆角，立板底部与底板同宽，顶部是圆柱体，开有圆柱孔。

作图：

（1）画出底板和立板，如图 5-16 （b） 所示；

（2）画出肋板及圆柱孔，如图 5-16 （c） 所示；

（3）画底板圆角部分，如图 5-16 （d） 所示；

（4）擦去作图线，加深，完成轴测图，如图 5-16 （e） 所示。

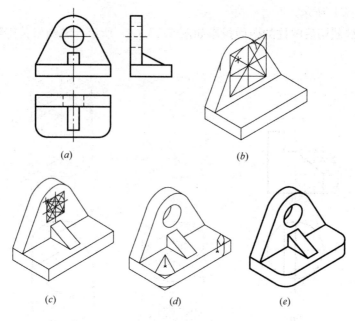

(a)　　　　　(b)

(c)　　　　　(d)　　　　　(e)

图 5-16　组合体的正等测

5.3　斜轴测投影

当投射方向 S 与轴测投影面 P 倾斜时，所形成的轴测投影为斜轴测投影。工程上常用的两种斜轴测投影是正面斜轴测投影和水平斜轴测投影。

5.3.1　正面斜轴测投影

1. 正面斜轴测投影的形成

如图 5-17（a）所示，使空间物体坐标面 XOZ（即物体的正立面）与轴测投影面 P 平行时，所形成的斜轴测投影为正面斜轴测投影。

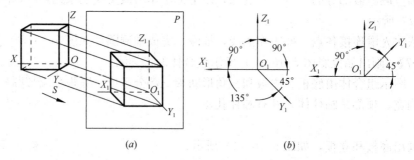

(a)　　　　　(b)

图 5-17　正面斜轴测投影的形成
（a）形成；（b）轴间角

2. 正面斜轴测的轴间角及轴向伸缩系数

如图 5-17（a）所示，因为 XOZ 坐标面平行于投影面 P，所以轴间角 $\angle X_1O_1Z_1 = 90°$，轴向伸缩系数 $p=r=1$。轴测轴 O_1Y_1 的方向及长短随投射方向 S 的变化而改变，在斜轴测投影中，O_1Y_1 方向及长短可单独随意设定。为作图方便及获得较好的直观效果，通常使 O_1Y_1 与水平方向成 45°角（或 30°、60°），轴向伸缩系数取 $q=0.5$。当 $q=0.5$ 时，称正面斜二等轴测投影图，简称正面斜二测；若取 $q=1$ 时，称正面斜等测。

3. 正面斜二测的画法

正面斜二测适合画某一方向上比较复杂的物体。当选用正面斜二测时，由于正面（前面）形状不变，因此要把物体形状较为复杂的一面作为正面。

【例 5-8】 作出图 5-18（a）所示花格砖的正面斜二测。

分析：花格砖正面形状较复杂，侧面厚度相等、形状简单，适合画正面斜二测。

作图：

（1）选正面与坐标面 XOZ 重合，O 点选在右前下角，如图 5-18（a）所示；

（2）画出轴测轴，其方向如图 5-18（b）所示，O_1X_1、O_1Z_1 轴的轴向伸缩系数 $p=r=1$，O_1Y_1 轴的轴向伸缩系数 $q=0.5$；

（3）根据花格砖正面投影图的形状，按坐标画出花格砖正面的轴测图（反映实形），并从各顶点引 O_1Y_1 的平行线（在花格砖正前面轮廓形状之内的线不要），如图 5-18（b）所示；

（4）在引出的平行线上截取花格砖宽度的 1/2，依次连接截得各顶点，整理、加深，完成花格砖的轴测图，如图 5-18（c）所示。

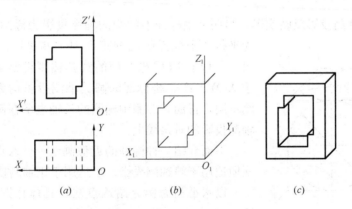

图 5-18　花格砖的正面斜二测

【例 5-9】 作出图 5-19（a）所示挡土墙的正面斜二测。

分析：图 5-19（a）所示的挡土墙是由底板、竖墙和扶壁三部分形体组成，画图时要一部分一部分去进行，三部分逐步叠加，完成挡土墙的轴测图。

作图：

（1）画出底板的正面斜二测图，如图 5-19（b）所示；

（2）在底板的上面画出竖墙的正面斜二测图，注意左右位置关系，如图 5-19（c）所示；

（3）按相对位置画出扶壁正面斜二测图，检查、加深，完成挡土墙的正面斜二测图，如图 5-19（d）所示。也可按图（e）、（f）、（g）的顺序画出挡土墙的轴测图。

4. 平行于坐标面的圆的正面斜二测

在正面斜二测中，如果某一坐标面平行于轴测投影面 P，则该坐标面上（或平行该坐

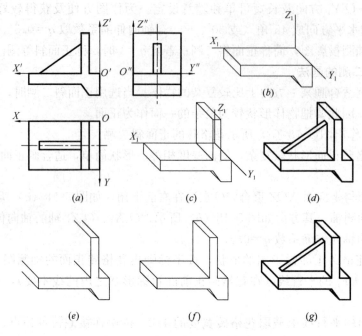

(a)　　　　　(b)　　　　　(c)

(d)

(e)　　　　　(f)　　　　　(g)

图 5-19　挡土墙的正面斜二测

标面）的圆其轴测投影反映实形，另两个坐标面上的圆的轴测投影为椭圆。图 5-20 所示

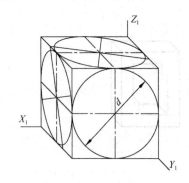

图 5-20　平行于坐标面的圆
的正面斜二测

为平行于坐标面的圆的正面斜二测投影。从图中可以看出，平行于 XOZ 坐标面的圆其轴测投影反映实形，平行于 XOY、YOZ 坐标面的圆其轴测投影均为椭圆。与正等测不同，正面斜二测中椭圆的长轴也不在圆的外切正方形轴测投影的对角线上。

下面介绍一种椭圆的近似画法——八点法，此种方法不但适用于斜轴测投影，也适用于正轴测投影。

以水平圆为例介绍八点法，具体作图步骤如图 5-21 所示：

（1）作圆的外切正方形 $abcd$ 与圆相切于 1、2、3、4 四个切点，连正方形对角线与圆相交于 5、6、7、8 四个交点，如图 5-21 （a）所示；

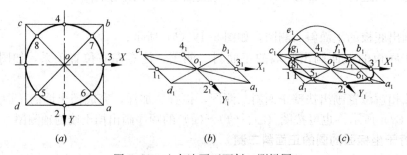

(a)　　　　　(b)　　　　　(c)

图 5-21　八点法画正面斜二测椭圆

98

（2）根据 1、2、3、4 点的坐标，在轴测轴上定出 1_1、2_1、3_1、4_1 四点的位置，并作出外切正方形 $abcd$ 的正面斜二测——平行四边形 $a_1b_1c_1d_1$，如图 5-21（b）所示；

（3）连平行四边形的对角线 a_1c_1、b_1d_1，以 c_141 为斜边作等腰直角三角形，直角顶点为 e_1，以 4_1 为圆心，4_1e_1 为半径画圆弧与 c_1b_1 交于 f_1、g_1 两点，过 f_1、g_1 分别作 a_1b_1 的平行线并与四边形的对角线交于 5_1、6_1、7_1、8_1 四个点，如图 5-21（c）所示；

（4）用曲线光滑地连接 1_1、2_1…8_1 八个点，检查、加深，即完成圆的正面斜二测，如图 5-21（c）所示。侧平圆的正面斜二测同水平圆的正面斜二测的画法完全一样，只是椭圆的长轴方向有所不同。

【例 5-10】 作出如图 5-22（a）所示拱门的正面斜二测。

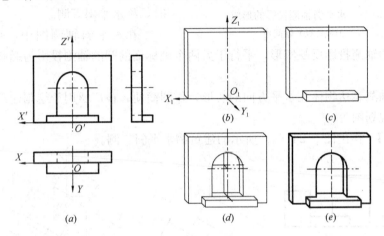

图 5-22 拱门的正面斜二测

分析：拱门由墙体、台阶、门洞等多个形体组成，正面有拱形门洞，且形状复杂，画图时一定使正面平行于 XOZ 坐标面。

作图：

（1）把 XOY 坐标面选在地上，XOZ 坐标面选在墙体前面，OZ 轴在拱门的中心线上，如图 5-22（a）所示；

（2）画出墙体正面斜二测，如图 5-22（b）所示；

（3）画出台阶的正面斜二测，注意台阶要居中，台阶的后面要靠在墙体的前面，如图 5-22（c）所示；

（4）画出门洞的正面斜二测，注意画出从门洞中能够看到的后边缘，如图 5-22（d）所示。整理、加深，完成拱门的正面斜二测，如图 5-22（e）所示。

5.3.2 水平斜轴测投影

1. 水平斜轴测投影的形成

如图 5-23（a）所示，使空间物体坐标面 XOY（即物体的水平面）与轴测投影面 P 平行时，所形成的斜轴测投影为水平斜轴测投影。

2. 水平斜轴测的轴间角及轴向伸缩系数

如图 5-23（a）所示，因为 XOY 坐标面平行于投影面 P，所以轴间角 $\angle X_1O_1Y_1 =$

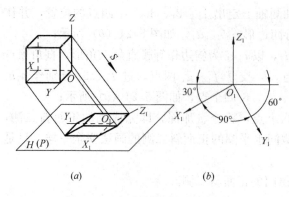

图 5-23　水平斜轴测投影的形成

(a) 形成；(b) 轴间角

90°，轴向伸缩系数 $p=q=1$。而 O_1Z_1 的方向及长短随投射方向 S 的变化而改变，在斜轴测投影中，O_1Z_1 方向及长短可单独随意设定。为作图方便及获得较好的直观效果，通常使 O_1Z_1 画成竖直方向，O_1X_1 与水平成 30°（或 45°、60°），O_1Z_1 轴的轴向伸缩系数取 $r=0.5$。当 $r=0.5$ 时，称水平斜二等轴测投影图，简称水平斜二测；若取 $r=1$ 时，称水平斜等测。

在水平斜轴测图中，平行于 XOY 坐标面的圆的轴测投影反映实形，平行于另两个坐标面的圆的轴测投影为椭圆，画法可参照八点法。

水平斜轴测表达物体在水平方向的实形，作图简便，被广泛用于绘制建筑物的鸟瞰图及建筑小区规划图等。

【例 5-11】　作出图 5-24（a）所示的建筑物水平斜二测。

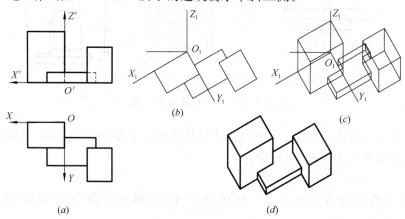

图 5-24　建筑物的水平斜二测

分析：如图 5-24（a）所示，建筑物的水平投影反映底面实形，画轴测图时旋转一定角度直接复制过去即可。

作图：

（1）在建筑物上选定坐标系，把坐标面 XOY 选在地面上，如图 5-24（a）所示；

（2）画出轴测轴，O_1X_1 与水平方向成 30°角，O_1Y_1 与 O_1X_1 成 90°角，O_1Z_1 竖直方向，如图 5-24（b）所示；

（3）根据建筑物的水平投影图画建筑物底面的轴测图（与水平投影图的形状相同），如图 5-24（b）所示；

（4）过各顶点向上作平行于 O_1Z_1 轴的直线，并截取各自高度的 1/2，连接截得的各点画出各建筑物顶面的轮廓线，如图 5-24（c）所示；

（5）擦去多余线条，加深，完成建筑物的水平斜二测，如图 5-24（d）所示。

图 5-25 表示了建筑小区水平斜等测的画法，其画法和步骤与水平斜二测相同，唯一区别是 O_1Z_1 的轴向伸缩系数不同，水平斜二测 $r=0.5$，水平斜等测 $r=1$。

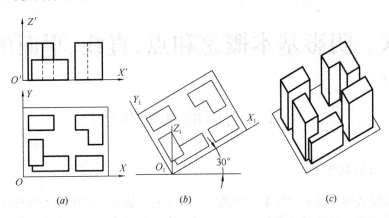

图 5-25　建筑小区的水平斜等测

思　考　题

1. 什么是轴测投影，什么是轴间角、轴向伸缩系数？
2. 正等测、斜二测的轴间角和轴向伸缩系数都是多少？
3. 正等测的简化轴向伸缩系数是多少，采用简化系数后对正等测有何影响？
4. 试述正等测、斜二测图中不同坐标面上圆的轴测图画法。
5. 在什么情况下使用斜二测，什么情况下使用正等测？
6. 水平斜二测、水平斜等测图一般在什么情况下使用？

第6章　阴影基本概念和点、直线、平面的阴影

6.1　阴影的基本概念

6.1.1　阴影的形成

阴影的形成必须具备三个要素，即光源、物体和承影面。其中，光源可以位于无穷远处或在有限距离处，前者形成平行光线，而后者则为辐射光线。物体假定是不透明的，而承影面可以是平面、曲面或某一物体的受光表面。图 6-1 所示为一长方体在平行光线 L 的照射下形成阴影的情况。长方体上受光的表面称为阳面，背光的表面称为阴面。阳面和阴面的分界线称为阴线。平面 H 为承影面，物体不存在时，H 面是一个完全受光的面，由于物体所遮而形成的阴暗部分，称为物体在该面上的影（或落影）。影的轮廓线称为影线，影线就是物体上阴线的影。

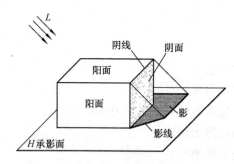

图 6-1　阴影的形成

从上述阴影的形成可知，阴和影虽然都是阴暗的，但各自的概念不同。阴是指物体表面背光的部分，而影是指在承影面上光线被物体遮挡所产生的阴暗部分。为区别起见，图中的阴用徒手画点表示，影则用网纹表示。

6.1.2　阴影的作用

如图 6-2 所示，建筑物在太阳光线（平行光线）照射下在立面图（正面投影）中画出了阴影。正面投影缺少深度尺寸，但可以从它的影中反映出来。从影的大小，可以判断出建筑物上某一部分凸出或凹进的具体尺度。所以，在正投影图中绘制阴影的作用是：首先，可使图形具有立体感；其次，在特定光线下，在物体的一个投影上可同时反映出物体上三个方向的尺度。因此，阴影常被用于绘制建筑设计方案的立面表现图中，如果再加上适当的配景和人物衬托，不仅可以使所设计的建筑具有立体感和尺度感，而且能体现出一定的环境空间关系，增加了建筑形体的艺术感染力，给人以美的享受。

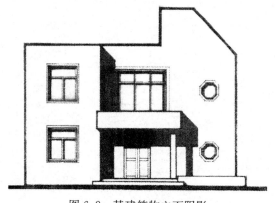

图 6-2　某建筑物立面阴影

6.2 常 用 光 线

建筑物的阴影，主要由太阳光造成。因此，在建筑物的投影图上作阴影，光源需假设位于无限远处，光线是互相平行的。为便于作图起见，规定光线 L 的方向：如图 6-3 (a) 所示，设一个立方体的各个侧面平行于相应的投影面，选择该立方体的自左、上、前角到右、下、后角的对角线作为光线 L 的方向。这种光线叫做常用光线。在投影图上，常用光线的水平投影 l、正面投影 l' 和侧面投影 l'' 均与水平方向成 $45°$ 倾斜，如图 6-3 (b) 所示。因此，可以利用 $45°$ 的三角板作出常用光线的各个投影。

常用光线在空间与各投影面的倾角均相等，它的大小可以计算出来。设倾角为 φ、立方体的边长为 l，则 $\tan\varphi = \dfrac{1}{\sqrt{2}}$。由此算得角 $\varphi = 35°16'$（取近似值 $35°$）。有时需要用这个角的真实大小来作图，这可以用图 6-4 (a) 所示的办法，把常用光线旋转成正平线的位置，所得新的正面投影 l_1' 与 OX 轴的夹角即等于常用光线 L 与 H 面的真角。这个作图还可以简化成图 6-4 (b) 所示的样子，它相当于把常用光线的正面投影又看做是水平投影，再用旋转法，求得新的正面投影。

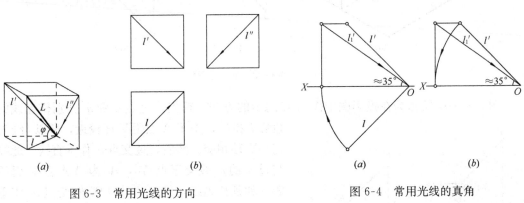

| 图 6-3　常用光线的方向 | 图 6-4　常用光线的真角 |

6.3 点 的 落 影

空间点在某承影面上的落影，即为通过该点的光线与承影面的交点，如图 6-5 所示，空间点为 A，承影面为 H，则 A 的影即为通过 A 点的光线 L 与承影面的交点 A_H。如果 B 在承影面 H 上，则其影 B_H 与 B 点本身重合。

规定：空间点在投影面及其平行面上的影，用以承影面字母为角标的点大写字母来表示：例如 A_H；在其他不显实面上影用影的投影表示：例如 b_q、b_q'、b_q''；在不指明标记的承影面上影角标用 1 表示：例如 C_1、c_1、c_1'、c_1''。

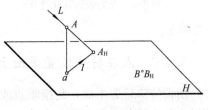

图 6-5　点的落影

6.3.1　点在投影面上的落影

若承影面为投影面，则点在投影面上落影，就是求作过点的光线与投影面的交点。实质即为求光线迹点。

通常假定投影面是不透明的。如图 6-6（a）所示，A 为空间一点，由于该点离 V 面较近，所以 A 点落影A_V在 V 面上（A_V即为光线正面迹点）。假设 V 面被取走，那么 A 点会落影在 H 面上，延长过 A 的光线使其与 H 面相交于点$\overline{A_H}$，$\overline{A_H}$ 称为 A 点的假影（$\overline{A_H}$即为光线水平迹点）。它虽不是点的真实的影，然而在以后某些求影的作图中要用到它。同理，如果 A 点距 H 平面较近，则 A 点影将落在 H 平面上。此时，A 点在 V 面影为假影。若点的投影到 H 面和 V 面的距离相等，则其影落在投影轴 OX 上。

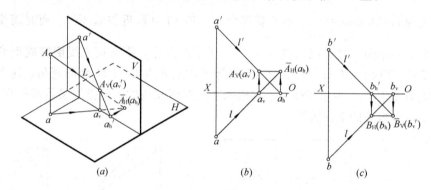

图 6-6　点在投影面上落影

图 6-6（b）所示为在投影图中作 A 点的影的方法。首先，过点 a 和 a' 分别作光线的投影 l 和 l'，由于 A 点距 V 面较近，所以 l 线先与 OX 轴相交。然后，过交点 a_v作垂直线，此线与过 a' 的 l' 线交于点 A_V，A_V 为 A 点在 V 面的影。如延长光线，则过 l' 与 OX 轴交点 a'_h作垂直线，此线与过 a 的 l 交于点 $\overline{A_H}$，$\overline{A_H}$ 即为过 A 点的光线假设穿过 V 面之后与 H 面相交而得 A 点假影。图 6-6（c）中给出的 B 点，由于距 H 平面较近，所以其影落在 H 平面上。作法同上。

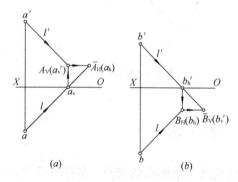

图 6-7　点的假影简化作图

在图 6-6（b）、（c）中，影、假影及影的投影连线形成一个正方形，则假影作图可简化为图 6-7 所示。

6.3.2　点在特殊位置平面上的落影

所谓特殊位置平面，是指垂直或平行于投影面的平面。这类承影面有一个共同特点，即过点的光线与承影面的交点的一个投影，因平面的积聚性而可立即定出，从而作出交点的另一个投影。图 6-8（a）中，要作出 A 点在铅垂面 P 上的影，首先过 A 点作光线 L（l 和 l'），l 线与 P 平面的水平迹线 P_H 的交点 a_p，就是影 A_P 的水平投影。然后自 a_p 向上作

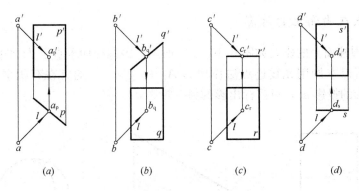

图 6-8　点在特殊位置平面上落影

垂直线与过 a' 的 l' 交于 a'_p，a'_p 就是影 A_p 的正面投影。图 6-8 (b)、(c)、(d) 中，点 B、C、D 影的求法与图 6-8 (a) 中作法类似，不再赘述。

上述点在投影面上和点在特殊位置平面上求影的方法，直接利用承影面的投影有积聚性而作出点的落影，这种方法称为光线迹点法。

6.3.3　点在一般位置平面上的落影

图 6-9 所示为求 B 点在一般位置平面上落影，就是求过 B 点光线与一般位置平面的交点，与画法几何中求一般位置直线与一般位置平面交点原理相同，这需要用辅助平面才能求得。如图 6-9 所示，在投影图上求作空间点 B 在一般位置平面 Q 上的落影 B_Q 的画法一般分三步：

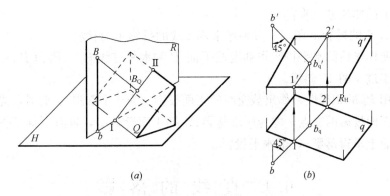

图 6-9　点在一般位置平面上落影

（1）过 B 点的两面投影 b 和 b'，分别作常用光线的投影 45°斜线。

（2）以过 b 作出的 45°斜线为辅助平面 R 的水平迹线 R_H，再根据 R_H 的积聚性，求出 R 与 Q 的交线的正面投影 $1'2'$。

（3）由 b' 作出的 45°斜线与 $1'2'$ 相交，得落影 B_Q 的正面投影 b'_q；过 b'_q 向下作垂线，与 R_H 相交，得落影 B_Q 的水平投影 b_q。

上例中承影面的投影没有积聚性，需要通过光线作辅助截平面，然后才能作出点的落影的方法，叫做光截面法。

6.3.4　点在曲面上的落影

求 A 点在圆柱面上的影,如图 6-10 (a) 所示,因圆柱面垂直于 H 平面,其 H 面投影有积聚性,所以本例用光线迹点法作出影 A_1 (a_1、a_1'),通常在有积聚性的那个投影上,可不标出影的投影 a_1,只需标出影的另一投影 a_1'。

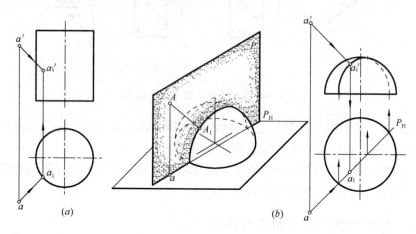

图 6-10　点在曲面上落影

如图 6-10 (b) 所示,承影面为半球面,为求空间点 A 在此半球面上的落影 A_1,首先应过 A 点作一条光线,再过此光线作一个辅助铅垂截平面 P,并求出截交线 (为半圆);通过 A 点的光线与所求截交线的交点 A_1,即为 A 点的落影。此例为应用光截面法作图。

投影图上的作法分三步:

(1) 过 A 点的投影 a 和 a',分别作常用光线的投影 45°斜线。

(2) 过所作光线的水平投影作辅助截平面 P 的水平迹线 P_H,因为 P_H 有积聚性,所以它必重合于过 a 的 45°斜线。

(3) 利用 P_H 的积聚性,作出截交线的正面投影 (为半个椭圆)。此时,光线的正面投影与截交线正面投影的交点,即为所求落影 A_1 的正面投影 a_1',再由 a_1' 向下作垂线,在光线的水平投影上求得落影 A_1 的水平投影 a_1。

6.4　直　线　的　落　影

空间直线在某承影面上的落影,即为通过该直线的光平面与承影面的交线。一般情况下,直线的影仍是直线,并可由其两端点的影连接而成,如图 6-11 所示的直线 AB、EF。

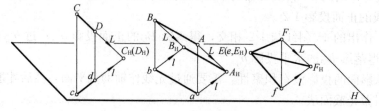

图 6-11　直线落影

当直线与光线平行时，如图 6-11 中直线 CD，其影积聚为一点。承影面可以是平面，也可以是曲面。在投影图上，求作直线的落影，本质是求作交点和交线的作图问题。

6.4.1　直线在投影面上的落影

要作直线段在某一投影面上的影，只需求出该线段两端点在该投影面上的影，相连即可。

若一直线段的两端点分别落影在 H、V 两个投影面上，则应遵循线段两端点在同一投影面上的影相连的原则，利用假影找出该线段在 OX 轴上的折影点。如图 6-12 中所示，A 点距 V 面较近，它的影 A_V 落在 V 面上；而 B 点距 H 面较近，影 B_H 落在 H 面上。点 A_V 和 B_H 位于不同的投影面上，不能直接相连，必须找出直线段 AB 在 OX 轴上的影 K_1，为此，作出 A 点在 H 平面上的假影 $\overline{A_H}$，那么，$\overline{A_H}$ 和 B_H 的连线与 OX 轴的交点 K_1，就是线段 AB 在 H 和 V 面交线上的影，称为折影点。通过折影点 K_1 作出 $A_V K_1$ 和 $K_1 B_H$，得到 AB 线在 H 和 V 面上的影。应该指出的是，折影点是直线上距 H 和 V 面等距点 K 的影。图中自 K_1 点作返回光线，就可找出直线上的 K 点。点 k 和 k' 到 OX 轴的距离相等。

实际上，AB 线在 H、V 投影面上的影，就是过 AB 线的光线平面的迹线，而折影点 K_1 就是光平面的水平迹线和正面迹线的交点。

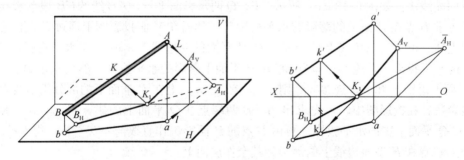

图 6-12　直线在投影面上的落影

6.4.2　直线的落影规律

1. 直线落影规律的平行特性

（1）直线与承影平面平行，则直线在该平面上的影与直线本身平行且等长。

如图 6-13（a）所示，AB 直线平行于铅垂面 P，则 AB 在 P 平面落影 $a_p' b_p'$ 平行于 $a' b'$ 且长度相等。因此，通常只需作出一个端点的影，即可按平行和等长的关系画出线段的影。

（2）平行诸直线在同一承影平面上的影相互平行。

AB、CD 为平行两直线，如图 6-13（b）所示，那么，包含直线 AB 和 CD 的两个光线平面亦相互平行，它们与 P 平面的交线必平行。因此，直线 AB 和 CD 在 P 平面上的影互相平行，在投影图中则反映为 $a_p' b_p' \parallel c_p' d_p'$。

（3）一直线在平行的诸承影平面上的影相互平行。

一直线落影在两平行平面上，一直线在互相平行的两承影面上的两段落影，必互相平

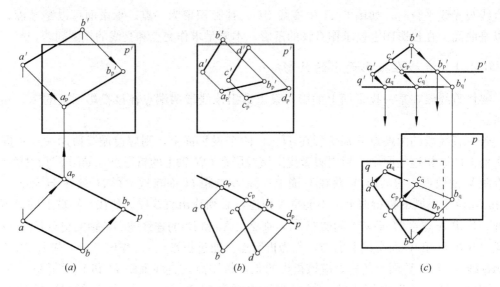

图 6-13　直线落影规律的平行特性

行。因为过一条直线的光平面，与两个互相平行的平面相交，两条交线必互相平行。作图过程如下：

返回光线法：如图 6-13（c）所示，P、Q 两承影面平行，AB 线的 CB 段落影在 P 面上。首先求 B 点在 P 面上的落影的水平投影 b_p，然后在 V 面投影图上通过 P 面的左边线作返回光线，可求得 AB 线上 C 点落影在 P 平面的左边线上。由 C 点水平投影 c 求得该点落影的水平投影 c_p，连 $b_p c_p$ 即为 BC 在 P 平面上落影的水平投影。然后求出 A、C 两点在 Q 平面上落影 a_q 和 c_q，连接 $a_q c_q$ 则 $a_q c_q$ // $b_p c_p$。$a_q c_q$ 上在 P 平面下的部分用虚线表示。

假影法：在投影图中，可先求出 A、B 两端点在 Q 平面上的影，得 a_q、b_q，相连得 AB 线在 Q 平面上影的水平投影。再由 B 点的 P 面影 b_p 作直线与 $a_q b_q$ 平行，得 $b_p c_p$。c_p 就是直线上 C 点在 P 平面边线上的落影。其余作法同上。

2. 直线落影规律的相交特性

（1）直线与承影平面相交，则直线的影必过直线与承影平面的交点。

如图 6-14（a）所示，直线段 AB 延长后与 P 平面交于 C 点，交点 C 在 P 平面上的影与它本身重合。求出 A 点的影 a'_p 后，连接 a'_p 和 c'，得到 AB 的影。B 点的影必在 $a'_p c'$ 上。图中过 b' 点引光线与 $a'_p c'$ 相交于 b'_p，$a'_p b'_p$ 即为线段 AB 在 P 平面上影的 V 面投影。

（2）一直线在相交两承影面上的影也相交，且影的交点在两承影面的交线上。

如图 6-14（b）所示，直线 AB 上 A 点的影 a'_p 落在 P 平面上，B 点的影 b'_q 落在 Q 平面上。a'_p 和 b'_q 为不同面上的两个影点，不能相连。为作出 AB 在 P 平面上的影，方法一：假想把 P 平面扩展，把直线 AB 延长求出交点 D（d、d'），从而依据"直线与承影平面相交，则直线的影必过直线与承影平面的交点"求得 AB 线在 P 平面上落影 $a'_p c'_1$，则 C 点为折影点。上述利用延长线段或扩展承影面以求线段的影的方法称为延长直线扩大平面的交点法。

折影点求作方法二：在水平投影图中，由两平面交线的水平投影 c_1 点作返回光线求出 c、c'，自 c'作光线与两平面交线正面投影交于 c'_1，则 c'_1 即是折影点。

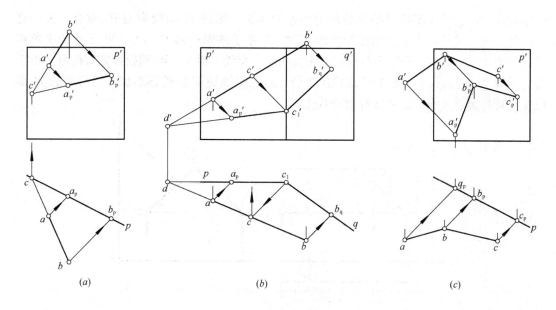

图 6-14　直线落影规律的相交特性

（3）相交两直线在同一承影平面上的影也相交，而且两直线交点的影，就是两直线影的交点。

两相交直线在同一承影面上的落影一定相交，且落影的交点就是两直线交点的落影。

如图 6-14（c）所示，AB 和 BC 的交点为 B，用光线迹点法作出 A、B、C 三点的落影，然后连接 $a_p'b_p'$、$b_p'c_p'$，即求出相交两直线 AB、BC 在 P 平面上落影的正面投影。

3. 垂直于投影面的直线的落影规律

（1）垂直于投影面的直线在投影面上的影

图 6-15 所示为铅垂线 AB 及正垂线 CD 在投影面上落影的特性及画法。因为经过铅垂线 AB 的光平面是一个铅垂面，并且与 V 面成 45°倾角，所以 AB 在 H 面上的落影与光线的投影相重合，为 45°斜线，在 V 面上的落影平行于 AB 本身（因为 $AB /\!/ V$ 面）。同样，经过正垂线 CD 的光平面是一个正垂面，并且与 H 面成 45°倾角，所以 CD 在 V 面上的落影与光线的投影相重合，为 45°斜线，在 H 面上的落影平行于 CD 本身（因为 $CD /\!/ H$ 面）。

最后得出结论：垂直于一个投影面的直线，在该投影面上的落影必与光线的投影相重合，为 45°斜线，而在另一个投影面上的落影必平行于直线本身。

（2）垂直于投影面的直线在其他物体表面上的影

图 6-16 所示为铅垂线 AB 在房屋上的影。由于包含 AB 线的光线平面是一

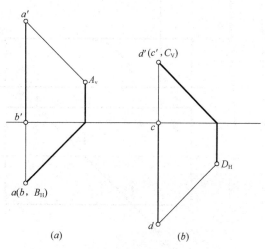

图 6-15　垂直于投影面的直线落影

109

个铅垂面 P，它与房屋的照亮部分的交线即为其影。影的 H 面投影与 P_H 重合，为一直线，其方向与光线在该面上的投影方向一致。又由于该铅垂面 P 与 V、W 平面的夹角相等，均为 $45°$，所以光平面 P 与房屋的影线断面（交线）的 V、W 两投影成对称形。由于该房屋的 W 面投影与交线的 W 面投影重合，因此交线的 V 面投影形状，与房屋的 W 面投影成对称形，A 点的影就落在此交线上。

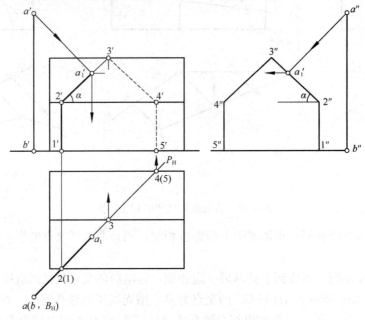

图 6-16　铅垂线落影（一）

　　图 6-17 所示为铅垂线 AB 在半圆柱面上的落影，为作 AB 在圆柱面上的落影，过 AB 作光平面 P，并作此光平面 P 与柱面的影线断面。因为光平面 P 是一个铅垂面，对 V 面

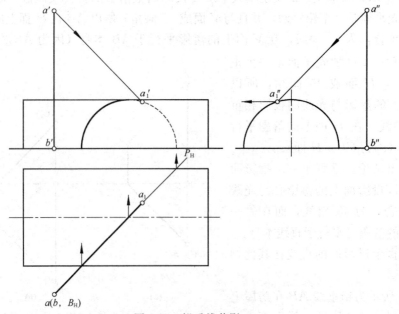

图 6-17　铅垂线落影（二）

和 W 面成相等的倾角（为 45°），则光平面 P 与柱面的影线断面与圆柱侧面投影相同，为一半圆。AB 落影的正面投影即为半圆的一部分。

由上两例分析表明，投影面垂直线在物体表面上影的投影有如下特点：

1）投影面垂直线在它所垂直的投影面上影的投影与光线在该面投影方向一致，为一条与水平成 45°的直线。

例如，铅垂线的落影的水平投影，不管是落在平面还是曲面的承影面上，也不管是落在一个还是几个承影面上，总是一条 45°斜线。

2）影的其余两投影形状对称，即复现承影物体轮廓形状。

例如，铅垂线的落影的正面投影，如果承影面是如图 6-17 中垂直于 W 面的柱面，则必复现出该柱面的侧面投影形状。

图 6-18～图 6-20 所示为三种投影面垂直线在物体表面影的画法。落影均遵循上述规律，在此不再赘述具体作法。图 6-20 中影可以通过侧面投影用光线迹点法作，也可由水平投影用返回光线法作出。图中 ee_1 即为返回光线。

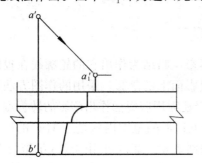
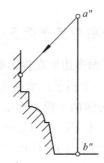

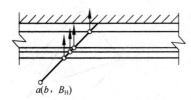

图 6-18　铅垂线落影（三）

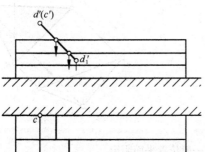

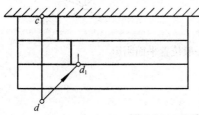

图 6-19　正垂线落影

111

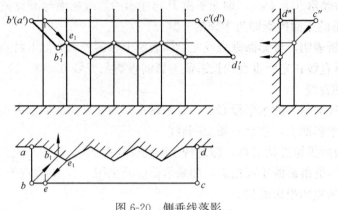

图 6-20　侧垂线落影

6.5　平面图形的落影

6.5.1　一般位置平面多边形落影

　　求作一个平面多边形在投影面上的落影，归结为作出它的轮廓线在投影面上的落影。图 6-21（a）是一个例子：求△ABC在投影面上的落影，采用的作图方法是光线迹点法。由于△ABC同时向两个投影面落影，所以还需用假影法作出落影的转折点 K_1、K_2；最后得到一个五边形 A_V-K_1-B_H-C_H-K_2。这个五边形的范围内就是△ABC的落影区域。规定：落影与投影重合部分不画阴影，影线用虚线表示。影区可用网纹或细密线表示。

　　图 6-21（b）则是△ABC三个点都落影在 H 面上，三个影点直接相连即可。

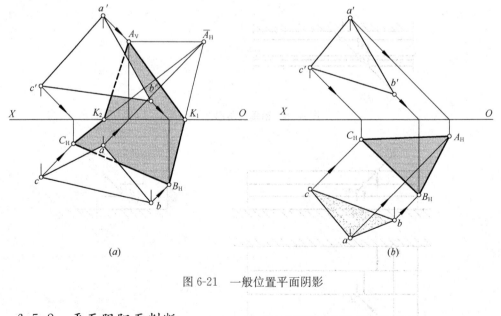

(a) $\qquad\qquad\qquad\qquad$ (b)

图 6-21　一般位置平面阴影

6.5.2　平面阴阳面判断

　　在光线照射下，平面图形的一侧迎光，则另一侧必然背光，因而有阴面和阳面的区分。

1. 特殊位置平面阴阳面判断

图 6-22 表明一垂直于 H 面的长方形处于不同位置时，正面阴阳面情况及向 V 面落影的四种情况。

第一种情况，长方形平行于 V 面，正面投影直接受光线照射，是阳面。其落影反映长方形的实形。如图 6-22（a）所示。

第二种情况，长方形倾斜于 V 面，与 V 面的夹角小于 $45°$，正面投影直接受光线照射，是阳面。其落影小于实形。如图 6-22（b）所示。

第三种情况，长方形倾斜于 V 面，与 V 面的夹角等于 $45°$（与光线的水平投影方向一致），则所给长方形平行于光线，这可理解成空间的常用光线掠过长方形，使它的表面不受光线照射，所以正面投影是阴面。其落影成一条直线。如图 6-22（c）所示。

第四种情况，长方形倾斜于 V 面，与 V 面的夹角大于 $45°$，正面投影不受光，是一个阴面。其落影小于实形。这里规定：阴面用小密点表示。如图 6-22（d）所示。

同理，对于 V 面或 W 面的垂直面阴阳面判断，同样可以由平面有积聚性的投影与光线角度来判断。

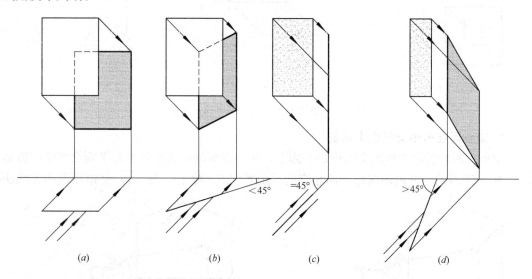

图 6-22　特殊位置平面阴阳面判断

2. 一般位置平面阴阳面判断

当平面图形处于一般位置时，如图 6-21（b）中△ABC 平面，若两个投影各顶点的旋转顺序相同，则两投影同为阳面的投影，或同为阴面的投影；若旋转顺序相反，则其一为阳面的投影，另一为阴面的投影。判定时，可先求出平面图形的落影，当某一投影各顶点与落影的各顶点的旋转顺序相同时，则该投影为阳面的投影；若顺序相反，则该投影为阴面的投影。因为承影面总是迎光的阳面，所以，平面图形在其上的落影的各顶点顺序，只能与平面图形的阳面顺序一致，而与平面图形的阴面顺序相反。

在图 6-21（b）所示△ABC 平面投影图中，由于 V 面投影△$a'b'c'$ 的顺序，与落影 △$A_H B_H C_H$ 的顺序相同，可知△$a'b'c'$ 是△ABC 的阳面的投影；而 H 面投影△abc 的顺序，与落影△$A_H B_H C_H$ 的顺序相反，可知△abc 是△ABC 的阴面的投影。

6.5.3 特殊位置平面阴影

1. 投影面的平行面在投影面上落影

如图 6-23（a）、（b）、（c）所示，分别为水平、正平、侧平面在 H、V 面落影。从图中可见，平面在它所平行的投影面上落影与之本身平行且等大，作出一点落影后作平行平面即可；平面在它所垂直的投影面上落影与之本身不平行，如图中方形平面在它所垂直的投影面上落影为一组边线水平或竖直，一组边线为 45°的平行四边形。值得注意的是，图（a）中水平面是正方形平面，其落影的平行四边形上下顶点 B_V 和 D_V 在一竖直线上。

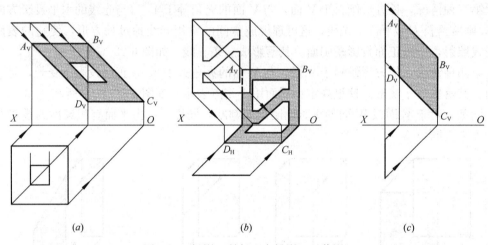

图 6-23 投影面平行面在投影面上落影

2. 铅垂面在两相交平面上落影

如平面图形落影于两相交的承影平面上，应注意解决影线在两承影平面交线上的折影点。图 6-24 所示为五边形落影于两相交的承影平面 P、Q 上，图（a）是运用返回光线法

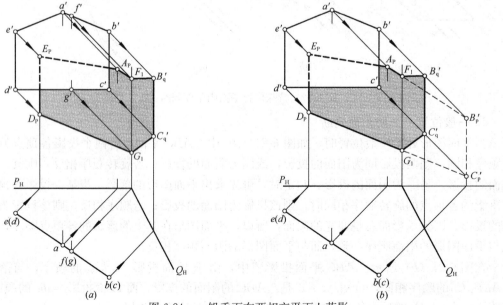

图 6-24 一铅垂面在两相交平面上落影

114

确定折影点 F_1 和 G_1；图（b）是运用 B、C 在 P 平面上假影来求折影点。其余影点用光线迹点法求出，然后依次相连即可。

6.5.4 直线与平面、平面与平面落影重叠

1. 直线与平面落影重叠

如图 6-25 所示，在平面△CDE 前斜立一直杆 AB。当受光线照射时，它们除向 H 面落影以外，其中 AB 还向△CDE 落影。由（a）图可以看到 AB 在△CDE 上的落影，由棱边 CD 上的 M 和棱边 DE 上 N 点确定。N 点是 AB 落影转折点。

因为 AB 在△CDE 上落影自 M 点就离开△CDE 而投射到 H 面上，所以 M 点叫做过渡点。

当作出了 AB 和△CDE 在 H 面上的落影以后，从直杆 AB 的落影 $A_H B_H$ 和边 $C_H D_H$ 落影的交点 M_H，引返回光线到空间，此返回光线与 CD 相交就得过渡点 M。

其中，过渡点的求法是：先作出此直线和平面形在同一个承影面上的影，再经过两者落影的交点，引返回光线与平面形的相应轮廓线相交，所得交点即为过渡点。

具体作图过程，如图 6-25（b）所示：作出直线和平面在 H 面上的影，自落影的交点 M_H 引返回光线求出过渡点 M 的水平投影 m，再投影到 $c'd'$ 上求出 m'。$n'm'$ 和 nm 即为 AB 在△CDE 上落影的两面投影。

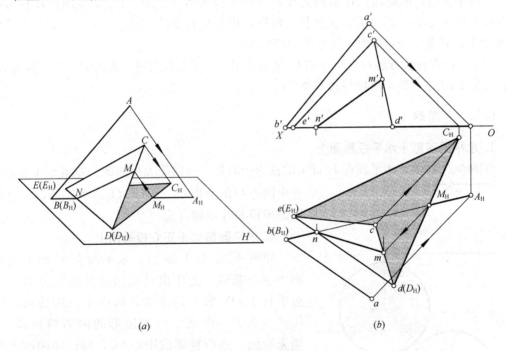

(a) (b)

图 6-25 直线与平面落影重叠的作图

2. 平面与平面落影重叠

如图 6-26 所示，△ABC 和长方形 $DEFG$ 向 H、V 两投影面落影。△ABC 不仅在 V 面上落影，还在长方形 $DEFG$ 上落影。题中先作出二者在 V 面的落影，△ABC 落影为 $A_V B_V C_V$，长方形 $DEFG$ 落影为 $D_V E_V F_V G_V$。由图中可见，两平面影线重合点为 1_V、2_V、

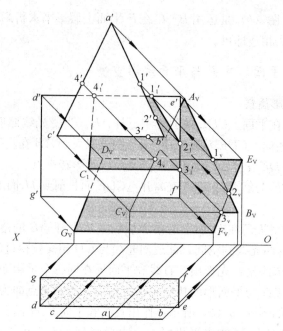

图 6-26　平面与平面落影重叠的作图

3_v、4_v四个影点，由此四点作返回光线即得四个过渡点 $1'$、$2'$、$3'$、$4'$ 及四点在长方形 $DEFG$ 上影 $1'_1$、$2'_1$、$3'_1$、$4'_1$。由图见三角形各边上只有 $2'b'$、$3'b'$、$1'a'$、$4'a'$ 四段落影在 V 面上，其余部分则落影于长方形 $DEFG$ 上。

其中，C 点在长方形 $DEFG$ 上影 C_1 是由 $3'_1$ 作 $b'c'$ 平行线与过 c' 光线的交点。因为 BC 与长方形 $DEFG$ 平行，落影与其本身平行。

6.5.5　圆形

1. 水平圆落影于水平投影面上

如图 6-27 所示，水平圆在 H 面上的落影仍旧是一个同等大小的圆。先用光线迹点法作出圆心 O 的落影 O_H，再以 O_H 点为圆心，用已知圆的半径 R 作圆即可。

2. 水平圆落影于正立投影面上

如图 6-28（a）所示，水平圆在 V 面上的落影为一个椭圆。先作出已知圆的外切正方形（一边平行于 OX 轴）的落影，得一平行四边形，再用"八点法"作此平行四边形的内切椭圆即可。毫无疑问，落影椭圆的中心 O_V，即已知圆的中心的落影。

在一平行四边形中作内切落影椭圆的另一画法如图 6-28（b）所示，以椭圆中心 O_V 为圆心，以已知圆的半径作圆，与过 O_V 的 45° 斜线相交；再过此 45° 斜线上所得的两个交点作水平线，与所作平行四

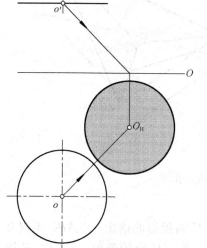

图 6-27　水平圆在 H 面落影

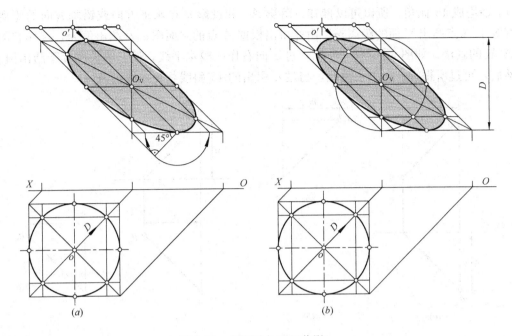

图 6-28　水平圆在 V 面落影

边形的两条对角线相交，就可得平行四
边形对角线上的四个点。

3. 水平圆落影于 H、V 面上

如图 6-29 所示，水平圆的一部分落
影在 H 面上，为一个同等大小圆的一部
分，为此，只要作出圆心 O 在 H 面上的
落影 O_H，就不难画出。但要注意，所作
影线圆与投影轴相交的以上部分是假影，
圆 O 在 V 面落影是椭圆的一部分。此椭
圆的中心是圆心 O 在 V 面上的假影 $\overline{O_V}$。
有了 $\overline{O_V}$，就不难用图 6-28 所介绍的"八
点法"，画出要求的椭圆弧，或者用光线
迹点法求作圆 O 后部几点的落影然后连
成椭圆弧。

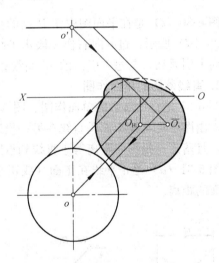

图 6-29　水平圆同时在 H、V 面落影

6.6　在单面图中作阴影

建筑阴影的绘图中，最常见的情况是，仅根据建筑物的立面图，而省去平面图，来作
出立面图中的阴影。这就是落影的单面作图。下面，分别以点、线、面为例来说明单面作
图的基本原理。

1. 点落影的单面作图

设给出的 A 点在 V 面上有落影，如图 6-30（a）所示，由于常用光线的各个投影对

OX 轴均成 45°倾角，所以可以推知：落影 A_V 和投影 a' 在水平方向或铅垂方向的距离正好等于 A 点凸出 V 面的距离 m。由此得出根据 A 点的立面图 a' 及凸出值 m，求作它的落影 A_V 的画法。如图 6-30（b）所示，过 a' 向右作一段水平线，使它的长度等于凸出值 m；然后，再过所得端点向下引垂线，与过 a' 引出的 45°斜线相交，即得 A_V。

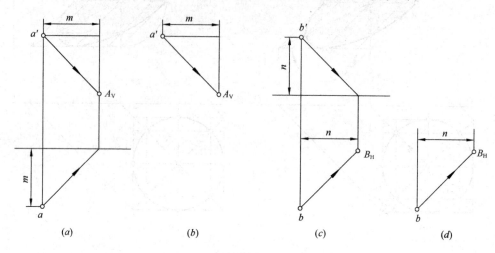

图 6-30　点落影的单面作图

图 6-30（c）是在平面图中作 B 点的落影，其原理已表明在图 6-30（c）中，画法如图 6-30（d）所示：过 b 向右作一段水平线，使它的长度等于凸出值 n；然后，再过所得端点向上引垂线，与过 b 引出的 45°斜线相交，即得 B_H。

2. 直线落影的单面作图

图 6-31 是直线落影的单面作图。图（a）、（b）、（c）分别是铅垂线、正垂线、侧垂线落影，由图可见某投影面垂直线在另一投影面（或平行面）上落影，不仅与直线同面投影平行，且落影与投影间距离等于直线到承影面距离。

图 6-31（d）是正平线在正面（或正平面）上的落影，落影 $G_V H_V /\!/ g' h'$，但不反映线到面的距离。

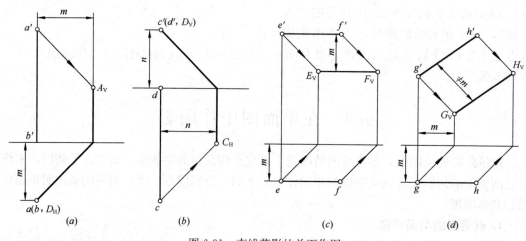

图 6-31　直线落影的单面作图

3. 平面落影的单面作图

图 6-32 是投影面平行面落影的单面作图。图（a）、（b）分别为正平面和水平面在它们所平行的投影面（或平面）上落影的单面作图。利用投影面平行面落影到投影的距离就是空间平面到投影面的距离，外加平行的性质即可作图。图（a）中 ABCDE 平面是正平面，距离 V 面长度是 m，则其落影与本身平行，$A_V B_V C_V D_V E_V$ 与 $a'b'c'd'e'$ 间距离也是 m。图（b）中△ABC 平面为水平面，距离 H 面长度为 n，由水平投影 abc 中任一点作向上的 45°斜线，与该点向右距离 n 的竖直线交点即为三角形顶点落影，然后作水平投影 abc 的平行面即可。

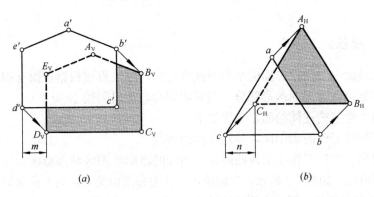

图 6-32 投影面平行面落影的单面作图

在求作建筑阴影时，往往需要作出紧靠正平面的水平半圆的落影，如图 6-33（a）所示，只需画出半圆上五个特殊点的落影即可。点 A、E 就在 V 面上，落影是自身；B 点落影在中心线上；最前的 C 点落影在 E 点正下方；D 点落影 D_V 与中心线之距 2 倍于 d' 与中心线之距离。将 $A_V B_V C_V D_V E_V$ 光滑连接即得半圆的落影——半个椭圆。其单面作图，如图 6-33（b）所示。

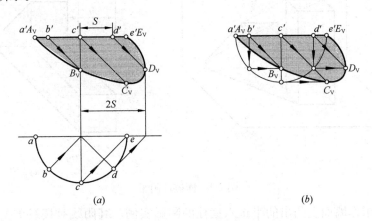

图 6-33 靠在 V 面水平半圆落影的单面作图

第7章 立体的阴影

7.1 平面立体的阴影

7.1.1 棱柱

棱柱体的表面一般是投影面的平行面或垂直面，可以直接根据棱面有积聚性的投影与光线的角度（见第 6 章平面落影部分）判断阴阳面，找出阴线。

在投影图上绘制棱柱体的阴影步骤如下：

（1）判断棱柱表面的阴阳面，确定立体的阴线。

（2）根据第 6 章知识作出阴线的落影。阴线的落影所围区域即影区。

给出正四棱柱，如图 7-1 所示，它的前面、左面和顶面受光，而右面和后面背光（底面显然背光），所以阴线是由图中标明的棱线 BA、AC、CD 和 DE 组成。为此，当求出了这些棱线在投影面上的落影以后，就确定了此棱柱的影区。作法是十分简单的，只要用光线迹点法求出各端点的落影，再利用投影面的垂直线和平行线的落影特性，就可直接画出。

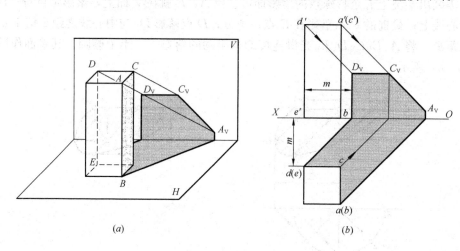

(a)　　　　　　　　　　　　(b)

图 7-1　四棱柱阴影

图 7-2 为求作墙面上凸出的半正六棱柱的阴影实例，其阴线是棱线 BA 和 AC。当用光线迹点法求出 A 点在墙面上落影 A_1 后，就不难画出棱柱在墙面上的落影。

图 7-3 为半正六棱柱内壁阴影的画法，其阴线由左边的铅垂线 BA 和上边的侧垂线 AC 组成。先用光线迹点法作出 A 点在内壁上落影 A_1，再过 A_1 向下作垂线就得阴线 BA 在内壁上的落影。至于阴线 AC，用返回光线法找出落影在内壁右边两面交线上点 D 的两面投影，然后求出 D_1，与 A_1、C_1 相连即可。

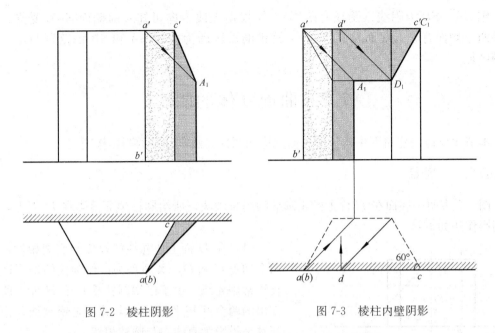

图 7-2 棱柱阴影   图 7-3 棱柱内壁阴影

另外，因为 AC 是侧垂线，向垂直于 II 面的棱柱面落影，所以要复现出该棱柱面的水平投影形状，即以 $a'c'$ 为对称线向内作半个正六边形，也可求出 A_1、D_1。可见，为求作此内壁的立面阴影，平面图是多余的。以 $a'c'$ 为对称轴，向下作半正六边形，再过 a' 作 $45°$ 斜线与此半正六边形相交得 A_1，这样就方便地确定出所给内壁的阴影。

7.1.2 棱锥

对于棱锥体，其表面不像棱柱体那样有积聚性，不能直接判断出阴阳面，所以通常先作出落影再分析阴面确定阴线。所以，在投影图上绘制棱锥体的阴影步骤如下：

（1）求作锥顶点和各棱线落影。

（2）由各棱线落影判断棱锥表面的阴阳面，确定阴线，阴线的落影所围区域即影区。

图7-4 给出三棱锥 $S\text{-}ABC$。按上述方法作出棱线落影后，可见 SA、SB 落影在外

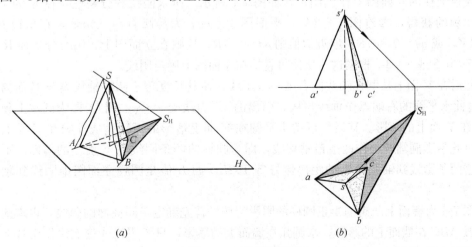

(a)   (b)

图 7-4 三棱锥阴影

侧，则 SA、SB 为阴线（阴线有落影）。又根据光线方向可知左前侧面 SAB 受光，而另外两个侧面背光（底面显然背光）。棱锥的影区即为棱线 SA 和 SB 的落影与 ac、cb 所围区域。

7.2 曲面立体的阴影

本节主要讨论建筑图中常见的曲面立体如圆柱、圆锥和球的阴影作图。

7.2.1 圆柱

图 7-5 表明一底面在 H 面上的正圆柱的阴影画法。所给圆柱顶面落影在 H 面上，圆柱阴影作法如下：

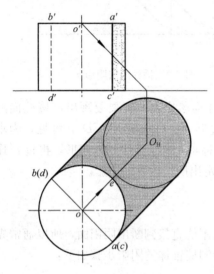

图 7-5 圆柱落影在 H 面

（1）在 H 面上作光线的投影与底圆相切，得两个切点 C 和 D，其原理为：作圆柱的切平面平行于常用光线，由于已知圆柱垂直于 H 面，所以作出的两个互相平行的切平面均是铅垂面。铅垂面水平投影为直线，与圆柱相切。

（2）自切点 C 和 D 引素线 AC 和 BD，就确定了已知圆柱面的阴区。

（3）作阴素线 AC 和 BD 以及上顶面阴线半圆 AEB 的落影，就确定了已知圆柱的影区。

这里上顶面半圆 AEB 的落影仍为半圆，因为水平圆落影在 H 面上落影与本身平行且等大。

图 7-6 所示圆柱同时在两个投影面上有落影。阴线确定及两直阴素线落影作法同上例。上顶面落影在 V 面上，上顶面阴线半圆落影为半个椭圆，作法如图示，作出阴线半圆上特殊位置的五个点落影，然后光滑连接成椭圆弧。

仅在圆柱的立面图上作其阴影，如图 7-7 所示。所求阴线约分圆柱半径 R 为 7：3。这一比例的获得，参看图 7-6（b）：平面图中 $\triangle oaf$ 为等腰直角三角形，直角边 $of = R\cos45°$，或 $of=0.707R$，取近似值则 $of=0.7R$。反映在立面图上，阴线分半径 R 的比为 0.7：0.3 或 7：3。根据这一比值可直接在立面图上确定阴线。

然后在 V 面上从圆柱轴线向右画一水平线，使其长度等于圆柱轴线离开 V 面的距离 m，过此水平线的右端点作垂线与从 o' 引出的 45° 斜线交于 O_V，则 O_V 即为圆柱上顶面圆心 O 在 V 面上的落影。其后，可按水平圆在 V 面上落影的画法完成顶圆在 V 面上的落影。过此落影椭圆两边作两条铅垂切线，即为圆柱的两条阴线在 V 面上的落影。不难证明，这两条影线到轴线落影的距离恰好等于 $2L$，而 L 值是圆柱立面图中阴线到轴线的距离。

图 7-8 为墙面上凸出的半正圆柱的阴影实例。首先确定半圆柱面的阴线，再求此阴线及圆弧 ABC 在墙面上的落影。求圆弧在墙面上的落影，只要用光线迹点法作出弧上个别点在墙面上的落影，以光滑曲线连接即可。

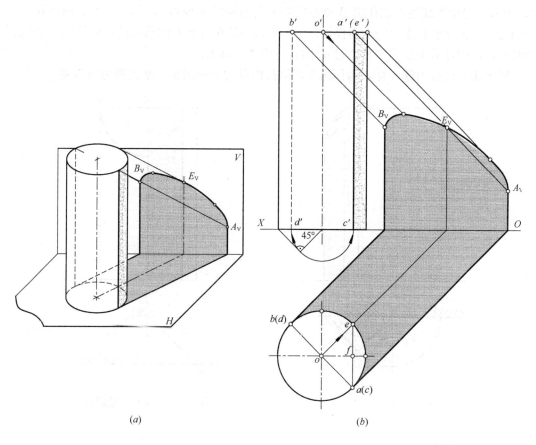

(a)   (b)

图 7-6　圆柱在 H、V 面落影

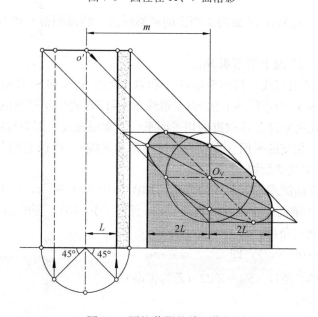

图 7-7　圆柱落影的单面作图

图 7-9 为一半正圆柱内壁阴影的画法。其阴线由左边的铅垂线 BA 和上边的侧垂线

AC 组成。先用光线迹点法作出 A 点在内壁上的落影的正面投影 a_1'，再过 a_1' 向下作垂线得阴线 BA 在内壁上落影的正面投影。至于阴线 AC 在内壁上的落影的正面投影，是以 o' 为圆心，以圆柱的半径为半径，过 a_1' 向右所作 1/4 圆弧。

同半正六棱柱内壁一样，为作出半正圆柱内壁的立面阴影，平面图可以不要。

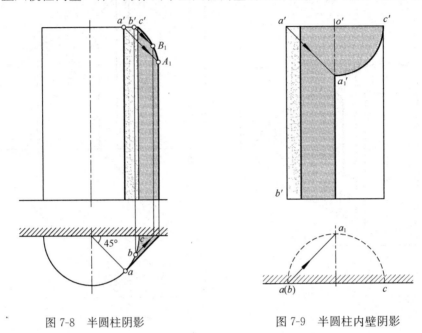

图 7-8　半圆柱阴影　　　　　　　　　图 7-9　半圆柱内壁阴影

7.2.2　圆锥

图 7-10 表明一个底面在 H 面的正圆锥的阴影画法。假设圆锥只在 H 上有落影。作法如下：

(1) 作锥顶 S 在 H 面上的落影 S_H。

(2) 从 S_H 向底圆引切线，得两个切点 A 和 B，直线 S_HA 和 S_HB 确定了圆锥的影区。

(3) 自切点 A 和 B 引素线 SA 和 SB，素线 SA 和 SB 确定了圆锥的阴区。

上述作法，其几何原理是作圆锥的切平面平行于常用光线。因为与圆锥面相切的一系列光线，组成了两个相交的平面（交线为通过锥顶的光线），所以它们与圆锥面的切线即为阴线，与 H 面的交线即影线。

仅根据圆锥的立面图求作其阴线的方法，如图 7-10（c）所示，需要证明的是辅助线 cd 为什么必须平行于锥面的正面轮廓素线 $s'n'$，见图 7-10（b），证明如下。

$\because \triangle saS_H$ 为直角三角形，$ae \perp sS_H$，$\triangle sea \backsim \triangle saS_H$

$\therefore sa/(sS_H)=se/(sa)$，即 $sa^2=se \times sS_H$

又 $sa=R$（底圆半径），$sS_H=Z\sqrt{2}$（Z 为锥高），

$\therefore se=R^2/(Z\sqrt{2})$

又 $\because \triangle sed$ 为等腰直角三角形，斜边 $sd=se\sqrt{2}$

$\therefore sd=[R^2/(Z\sqrt{2})] \times \sqrt{2}=R^2/Z$，最后得 $sd/R=R/Z$

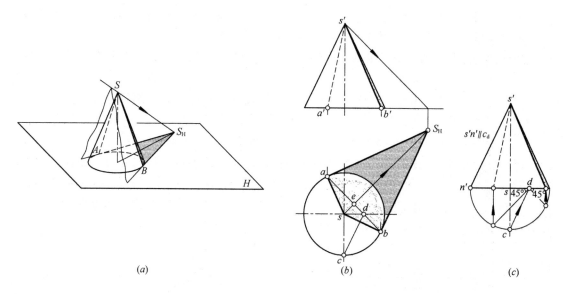

图 7-10　正圆锥阴影及单面作图

这就说明图 7-10（c）中△$s'n's$∽△cds，故知 $cd \parallel s'n'$。

图 7-11（a）是求作锥顶在 H 面上的倒圆锥的阴影，其作法与正圆锥完全一样。过锥顶 S 向锥底作光线，与锥底所在的水平面相交于点 E。点 E 应是锥顶在锥底面上的假影。由点 e 作底圆的切线，得切点 a 和 b。素线 SA 和 SB 即为阴线。再求出底圆在 H 面上的落影，它应是与底圆同样大小的圆。由于锥顶 S 的落影就在原位，所以过锥顶 S 的水平投影 s 向影线圆作切线 sB_H 和 sA_H，就作出了倒圆锥在 H 面上的影区。

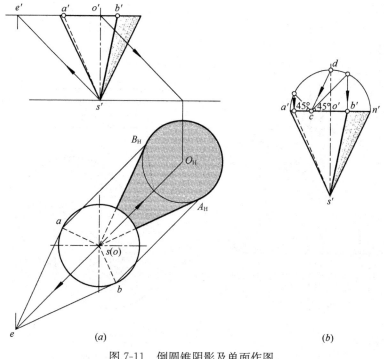

图 7-11　倒圆锥阴影及单面作图

图 7-11 (b) 所示为直接在立面图上作倒圆锥的阴线，其作法与正圆锥相同，差别仅在于把为作辅助线 $cd /\!/ s'n'$ 用的半圆画在锥底投影的上方。

圆锥面的阴线位置，无论正锥或倒锥，都与它的底角大小有关。以下介绍两种特殊情况：

（1）底角为 45°。阴线的正面投影一条是轮廓素线，正锥在右，倒锥在左；另一条位于中间，重合于轴线的投影，正锥在后，倒锥在前。这就是说，45°正锥有 1/4 锥面为阴面，3/4 为阳面；而 45°倒锥则相反，有 3/4 锥面为阴面，1/4 为阳面（图 7-12 (a)、(c)）。

（2）底角为 35°。此时，通过锥顶的光线正好沿着锥面掠过。所以，有一条而且只有一条素线与光线重合。表现在投影图上，阴线是一条通过锥顶的 45°斜线，这是锥面阴线的极限情况。因此，当底角小于 35°时，正锥面就全部受光，没有阴面；倒锥面就全部背光，没有阳面（图 7-12 (b)、(d)）。

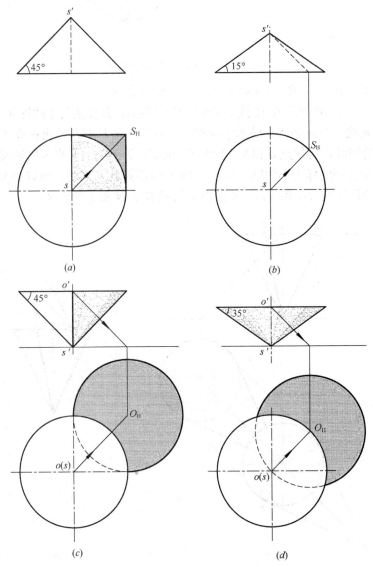

图 7-12　底角为 45°和 35°的正、倒圆锥阴影

7.2.3　球

图 7-13 表明球面阴影的画法。在题设条件下，球面只在 V 面上有落影。

为了看出图中作法的实质，首先要明确球面的阴线即是与球面相切的光线柱面和球的切线。此切线在空间是一个大圆（即以球心为圆心的圆）。由于光线与 H 和 V 成相同的倾角（$\approx35°$），所以这个阴线大圆投影在 H 和 V 上成同样大小的两个椭圆。当更换 H 面为 H_1 面，使 H_1 面平行于光线，并作出已知球面的新投影以后，那么，这个阴线大圆，

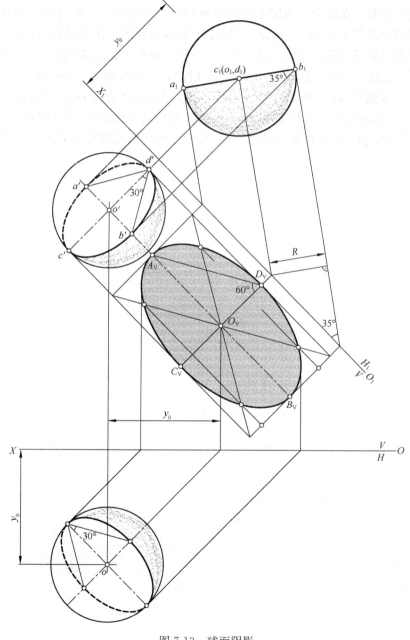

图 7-13　球面阴影

127

在新面上的投影是一段直线。这段直线经过球心的新投影又垂直于光线的新投影。在新体系（H_1，V）中有了阴线大圆的新投影 a_1b_1，就不难作出此阴线大圆在 V 和 H 上的投影椭圆，以及已知球面在 V 面上的落影椭圆。具体作法参看图中箭头所指。

分析图 7-13 还可以看出：

（1）阴线大圆在 V 面上的投影椭圆，它的长半轴为 R，而短半轴为 $R \cdot \sin 35°$ 或 $R \cdot \tan 30°$（因为 $\sin 35° \approx \tan 30°$）。

（2）阴线大圆在 V 面上的落影椭圆，它的短半轴为 R，而长半轴为 $R/\sin 35°$ 或 $R/\tan 30°$。

上面两点说明：在球面立面图上的阴线椭圆和影线椭圆，它们的短半轴和长半轴之比，正好都近似地等于 $\tan 30°$。这就可推出仅在球面立面图上作其阴影的方法：

（1）作阴线椭圆的长、短轴：过 o' 作 $c'd' = 2R$ 垂直于光线的投影，$c'd'$ 即长轴；过 d' 作两条对长轴成 $30°$ 角的直线与 o' 引出的光线投影 $45°$ 斜线相交，得短轴 $a'b'$。

（2）作影线椭圆的长、短轴：首先用凸出值 y_0 作球心的落影 O_V；然后过 O_V 作 $C_V D_V = 2R$ 垂直于光线的投影，$C_V D_V$ 即短轴；再过 D_V 作两条对短轴成 $60°$ 角的直线与 o' 引出的光线投影 $45°$ 斜线相交，得长轴 $A_V B_V$。有了长短轴即可画出球在 V 面上的阴线椭圆和落影椭圆。

第8章 建筑细部及房屋阴影

8.1 建筑细部阴影

8.1.1 门窗洞口

在立面图上门洞、窗洞的落影轮廓，实质就是洞口边缘在洞内侧面的落影。在一般情况下，洞口边缘和洞内正侧面是互相平行的，所以可按平行线的落影特性处理。图 8-1 给出了几个例子。

在图 8-1 （a）、（b）、（c）中可以看出，洞口边缘（无论是多边形或圆形）在洞内正侧面的落影和它本身是相等的图形，只是向右、向下移动了一个距离 m，此距离即等于门洞或窗洞的深度。图 8-1 （c）中窗台在墙面落影也是向右下移动了它凸出墙面的凸出值 n。由此，在门窗洞口的立面图上作阴影，只要给出深度 m 或凸出值 n 就可直接完成作图。

图 8-1 （d）中窗套上下檐阴线为投影面垂直线（侧垂线），落影符合上述性质。要注意的是，其余四条阴线是投影面平行线，落影不符合上述性质，原理见第 6 章 6.7 单面作图中图 6-31。

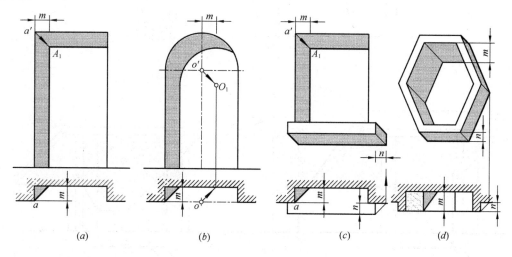

图 8-1 门窗洞口阴影

8.1.2 雨篷

1. 方形雨篷

图 8-2 （a）中雨篷的阴线共四条：AB、BC、CD、DE。其中 AB、DE 为正垂线，落影为光线的正面投影——45°斜线。BC、CD 与墙面及门洞内侧面平行，落影与其本身

平行。值得注意的是：BC 落影在门里的影 B_1F_1 比 BC 落在墙上的影 C_1G_1 向下移门的进深 m。

图 8-2（b）为柱廊雨篷，四条阴线同（a）中。其中 AB、DE 为正垂线，落影为光线

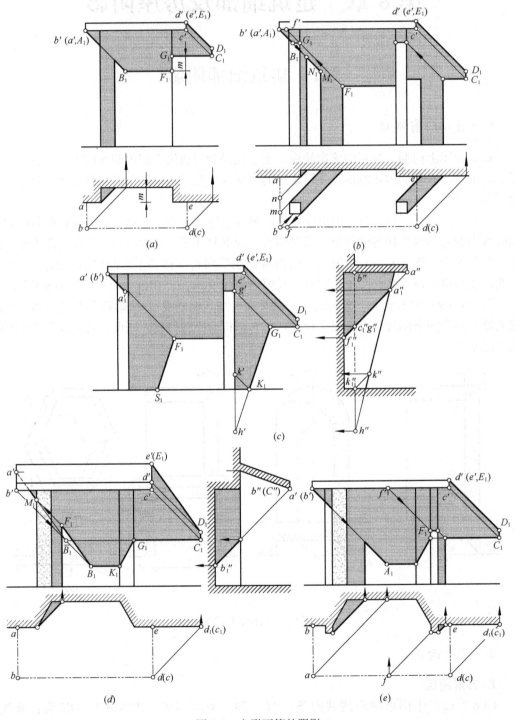

图 8-2　方形雨篷的阴影

的正面投影——45°斜线。B 点落影在左边柱子上，AB 线上 M、N 两点落影分别与柱子及门边线的落影重合。侧垂线 BC 与柱子前表面、墙面及门洞内侧面平行，落影与其本身平行，落影到正面投影距离分别与 BC 线到各面距离相等。具体作图可由图中落影重合点 F_1 作返回光线求出 BC 在左边柱子前表面边线上落影 G_1。其余作图不再详述。

图 8-2（c）注意门斗侧墙斜阴线的落影，可用返回光线法求出右边斜线落影于墙根处的折影点 K_1，连接 K_1G_1 即为右侧斜线在墙面上落影；或者应用交点法在侧面投影中求出斜线与墙面交点的侧投影 h''，再找出正面投影 h'，则 G_1h' 为斜线落影。左边斜线落影在门扇上，$F_1S_1 /\!/ K_1G_1$。

图 8-2（d）中雨篷左右两条阴线 AB、DE 不是正垂线，落影不是 45°斜线。但它们的落影仍是互相平行的。求出 D 点落影 D_1 后与 e' 也即 E_1 相连就是 DE 落影。AB 落影与之平行，分为两段：门里的 B_1F_1 和墙上的 M_1a'。M_1 点求作可用返回光线法自 F_1 求出，或用假影法：先求出 B 点在墙面上落影 $\overline{B}_1$，然后连接 a' 与门框边线交点即为 M_1。BC 在右边门框上落影 K_1G_1 与门框水平投影形状对称。

图 8-2（e）中正垂阴线 AB 落影于墙面、壁柱面、门扇上，在 V 面投影中表现为一条 45°斜线——正垂线不论落影在几个面上，正面投影仍是 45°线。AC 在四个面上落影：其中在左侧壁柱前表面上影 F_1 可用返回光线法作图或直接用壁柱对墙面的凸出值向上量取。侧垂线 AC 的落影的 V 面投影，与门洞的 H 面投影成对称形状。

2. 拱圈雨篷

图 8-3 所示为拱圈雨篷，雨篷为三个圆弧拱圈，中间有两根方形壁柱。因为拱圈的阴线圆弧平行于门扇，所以落影为同样大小的圆弧。作图时只需作出圆心的落影，以拱圈圆弧半径为半径画三个圆弧即可。其他部分影线作法如图示。

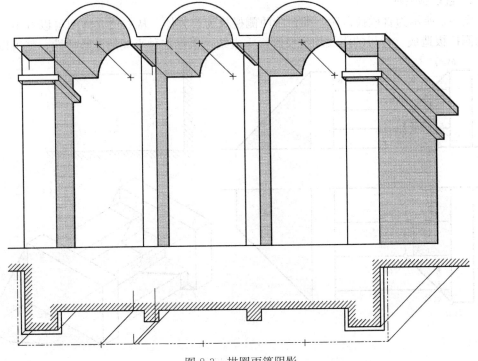

图 8-3　拱圈雨篷阴影

8.1.3 阳台

图 8-4 所示为一阳台在墙面上的落影，作法与图 8-1（c）中窗台类同。阳台上挑檐的落影分两部分：墙面上和阳台上。如果在立面图上直接作阴影，可以根据阳台及挑檐对墙面的凸出值 m 和 n 作出阳台和挑檐在墙面上落影，至于挑檐在阳台本身上落影可由墙面上影点 f_1' 作返回光线，求得过渡点 f_0'（及阴点 f'），再过 f_0' 作影线平行于挑檐即可。

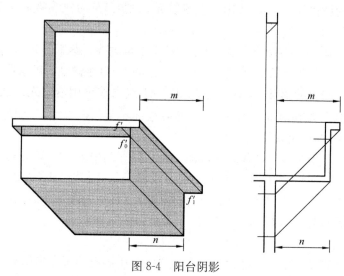

图 8-4　阳台阴影

8.1.4 台阶

1. 直栏板台阶

图 8-5 所示为直栏板台阶，即台阶两侧栏板为长方体。从右边立体图可以看出，阴影由两侧栏板造成。栏板的阴线均为投影面垂直线，根据这种直线的落影特性，就可以作出

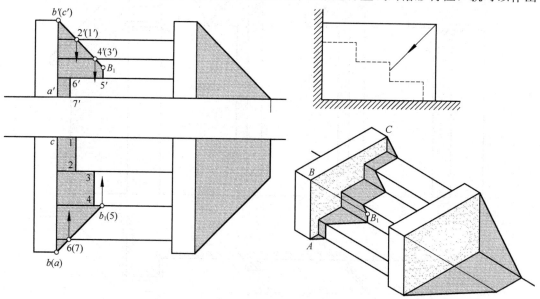

图 8-5　直栏板台阶

栏板的阴影。

左侧栏板上阴线铅垂线 AB 和正垂线 BC 在台阶的水平踏面和正平踢面上落影如下：

铅垂线 AB 落影的水平投影为45°线，落影的正面投影为竖直线（与其本身平行）。

正垂线 BC 落影的水平投影为竖直线（与其本身平行），落影的正面投影为45°线。

具体作图时，先由 b' 和 b 作光线投影的45°线，45°斜线与台阶踏面正面的积聚投影交点 $2'(1')$、$4'(3')$ 投影到水平面上 12、34 两段就是过 BC 的正垂光平面截水平台阶踏面的交线。同理，过 AB 的铅垂光平面截台阶正平的踢面交线为 $6'7'$、$5'B_1$，B_1 即 B 点落影。

2. 折线栏板台阶

图8-6所示为折线栏板台阶。此例中每一侧栏板有四条阴线，除 BC、EF 外的阴线都是与上例相同的铅垂线和正垂线，不再详述其作法。此处主要讨论斜线 BC、EF 落影作法：B、C、E、F 四点在台阶和地面上落影可由光线迹点法直接求出，BC 线在台阶上落影可从侧面投影入手，由台阶踢面和踏面交线的侧面投影 $1''_1$、$2''_1$、$3''_1$ 作返回光线，找出 BC 直线上 Ⅰ、Ⅱ、Ⅲ 三点的侧面和正面投影，然后由 $1'$、$2'$、$3'$ 作光线投影的45°斜线，交台阶踢面踏面交线的正面投影于 $1'_1$、$2'_1$、$3'_1$，按顺序连点即可。

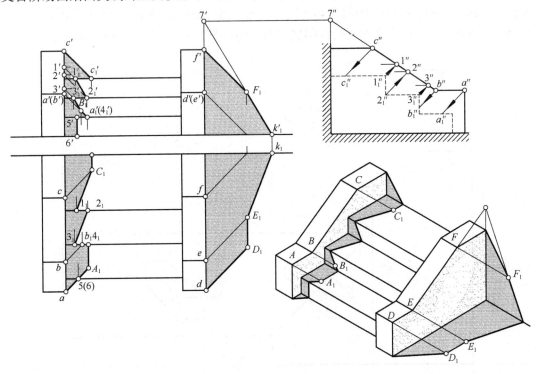

图8-6 折线栏板台阶阴影

其中，$1'_1 2'_1$ 和 $3'_1 B_1$ 平行，原理是：一条直线在两个互相平行的平面上落影平行。水平投影上的落影可由刚刚作出的各点落影的正面投影对应找出。对应地，$1_1 C_1$ 平行于 $2_1 3_1$。

右侧栏板上阴线 E、F 两点分别落影在地面和墙面上，在墙根处的折影点 K 在图中是用延长直线扩大平面的交点法求出的：由侧面投影找出 EF 与墙面交点 $7''$，投影到 EF

133

正面投影延长线上得到 $7'$，由 $7'$ 连接 F_1 交地面于 k_1' 向下作投射线找到 k_1，连接 $E_1 k_1$ 即为 EF 在地面上落影。

此例中左侧栏板落影也可用延长直线扩大平面的交点法求作，同样右侧栏板落影也可自侧面投影墙根处作返回光线来求，这里不再赘述。

8.1.5 烟囱

1. 方口烟囱

图 8-7 所示为烟囱在坡屋面上落影的三种不同情况。图 8-7（a）中烟囱落影在正垂屋面上；图 8-7（c）中烟囱落影在侧垂屋面上；图 8-7（b）中烟囱落影一部分在正垂屋面、一部分在侧垂屋面上，兼有（a）图和（c）图的特点。三种情况下烟囱阴线都是四条：AB、BC、CD、DE。AB 和 DE 为铅垂线，在坡屋面上的落影表现在平面图上为 45° 斜线，表现在立面图上反映出坡屋面的坡度倾角 α（见本书投影面垂直线落影特点）。（b）、（c）图中 AB、DE 直线落影的作图方法为光截面法，具体过程是：（c）图中过 DE 的铅垂光平面与屋面相交，交线的水平投影即过 d（e）的 12，投到正面上求出 $1'2'$，$1'2'$ 与过 d' 的 45° 斜线交点 d_1' 就是 D 点落影。原理就是画法几何中的一般位置直线（光线）与一般位置平面（屋面，因没有侧面投影所以与一般位置平面作图相同）相交求交点。C、B 两点落影可由 $3'$、$4'$ 作 $1'2'$ 的平行线同法求出。（b）图中 mn 与 12 同理。

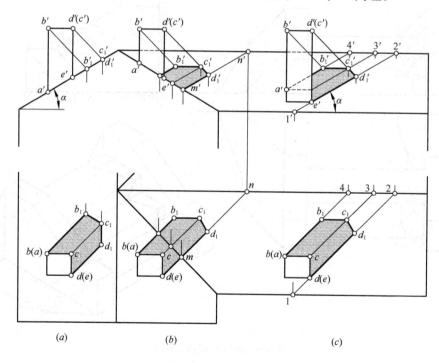

图 8-7 烟囱的阴影

图 8-7（a），B、C 两点落影可由正面影的积聚投影 $b_1' c_1'$ 向下作竖直线，与过 B、C 的 45° 斜线相交，交点 b_1 与 c_1 相连即为 BC 落影。CD 平行于屋面，其影 $c_1 d_1$ 与其本身平行且相等。

图 8-7（b）、（c）中 CD 为正垂线，在坡屋面上的落影，表现在立面图上为 45° 斜线。

直线 BC，因为它平行于坡屋面，所以其落影必与本身平行且相等。

烟囱在坡屋面上阴影单面作图方法是：先过 a' 和 e' 作直线与屋檐成 α 角，再过 b' 和 d'（c'）作 45°斜线，得交点 b'_1 和 d'_1，最后过 b'_1 作直线平行于屋脊得交点 c'_1。

2. 方形盖盘烟囱

图 8-8 为带有方形盖盘的烟囱在坡屋面上落影。相对于图 8-7，此图落影的作法要复杂一些。参看右下方的立体图，可知方形盖盘阴线有六条，都是特殊直线。其中 AB、BC、CD、DE 四条与上例相同，落影作法相同；因盖盘底面是阴面，所以比上例多 AF、FE 两条阴线。AF 落影在屋面上盖盘下烟囱左侧面，AF 平行于 CD，AF 在屋面上落影 $n'_1a'_1$ 和 n_1a_1，与 CD 的落影 $c'_1d'_1$ 和 c_1d_1 分别平行。FE 平行于 BC，FE 落影在盖盘下烟囱前表面和屋面上，两段都是其本身的平行线。

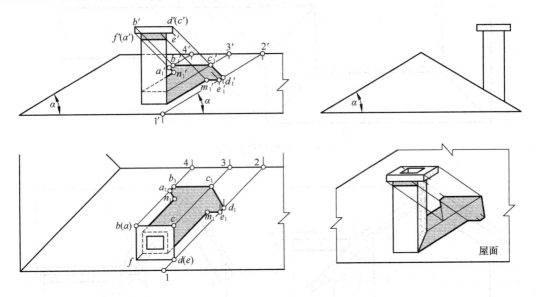

图 8-8　方形盖盘烟囱的阴影

8.1.6　屋檐

1. 平顶屋檐

图 8-9 为平顶屋檐落影作图。在挑檐以下的线脚柱面，其形状由立面图上的曲线轮廓表明。线脚柱面的阴线，在立面图中由光线的投影 45°斜线与线脚曲线相切，过切点作水平线即是阴线。落影作图过程如图 8-9 所示。

2. 人字屋檐

图 8-10 为同坡屋面的人字屋檐阴影作图。

人字屋檐分两种情况：

（1）如图 8-10（a）人字屋檐的顶角 $\angle ABC$ 为钝角，此时屋面 P 和 Q 对 H 面的倾角小于 45°，所以 P 面和 Q 面均受光。

（2）如图 8-10（b）人字屋檐的顶角 $\angle ABC$ 为锐角，此时屋面 P 和 Q 对 H 面的倾角大于 45°，所以 P 面受光，而 Q 面则背光。

对于人字屋檐 ABC，在图 8-10（a）的条件下，AB 全部落影在山墙上（人字屋檐下

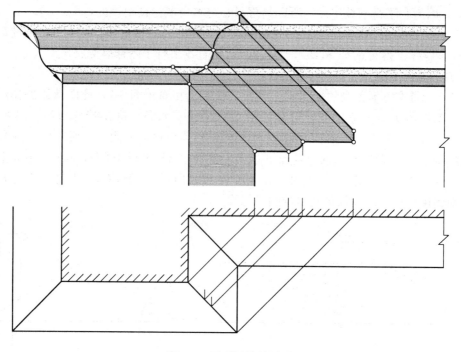

图 8-9　平顶屋檐的阴影

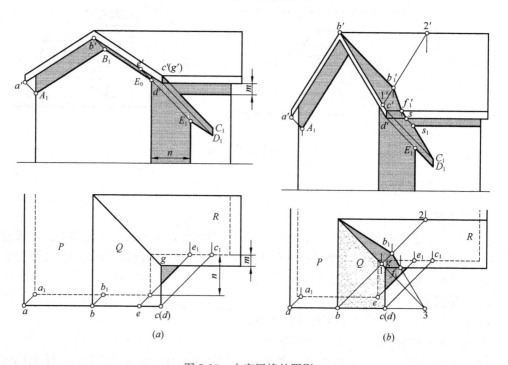

图 8-10　人字屋檐的阴影

面的墙面）；BC 的一部分 BE 落影在山墙上，另一部分 EC 落影在后墙上；山墙的右墙角上有一个过渡点 E_0。由于人字屋檐 ABC 平行于这两个墙面，所以在立面图上 $A_1B_1 /\!/ a'b'$；B_1E_0 和 $E_1D_1 /\!/ b'c'$。由此，只要先求出 A 点的落影，其他各点就可跟着画出。

在图 8-10（b）的条件下，与图 8-10（a）所不同的，就是 BC 在后屋面 R 上有落影。为此，利用光截面法求作过 B 点的光线与屋面 R 的交点，得投影 b'_1 和 b_1；再利用返回光线法，求出 BC 在屋面 R 上落影的过渡点 F_1，得投影 f'_1 和 f_1。$b'_1 f'_1$ 和 $b_1 f_1$ 即为所求。图中 ss_1 为返回光线，$s f'_1 \parallel BC$，为 BC 在右边屋檐上落影。或利用延长直线扩大平面的交点法来求 BC 在右边屋檐上落影，图中水平投影 3 点即 BC 线与 R 屋面的交点。

这里要特别指出的是，过屋檐的端点 C 有一条正垂线 CG 是阴线。它落影在后墙面上表现为一条 45° 斜线。

8.1.7　天窗

图 8-11（a）所示为单坡顶天窗的落影。天窗檐口线 AB 在天窗正面上落影 $a'_1 e'_0$ 与 AB 平行，其距离反映檐口挑出的宽度。E_0 所处铅垂阴线 $E_0 F$ 落影作法同烟囱上铅垂线落影作法，其落影的正面投影 $e'_1 f'$ 反映屋面的坡度 α。E 是过渡点，$b'_1 e'_1$ 平行于 AB。檐角线 BC 为铅垂线，落影作法同 $E_0 F$ 落影作法，$b'_1 c'_1$ 平行于 $e'_1 f'$，也反映屋面的坡度 α。D 点就在屋面上，落影是其本身，直接连接 $c'_1 d'$ 即为 CD 落影。

图 8-11（b）所示为双坡顶天窗的落影。其落影左侧部分可参照人字屋檐落影，右侧部分参照单坡顶天窗。

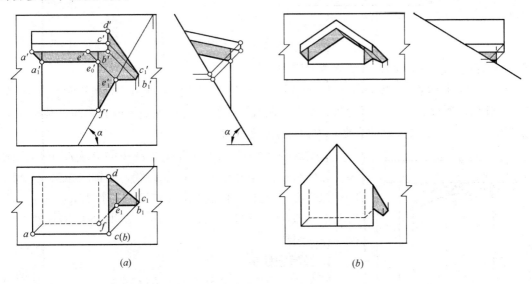

图 8-11　天窗的阴影

8.1.8　柱头

1. 方帽圆柱头

图 8-12 所示的柱头，柱身是圆柱体，柱帽是长方体，柱身的阴线可按求圆柱的阴线的方法解决，柱帽在柱身上的落影，由左下沿正垂线 AB 和前下沿侧垂线 AC 在柱身上的落影组成。过阴线 AB 和 AC 作光截面求之与圆柱面的截交线。

图示柱头立面阴影的特性是：

（1）AB 落影的正面投影为 45° 斜线，因为过 AB 的光截面 Q 垂直于 V 面，所以它与

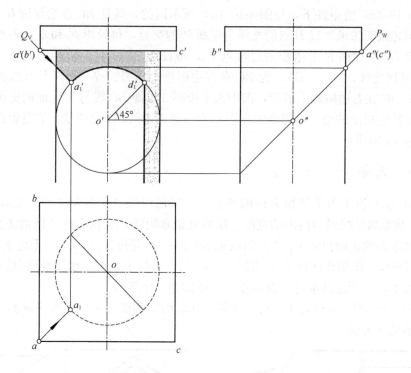

图 8-12　方帽圆柱头阴影

圆柱面的截交线——椭圆，投影在 V 面上积聚为一线段。

（2）AC 落影的正面投影复现出圆柱的水平投影形状，因为过 AC 的光截面 P 与 H 面成 45°倾角，所以它与圆柱面的截交线——椭圆，投影在 V 面上变形成一个圆，圆心 o' 即光线投影 $a'a'_1$ 和轴线投影的交点，半径等于圆柱的半径。

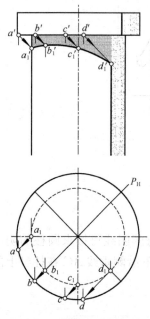

图 8-13　圆帽圆柱头阴影

根据这两条特性，就可直接在柱头的立面图上作出阴影。过柱帽左下沿的角点 a' 作 45°斜线，与轴线相交于 o' 点；以 o' 为圆心、以柱身半径为半径作圆，得影点 a'_1；过 o' 向右上作 45°斜线，得过渡点 d'_1，再过 d'_1 向下作铅垂线，即得柱身的阴线。

2. 圆帽圆柱头

图 8-13 所示柱头的柱身和柱帽都是圆柱体。在立面图上，除了它们本身有阴线以外，柱帽的下底边缘要落影在柱身上。为此，应用光线迹点法来确定一些影点，再把所求的影点用曲线光滑地连接起来，即完成立面阴影的作图。

问题是在柱帽下底边缘选择哪些阴点为宜。图中选择了 A、B、C、D 四点。B 点在过轴线的光平面 P 上，过 B 点作光线与柱身相交，得影点投影 b'_1；立面图上，b'_1 即为影线上的最高点。A、C 两点，对光平面 P 互相对称，分别过 A、C 两点作光线与柱身相交，得影点投影 a'_1、c'_1；立面图上 a'_1、c'_1 同高，并且 a'_1 位于柱身的轮廓素线上，c'_1 在柱身的轴线上。D 点在与柱身相切的光平面上，所以过 D 点的光线正好与柱面相切，切点 d_1 为柱帽下底边缘落影的过渡点；立面图上 d_1' 应位于柱身的阴线上。具体画法，图中已用箭头指明。

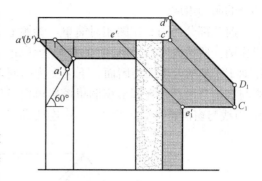

3. 方帽棱柱半柱头

图 8-14 表明墙面上凸出半个方帽正六棱柱的柱头的立面阴影画法。阴线 AB 为正垂线，它的落影在立面图上是一条 45° 斜线。阴线 AC 为侧垂线，它的落影在立面图上必复现出棱柱的水平投影形状，是半个正六边形。据此，应用光线迹点法作出阴点 A 的落影 A_1 的两个投影 a_1 和 a_1'；再过 a_1' 作 60° 斜线与棱柱正平面中左边的棱线相交，过所得交点作水平线直到正平面右边的棱线，得立面图上阴线 $a'c'$ 在棱柱面上落影的过渡点 E。

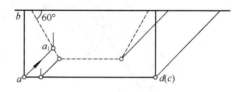

图 8-14　方帽棱柱半柱头阴影

图 8-15 和图 8-16 分别为方帽和圆帽半柱头阴影图例，与图 8-12 和图 8-13 相比，区别在于半柱头后面贴墙面，所以多了在墙面上的落影。

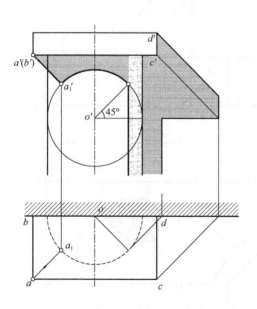

图 8-15　方帽半柱头阴影

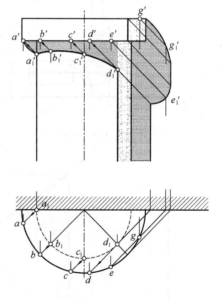

图 8-16　圆帽半柱头阴影

8.2 房屋阴影示例

房屋阴影简言之就是建筑细部阴影的组合作图。

图 8-17 为房屋阴影作图。它由台阶、烟囱、门窗洞、山墙右转角、台基、屋檐等几

部分的阴影组成。

　　前几部分的阴影作图相对简单，参照上节所讲内容均可完成。这里主要讨论屋檐的落影作图。所给人字屋檐ABC的顶角为锐角，这就决定了Q面上表面是背光的，为阴面。屋面P、R的上表面为阳面，下表面为阴面，则屋檐边线均为阴线。AB在前面山墙上落影与其本身平行，在圆形窗洞里落影可由AB在前面山墙上落影与窗洞正面投影重合点作$45°$斜线与窗洞自身落影交点$d_1'e_1'$连线即是。B点落影在右边屋面R上，用光截面法求

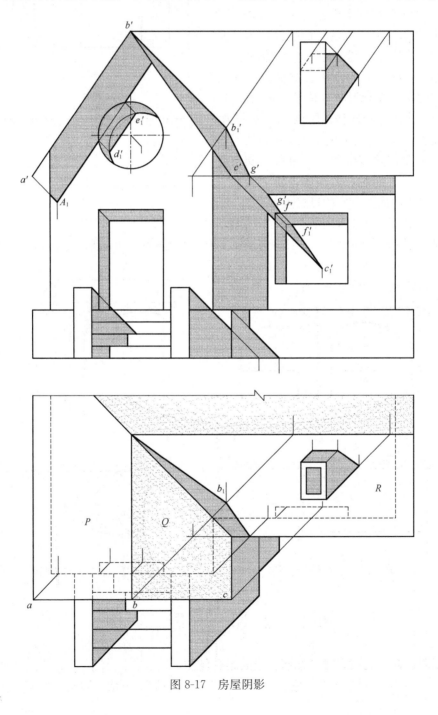

图 8-17　房屋阴影

作，落影的两面投影为 b_1 和 b'_1。BC 落影在屋面 R 上、后墙面上、方形窗洞里。可先用光线迹点法求出窗洞里 C 点落影 c'_1，因为 BC 与方形窗洞面平行，则由 c'_1 作 BC 平行线到窗洞上沿影线得 f'_1，然后自 f'_1 作 45°的返回光线到窗洞上沿的正面投影得 f'，因为 BC 与后墙面平行，所以自 f' 作 BC 的平行线至 R 面屋檐落影得影点 g'_1，从 g'_1 再作返回光线至屋檐得点 g'。g' 连 b'_1 就是 BC 在屋面 R 上落影。C 点所在的正垂线落影正面投影为 45°线。

第9章　透视图基本知识和点、直线、平面的透视

9.1　透视的概念

9.1.1　透视的概念

在画法几何中曾经介绍过，绘制物体的立体图时，可以用轴测投影法。但是，轴测投影属于平行投影，而人的视觉相当于中心投影，所以用轴测投影法画出的立体图，仍然不同于人们实际看物体时所感受到的立体形象，并且这种差异，随着物体尺寸的增大而愈加显著。于是，在建筑绘图中，用来画房屋、桥梁、亭园、街坊等建筑物的立体图，需要借助于另一种图示法，即透视投影法。

透视投影，如图 9-1 所示，是把引出投射线的中心看做人眼睛的中心投影。此时，投影中心叫视点，投射线叫视线，投影面叫画面，用透视投影法在画面上所作出的立体图就叫做透视图。因为人眼睛透过画面观看空间的物体，在视网膜上所成的像，完全相同于观看该物体在画面上的透视图映到视网膜上所成的像，所以物体的透视图具有最好的立体感。

在建筑设计的实践中，透视图常常用来作为表现图，以供评判和审定设计之用，有时也作为展览用。

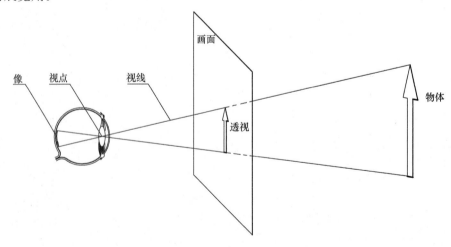

图 9-1　透视的概念

图 9-2 是一幅某幢楼房的外景透视图，它以明显和逼真的立体形象，表达了建筑物的形体组合、体量大小和各部分的比例。图 9-3 是一幅室内透视图，它表明了某房间室内空

间的布置情况。

图 9-2　建筑物外景透视

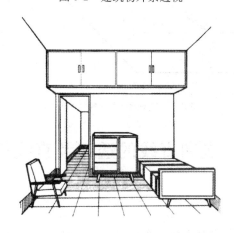

图 9-3　室内透视

9.1.2　术语与符号

透视作图中有些专用的术语与符号，在此先仅对常用的作一介绍。在图 9-4 中，铅垂面 K 为画面，水平面 H 为地面（或叫基面），两者的交线 $x\text{-}x$ 叫地平线（或基线）。观察者眼睛为视点 P，从视点 P 向画面 K 所作垂线的垂足 p' 叫心点（或主点），视线 Pp' 叫主视线（或视中线），可见，主视线与画面始终要处于垂直的位置，它的长度，即为观者到画面的距离，叫视距（或画距）。在画面上，通过心点 p' 的水平线 $h\text{-}h$，叫视平线，它实际是从视点 P 引出的所有水平视线与画面交点的轨迹，也是过视点 P 的水平视线平面 R 与画面的交线。视平线 $h\text{-}h$ 到地平线 $x\text{-}x$ 的距离，即为视点的高度，叫视高。把视点 P 正投影到地面上，所得的投影 p，叫站点（表示观者站的地方）。站点到基线的距离也等于视距。

图 9-4 还表明一个双坡房屋在画面上的透视情况。不难看出：房屋上某一点的透视，即为通过该点的视线与画面的交点（迹点），某一直线的透视，即为通过该直线的视平面与画面的交线（迹线）。在画面上，若把房屋可见顶点及棱线的透视，依次连接起来，即得它的透视图。

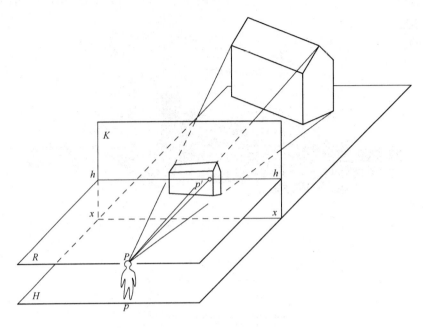

图 9-4　透视图中的术语与符号

9.2　点和直线的透视及直线灭点

9.2.1　点的透视

点的透视即为通过该点的视线与画面的交点。可见，绘制点的透视应分两步：

第一步，由视点引出一条通过已知点的视线。

第二步，求此视线与画面的交点（迹点）。

此法叫做视线迹点法。

如图 9-5 所示，视线 PA 与画面 K 的交点 A_1，即为空间 A 点的透视。然而，仅由透视点 A_1，不能确定空间点 A 的位置，因为所有位于视线 PA 上的点，其透视均重合于 A_1。这就是说，目前所得的透视点 A_1 还不具有"可逆性"。为使 A_1 点具有可逆性，图中又作出了 A 点在地面 H 上的正投影 a 的透视 a_1。点在地面上的正投影叫做点的足。投射线 Aa 为铅垂线，所以过 Aa 的视线平面 PAa 为铅垂面，由此，视平面 PAa 与画面 K 的交线 A_1a_1 也是一条铅垂线。这就得出结论：点的透视及其足的透视总是位于同一条铅垂线上。

在投影图上，应用视线迹点法求作空间点的透视，首先碰到的问题是怎样表达已知条件（点 A、视点 P、画面 K 和地面 H），如图 9-6（a）所示，仍然采用两面投影法。设画面 K 重合于正立投影面 V，此时，画面上的心点 p'，相当于视点的正面投影；地面上的站点 p，相当于视点的水平投影。画面与地面的交线 x-x，在画面上仍然叫地平线，它必平行于视平线 h-h；在地面上则改叫画面迹线 GL，以表示画面的位置。过心点 p' 向地平线 x-x 作垂线，垂足用 p_0 表示，线段 $p'p_0$ 等于视高。过站点 p 向画面迹线 GL 作垂线，垂足也用 p_0 表示，线段 pp_0 等于视距。为表达画面后面的 A 点，把 A 正投影到画面上，

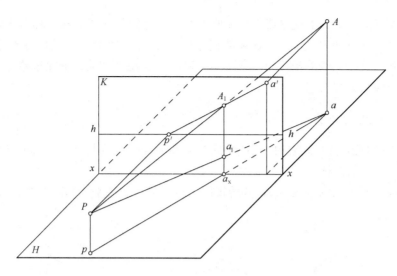

图 9-5 点的透视

得 a'，显然 a' 到 $x\text{-}x$ 距离等于 A 点的高度。A 正投影到地面上即 a。

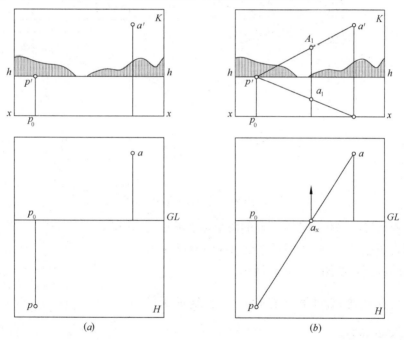

图 9-6 视线迹点法作点的透视

由图 9-5 可知，A_1 为视线 PA 与画面交点，则其投影在 PA 的两面投影 pa 和 $p'a'$ 上，又 A_1 在画面上，其水平投影必在 $x\text{-}x$ 上，这样，求出 a_x 后投射到 $p'a'$ 上即得 A_1 点。

A_1 的具体作图过程，如图 9-6（b）所示：

（1）在地面 H 上，连点 a 和 p，得视线 PA 的水平投影。

（2）在画面 K 上，连点 p' 和 a'，得视线 PA 的正面投影。

（3）由 pa 和画面迹线 GL 的交点 a_x 引 $x\text{-}x$ 的垂线，与 $p'a'$ 相交，得 A 点的透视 A_1。

A 点足的透视作法相同。

必须着重指出：画面上视平线 h-h 和地平线 x-x 之间的狭条面积，相当于画面后面地面的透视；对于这条视平线 h-h，如果从视觉印象来说，就相当于人们站在平坦的原野里，朝远望去，天和地似乎相接的一条线。有时为表示视平线的这种深远感觉，在视平线的上方加画一些细影线。

9.2.2 直线的透视

直线的透视即为通过该直线的视线平面与画面的交线。绘制直线的透视，则归结为求作直线上任意两点的透视。

图 9-7（a）所给出的直线 AB，其透视即为通过 AB 的视平面与画面的交线 A_1B_1。作法如下：

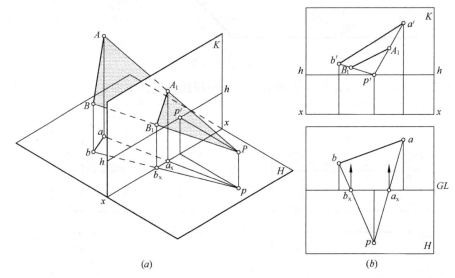

图 9-7　直线的透视

（1）用视线迹点法作出直线 AB 的两个端点的透视 A_1 和 B_1。

（2）用直线连 A_1 和 B_1，即得直线 AB 的透视 A_1B_1。

具体作图过程，如图 9-7（b）所示。

9.2.3 直线透视的消失特性——直线的灭点

1. 直线灭点的概念

图 9-8 是一幅火车站站台的透视图。从图中可见：实际上是互相平行的铁轨愈远愈窄，在最远处终消失于一点；铁轨下的枕木（或路旁的电杆）其长度（或高度）一般是相等的，透视图中也愈远愈短（或矮），它们的等间距则愈远愈窄，最终也消失于一点。

下面，从几何的观点来论证这一特性。如图 9-9 所示，设空间有直线 AB，点 A 为此直线与画面 K 的交点（迹点），其透视 A_1 必与 A 点本身重合。为求 B 点的透视，作视线 PB，此视线与画面的交点 B_1，即为 B 点的透视。连 A_1 和 B_1，即得 AB 的透视。若把 AB 离开画面延长到无限远处，得该直线上无限远点∞，这点的透视如何求？从视点 P 引视线与 AB 上无限远点相交，此视线必须与 AB 本身平行。所以，从视点 P 作视线平行于

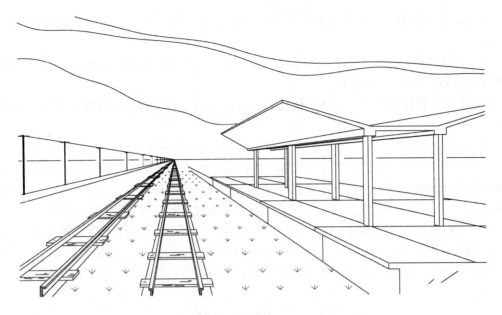

图 9-8　火车站站台的透视图

AB，与画面的交点 F_1，即为直线上无限远点的透视。把直线上无限远点的透视，叫做直线的灭点。可见，空间直线离开画面延长到无限远处，其透视必须消失于它的灭点。直线上任一点 C 的透视 C_1 必在直线的画面迹点 A_1 及其灭点 F_1 连线上。

设在图 9-9 中再加一条直线 CD 平行于 AB，如图 9-10 所示。可以看到：直线 CD 的无限远点的透视还是 F_1。这是因为，从视点 P 引视线平行于 CD，就是前面引出的平行于 AB 的那一条，所以 CD 的透视也必消失于灭点 F_1。

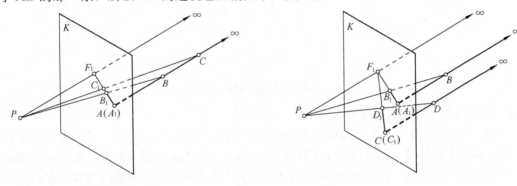

图 9-9　直线的灭点　　　　　　　　　　图 9-10　平行线消失特性

于是得结论：空间互相平行的直线，其透视必相汇于它们共同的灭点。

2. 各种位置直线的灭点

上面分析了直线透视的消失特性。但消失的趋势，是随着直线的灭点不同而不同的。直线的灭点，实际上是由视点引出的与已知直线平行的视线和画面的交点。

所以，求直线的灭点，应先作一条视线与已知直线平行，再求此视线与画面的交点。

（1）与画面相交的水平线

根据直线灭点的求法，可以得出：一切与画面相交的水平线，其灭点均在视平线 h-h

上。因为，在此情况下，平行于水平线的视线也是水平线，所以它们与画面必相交于视平线。

在实际绘图中，最常见的是与画面成 90°、45°、30°、60° 等特殊角度的水平线。这些水平线的灭点，如图 9-11 所示。

1) 过视点 P 作视中线，与画面相交的心点 p'，为垂直于画面的直线的灭点，如图 9-11（a）所示。

2) 过视点 P 向左（或向右）作与画面成 45° 角的水平视线，与画面相交的点 $D_左$（或 $D_右$），为与画面向左（或向右）成 45° 角的水平线的灭点。因为 $D_左$（或 $D_右$）到视点 p' 的距离正好等于视距，所以这样的灭点又叫距点，如图 9-11（b）所示。绘图时，当心点和视距已知，可直接在视平线上自心点向左、右各量取视距长，即得距点 $D_左$ 或 $D_右$。

3) 过视点 P 作与画面成 30°（或 60°）角的水平视线，与画面相交的点 $F_{30°}$（或 $F_{60°}$），为与画面成 30°（或 60°）的水平线的灭点。因为 30° 和 60° 互为余角，所以 $F_{30°}$（或 $F_{60°}$）又叫余点，如图 9-11（c）所示。绘图时，当心点和视距已知，依三角函数关系计算出：

$$p'F_{30°} = \sqrt{3}Pp' \approx 1.73Pp'$$

$$p'F_{60°} = \frac{\sqrt{3}}{3}Pp' \approx 0.58Pp'$$

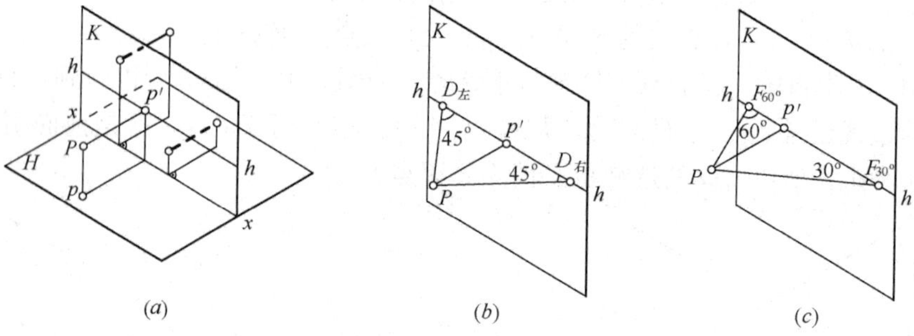

图 9-11　三种水平线的灭点

于是，也可在视平线上直接量得余点 $F_{30°}$（或 $F_{60°}$）。

如图 9-12 所示为地面上不同位置水平线透视作图。图 9-12（a）中三条线为画面垂直线 AC、画面平行线 AB 和与画面相交的水平线 BC，BC 与画面成 45° 角。如图，可用前述"直线上任一点的透视必在直线的画面迹点及其灭点连线上"来求直线透视：求出直线 BC 的灭点 $D_左$，延长 BC 求出其画面迹点 T_2，$T_2D_左$ 连线即为 BC 的透视线，由点的透视求出 B_1、C_1。AC 线灭点即心点，求出迹点 T_1 后同法求 A_1。按顺序连 A_1、B_1、C_1 即可。此作图方法称为灭点迹点法。

图 9-12（b）与（a）图不同的是 BC 与画面成 30° 角，作法可用灭点迹点法，也可用点的透视与灭点结合的方法。由图中作图结果可见画面平行线 AB 的透视与其本身平行，仍为画面平行线，这就是下面讲到的画面平行线透视特性。

（2）与画面平行的直线

这类直线是没有灭点的。因为由视点引出的与这类直线平行的视线，也和画面平行而不能相交，所以没有灭点。但其透视的特性是离画面近的长、远的短。试看图 9-13 水平

148

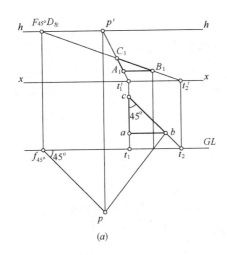
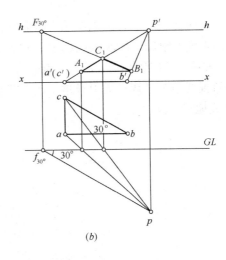

(a) (b)

图 9-12   三种水平线灭点应用

投影，设空间一条重合于画面的铅垂线 AB（透视是其本身），沿着垂直于画面的方向离开画面向后移动，得新位置 CD、EG、MN（各线间隔相等）。为求各线段的透视，首先要在画面上过端点 A 和 B 作透视线消失于心点 p'（因为垂直于画面的直线 AM、BN 的灭点是心点）。再过 p 作视线连各线水平投影，与 GL 交点向上投到 $A_1 p'$、$B_1 p'$ 间的各条铅垂线即为 CD、EG、MN 透视。可见 AB、CD、EG、MN 透视长度逐渐缩短，间隔也愈远愈窄。当离开画面移动到无限远处，其透视最后就消失于心点。

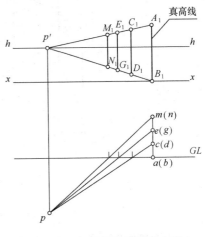

值得注意的是：铅垂线 AB 只有位于画面上时，其透视才反映真实高度。在绘制建筑透视图时，为

图 9-13   铅垂线透视及真高线

了确定各处的透视高度，常常要借助于能反映线段真实高度的透视线，这种位于画面上的铅垂线就称之为真高线。

（3）与画面相交的倾斜线

空间一条与画面相交的倾斜线，其趋势受两个角度控制：一是它的水平投影与地平线 x-x 的夹角（分左偏角和右偏角）；一是它本身与水平投影的夹角（分上升和下降角）。有了这两个角，就不难作出这种直线及其水平投影的灭点。如图 9-14 所示，AB、BC 为两条倾斜线，AB 为上升线，与水平面夹角为上升角 β；BC 为下降线，与水平面夹角为下降角 γ；它们的水平投影是 ac，ac 与画面夹角即右偏角 α。AB、BC 灭点作法是：

1）由 P 点作水平视线和视平线夹成右偏角 α，并与视平线相交，得灭点 F_1。

2）再由 P 点作视线和水平视线夹成上升角 β 和下降角 γ，并与画面相交，得右上灭点 F_2 和右下灭点 F_3。

因为视线 PF_1 和 PF_2（或 PF_3）同属于一个铅垂面，它与画面相交于一条铅垂线，所以灭点 F_2（或 F_3）和 F_1 必位于同一条垂直于视平线的直线上。

有上升角倾斜线的灭点，又叫天点，它必位于视平线的上方；相反，有下降角倾斜线的灭点，又叫地点，它必位于视平线的下方。

为在画面上根据所给倾斜线的上升角（或下降角）作出天点 F_2（或地点 F_3），运用重合法。如图 9-14 所示，以 F_2F_3 为轴，把 P 向左旋转到视平线上，得重合视点 P_1；从 P_1 作倾斜视线与视平线夹成上升角（或下降角），与过灭点 F_1 所作出的铅垂线相交，得天点 F_2（或地点 F_3）。

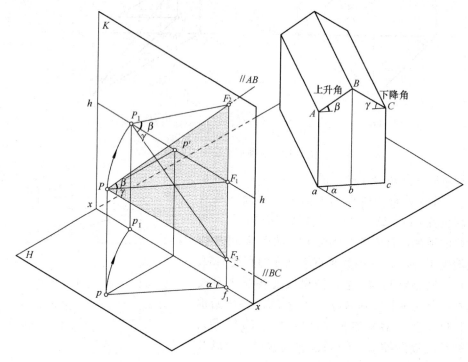

图 9-14　倾斜线灭点

具体在投影图中求天点、地点过程，如图 9-15 所示。需要注意的是：重合视点应从水平投影上以 f_{ac} 为圆心、$f_{ac}p$ 为半径转到 GL 上，求出重合视点 P_1。

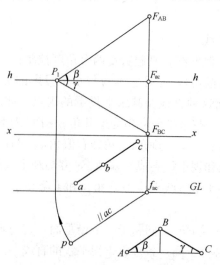

图 9-15　倾斜线灭点作图

9.3 平面的透视及平面灭线

9.3.1 平面透视的画法

绘制一平面形的透视，归结为作出此平面形各边的透视。如图 9-16 (a) 所示，水平面 H 上给出一长方形 ABCD。为求作其透视，可运用直线透视的消失特性，先作出两组对边的灭点 F_1 和 F_2，再利用这两组对边与画面 K 的交点（迹点）A，就可作出它们的透视线。这些透视线的交点，即为长方形各顶点的透视，也就完成了所给长方形的透视。此处用的是灭点迹点法。

图 9-16 (b) 为一带缺口长方形透视，同样地，图形与画面 K 的交点（迹点）A 正面投影就是透视 A_1，自 A_1 向两主向灭点 F_1 和 F_2 消失，再用点的透视作图即可逐步确定其他各点透视，作图过程如图示。图 9-17 为与图 9-16 (b) 形状相同的平面，但其位置有两点不同：首先，平面上没有点在画面上，其次，图 9-17 中 R_1 平面在视平线上方。具体作图可综合应用灭点、迹点及点的投影来作图。

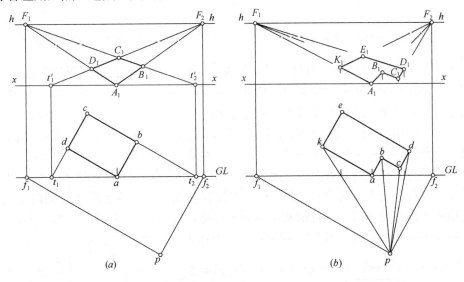

图 9-16 平面形的透视（一）

图 9-18 为一与画面平行的正六边形平面，作其透视时应用画面平行线性质，求出一点的透视，然后作各边平行线，再应用点的透视即可作出。此图中 GL 与 h-h 重合，这是为满足视距同时节省画纸空间的一种地面位置。有时也可将 GL 放在 h-h 上方，因为作图时 GL 上点是竖直投射到画面上，所以这两种情况均不影响作图结果。

9.3.2 应用消失特性作平面立体透视图

在平面透视基础上，绘制一个立体（例如长方体）的透视图，通常利用直线消失特性，先确定立体的一些可见侧面的透视趋势，在此基础上，结合直线、平面透视画法，完成作图。

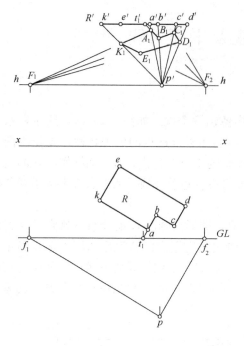

图 9-17　平面形的透视（二）

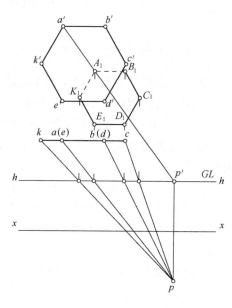

图 9-18　画面平行平面的透视

　　图 9-19 为一中间缺口的长方体，其正面重合于画面（左、右两侧面就垂直于画面），透视图作法如图所示：正面的正面投影即透视本身，由正面透视的各顶点向心点消失，结合点的透视及画面平行面透视不变形的特点作图。图 9-19 通常称为一点透视，也叫平行透视。图 9-20 所示的长方体，画面与其正面成 30°偏角（右侧面就与画面成 60°偏角），且画面过右前角边，透视图作法如图所示：先在平面图上，由站点 p 分别作视线的投影平行于长方体的正面和侧面的方向，交画面迹线 GL，得余点的投影 f_1 和 f_2。由 f_1 和 f_2 向上引垂线，在视平线上交得余点 F_1 和 F_2。再过真高线上、下两个端点分别向余点 F_1 和 F_2 作正面和右侧面的透视线（背面和左侧面不可见，故不画）。最后，由水平投影确定这两个可见立面的透视宽度。图 9-20 通常称为两点透视，也叫成角透视。

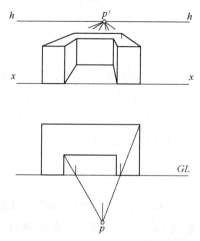

图 9-19　利用心点作立体透视

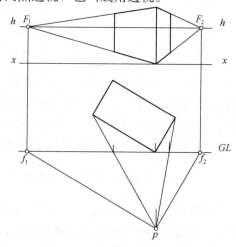

图 9-20　利用余点作立体透视

9.3.3 平面灭线的概念

空间的平面，如同直线一样，也可以无限地扩展。此时，其透视在画面上必终止于一条直线。如图 9-21 所示，在画面 K 后，用两条相交直线 AB 和 AC 给出一个平面 Q，它与画面的交线为 Q_k。若把 Q 面扩展到无限远处，则 AB 和 AC 也跟着伸延到无限远处，得两个无限远点 $F_{1\infty}$ 和 $F_{2\infty}$，直线 $F_{1\infty}F_{2\infty}$ 即为平面 Q 上的无限远直线。为求这两个无限远点的透视，根据直线灭点的求法规则，从视点 P 分别作两条视线平行于 AB 和 AC，与画面相交，得两个灭点 F_1 和 F_2，用直线连接这两个灭点，即得平面 Q 上无限远直线的透视 Q_f。可见平面的灭线，即为平面上无限远直线的透视，也平行于此平面的视平面与画面的交线。因为互相平行的平面与第三平面的交线必互相平行，所以，平面的灭线必平行于此平面的迹线，图中 $Q_f /\!/ Q_k$。另外，还可以推知：求作平面的灭线，归结为求作此平面内与画面相交的两条不同方向的直线的灭点。

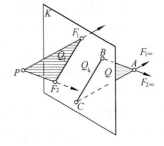

图 9-21　平面灭线概念

9.3.4 各种位置平面的灭线

根据平面的灭线，其实质即为平行于此平面的视平面与画面的交线，可以推知：

（1）凡水平面，其灭线即为视平线，如图 9-22（a）所示，Q_f 与 h-h 重合。

（2）凡垂直于地面的平面，其灭线必垂直于视平线，如图 9-22（b）所示，$R_f \perp h$-h。

（3）凡垂直于画面的平面，其灭线必过心点，如图 9-22（c）所示，S_f 过 p' 点。

（4）与画面和地面都倾斜的平面，其灭线必倾斜于视平线，如图 9-22（d）所示，U_f 不垂直 h-h。

（5）与画面平行的平面，其灭线在画面上的无限远处，也即没有灭线（如图 9-22（e）

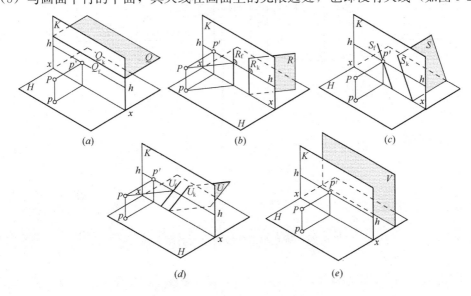

图 9-22　各种位置平面的灭线

153

所示，没有 V_f）。

另外，如同平行的直线有共同的灭点一样，空间互相平行的平面，也有共同的灭线，所以，画在透视图上，其无限远处，必相汇于一条灭线。

到此，可以得知：透视投影（即中心投影）与平行投影的最主要的和本质的差别，就在于直线和平面的透视具有消失特性。这是绘制建筑透视图时必须遵循的基本规律，这个规律在人们的视觉印象中是确实存在的。所谓视觉的"近大远小"、"近高远低"和"近宽远窄"等，就是这个规律的反映。

为了以后的叙述简便起见，前述直线和平面透视的各条特性，总称为透视投影的消失特性。

已知"Γ"形坡屋顶小房的透视如图 9-23 所示，试分析并确定各条直线的灭点及各个平面的灭线。图中已用文字标明了在房屋透视图上看得见的各条直线的灭点及各个平面的灭线。这里特别指出：屋面 5 和 6 的交线 AB 叫泛水，AB 的灭点一定要落在这两个屋面的灭线的交点上，这是因为平面内的直线的灭点，必定要落在此平面的灭线上，泛水 AB 是两个平面的交线，所以，泛水 AB 的灭点必定要同时落在这两个屋面的灭线上。这样，从此例中又得出了一条重要的结论：两平面交线的灭点，即此两平面灭线的交点。

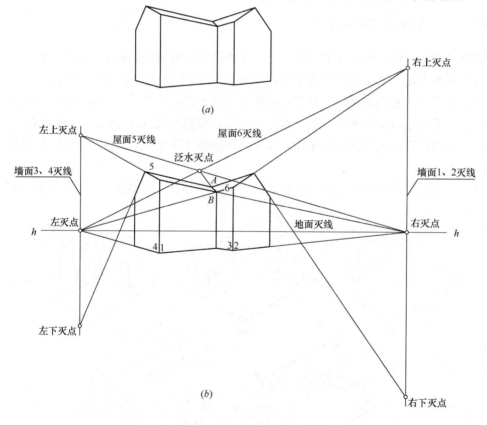

图 9-23　确定小房各线灭点及各面灭线

154

第10章　平面曲线及曲面立体的透视

10.1　平面曲线的透视

10.1.1　圆周的透视

圆周的透视实质是一个锥面和画面的截交线，此锥面以视点为锥顶，以圆周本身为导线，以视线为素线。所以：

①当水平圆周在视点之前，其透视一般为椭圆（图 10-1（a））；

②当圆周平行于画面，其透视仍旧为圆周（图 10-1（b））。

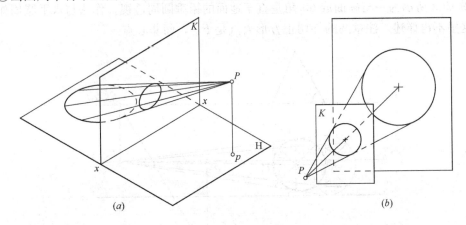

图 10-1　圆周透视实质

第二种情况的画法是很简单的，只要求出圆心的透视和半径的透视长度即可。

下面，讨论第一种情况的画法，作法如下：

（1）作已知圆周的外切正方形。

（2）利用消失特性作此外切正方形的透视。

（3）在所求外切正方形的透视内作内切椭圆。

因为已知圆周的外切正方形，总是能够把它的一组对边作得平行于画面（而另一组对边则垂直于画面），所以，当在外切正方形的透视内作内切椭圆时，过去学过的"八点法"这里也能适用。

图 10-2（a）和（b）是两个例子。前者是已知水平投影作地面上一水平圆的透视，已知圆的外切正方形的一条边重合于画面，过此边两端点分别作透视线到心点 p'，画出正方形一点透视，然后用"八点法"画出所求椭圆。后者仍是一个水平圆的透视，是没有水平投影情况下的作图。由视距确定距点，则正方形对角线消失于距点 D。对角线上四个点

透视由 5、6 两点确定，5、6 作法可以按图示画相当于水平投影的半圆，由 B_1 向两边作 45°线与半圆相交，过交点向上作垂线得 5、6 点。

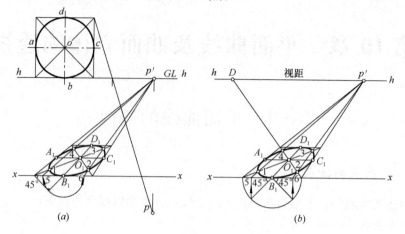

图 10-2　水平圆周透视

图 10-3 所示为一与画面成 60°角垂直于地面的铅垂圆周透视。作法与水平圆周作法类同，这里不再详述。注意圆的外切正方形灭点是 $F_{60°}$，而非心点。

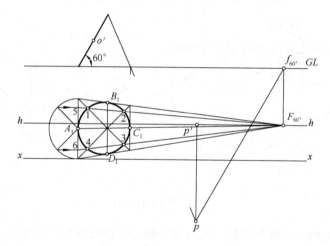

图 10-3　铅垂圆周透视

10.1.2　平面非圆曲线透视

（1）平面曲线的透视一般仍为曲线。如平面曲线就在画面上，则其透视就是该曲线本身；如曲线所在平面与画面平行，则其透视与该曲线本身相似；如曲线所在平面通过视点，则透视成一段直线。

（2）平面曲线如不平行于画面，则其透视形状将发生变化。为了求得其透视，通常将它纳入一个由正方形（或矩形）组成的网格内，先画出网格的透视，然后，按原曲线与网格格线交点的位置，凭目估定出各交点在透视网格的相应格线上的位置，再以光滑曲线连接这些交点，就得到所求曲线的透视。

图 10-4 所示，是平面上螺旋线，其透视就是利用长方形网格求出的。

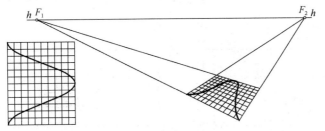

图 10-4　螺旋线透视

10.2　曲面立体的透视

这节主要是应用上节所讲的圆周透视作图方法来求作圆管、圆柱及圆拱门的透视。

10.2.1　圆管透视

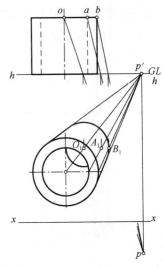

如图 10-5 所示，是一个圆管的透视。圆管的前口位于画面上，其透视就是它本身。后口圆周在画面后，并与画面平行，故其透视仍为圆周，但半径缩小。为此，先求出后口圆心的透视 O_1，并求出后口两同心圆的水平半径的透视点 A_1 和 B_1，以此为半径分别画圆，就得到后口内外圆周的透视。最后，作出圆管外壁的轮廓素线，就完成了圆管的透视图。

10.2.2　圆柱透视

求作圆柱的透视，应首先画出上、下底圆的透视，再作出与两透视底圆公切的轮廓素线，就完成了圆柱的透视。图 10-6 所示为不同高度铅垂正圆柱的透视，其上、下底圆

图 10-5　圆管透视

的透视，都是用图 10-2 所示的方法画出的。绘制水平圆的透视，首先要避免轴线位置偏离心点太远，这时圆的透视易失真；其次，在一般情况下，视高尽量不要与圆柱高度相等，此时圆柱上顶面透视成一直线，效果不直观。如图 10-6 所示，（a）、（c）图中圆柱轴线偏离心点，透视均稍有失真；（b）图中顶圆透视成一直线，效果不好；（d）图中圆柱轴线与心点位于同一铅垂线上，透视效果最佳。

10.2.3　圆拱门透视

求作圆拱的透视，与圆柱一样，关键在于求作圆拱前、后口圆弧的透视；不同的是，两个透视椭圆弧间不必再作公切的轮廓素线。

图 10-7 所示为圆拱门的透视作图。此例主要是解决拱前、后两个半圆弧的透视作图。作半圆弧的透视可以参照图 10-3 所示铅垂圆周透视作图的方法解决。

具体作图就是将半圆弧纳入于半个正方形中，作出半个正方形的透视，就得到透视半

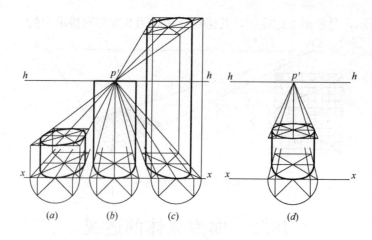

图 10-6　圆柱透视

椭圆弧上的三个点 1_1、3_1 和 5_1；再作出正方形的两条对角线与半圆弧交点的透视 2_1 及 4_1，然后将这五个点光滑地连接起来，就是半圆弧的透视——椭圆弧。

后口半圆弧的透视，可用同法画出。

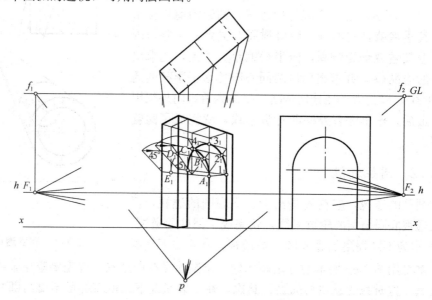

图 10-7　圆拱门透视

第11章 建筑透视图的基本画法

11.1 视点、画面和建筑物间相对位置的确定

视点、画面和建筑物之间相对位置的确定，是表现透视图的前提，同时，相对位置合适与否，直接影响所绘制透视图的视觉效果。

11.1.1 视点的选择

当人们观察外界景物时，假定人眼是固定不动的，这时所见外界景物的范围就有一定限度。人眼的清晰视野如图 11-1 所示，是一个以视点 P 为顶点，以视中线为轴，顶角约为 60°的圆锥体，叫视锥。视锥与画面 K 相交的圆的范围，叫视野。将视锥向基面投影，可得水平视角。最清晰的视角范围应为 $28°\sim37°$。

在实际绘制透视图时，由于视点到画面的距离（视距）将影响透视图的大小，所以如何确定画面、视距和视角这三者之间的关系尤为重要。图 11-2 表明以主视线的水平投影 pp_0 为视中线，且视中线平分视角。视角的大小可由下式决定：

$$\because \quad \tan\alpha/2 = L/2D$$

$$\therefore \quad \alpha = 2 \cdot \arctan L/2D$$

可见，视角 α 的大小由画宽 L 和视距 D 的比值而定。设 $f=D/L$ 为相对视距，那么，可以用相对视距的数值来表示视角的大小，从而确定视点的位置。图 11-3 表明了在绘制透视图时，可供选择的相对视距的一系列数值。用这一系列相对视距的数值，可以作出如下的透视图：

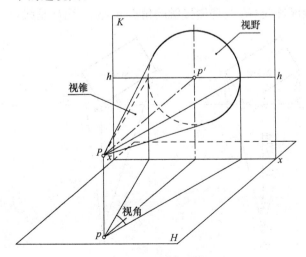

图 11-1 视锥、视野和视角

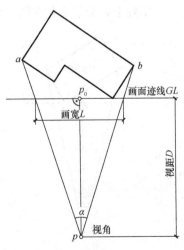

图 11-2 画面、视距和视角的关系

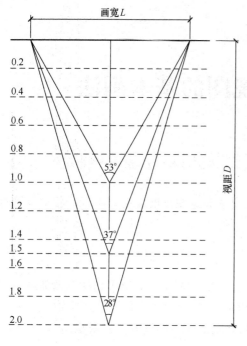

图 11-3 可供选择的相对视距

（1）当 $f = 1.5 \sim 2.0$ 时，用于绘制外景透视图。

（2）当 $f < 1.5$ 时，用于绘制室内透视图。

（3）当 $f > 2.0$ 时，用于绘制规划透视图。

上述成立的前提条件是视中线为视角的分角线。但在实际作图中，经常有视中线不是分角线的情况。此时，要注意视中线和画宽的交点不要超出画宽的中间三分之一。遵循此要求，能保证所作的透视图变形最小。

在房屋的平面图上确定视点的方法如图 11-4 和图 11-5 所示。

方法一：先确定视点然后确定画面（图 11-4）。步骤如下：

（1）选择站点 p，由 p 向两条极边墙角 a、c 作视线的水平投影 pa、pc。pa 与 pc 的夹角即为视角，且在 $28° \sim 37°$ 之内（此时，$f = 1.5 \sim 2.0$）。

（2）由站点 p 作视角的分角线，得视中线的投影 pp_0。

（3）过房屋墙角 b 作画面迹线 GL 垂直于所作的分角线。

方法二：先确定画面然后确定视点（图 11-5）。步骤如下：

（1）过房屋平面图中墙角 b 作画面迹线 GL，使 GL 与平面图的前沿 ab 成所需的画面偏角 θ（一般不选 45°）。

（2）过极边墙角 a、c，向 GL 作垂线，得近似画宽 $a_0 c_0$。

（3）在近似画宽的中间 1/3 区域内选择心点的投影 p_0，再由 p_0 点作 GL 的垂线 pp_0，使 $pp_0 = 1.5 \sim 2.0$ 画宽，此时的视角一般已控制在 $28° \sim 37°$ 之内（图 11-5（a））。

实际上，为了简化作图，常常就从画面迹线 GL 与房屋接触的角点（b 点）引出垂线，

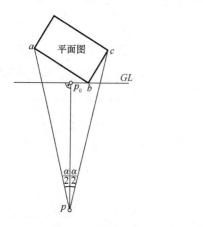

图 11-4 确定视点的方法（一）

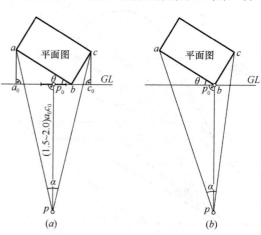

图 11-5 确定视点的方法（二）

然后在此垂线上确定站点 p，使视角 α 的大小在允许范围之内（图 11-5 (b)）。

11.1.2 视平线的高低对透视效果的影响

视平线的高低变化，直接影响建筑物在高度方向上的可见部分。视高不同所产生的图面效果也不一样。一般情况下，取人的平均高度 1.5～1.7m，但这并不是不变的，应根据建筑物的类型及表现的要求而定。

图 11-6 所示，为一个长方形建筑物在不同视高下，透视图的变化情况。

（1）视平线取在接近建筑物的地面线，则两边地面线向灭点消失较缓，而屋檐线的消失则较陡（图 11-6 (a)）。

（2）视平线取在建筑物的 1/2 处，地面线和屋檐线的消失程度近似，使得透视图较呆板，不宜采用（图 11-6 (b)）。

（3）视平线取在接近建筑物的屋檐线，消失的情况与 (a) 正好相反（图 11-6 (c)）。

（4）视平线取在与地面线重合，地面线无变形，而屋檐线的消失则更陡（图 11-6 (d)）。

（5）视平线取在高出建筑物之上，透视图可看到建筑物的顶面，它可用于表现建筑群体的布置，如同在空中向下看，故这种透视图也叫鸟瞰图（图 11-6 (e)）。

（6）视平线取在低于建筑物之下，它可用于表现高山上的建筑物或高层建筑檐口的局部透视，故这种透视图也叫仰观透视图（图 11-6 (f)）。

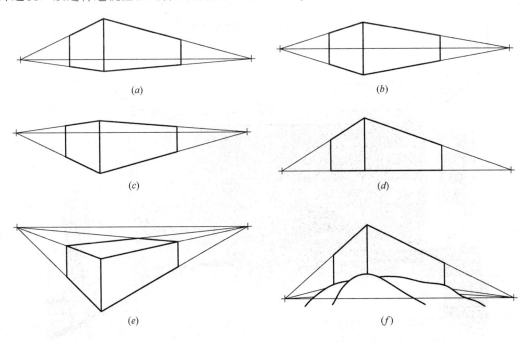

图 11-6　视平线的高低对透视效果的影响

总之，如果想要表现建筑物的高大、挺拔和雄伟，就要压低视平线，如图 11-7 所示；如果想要表现室内及家具布置的清晰和一览无余，就要适当提高视平线，如图 11-8 所示；如果想要表现建筑物的顶面和周围环境的鸟瞰图，就要提高视平线到天空，如图 11-9 所示；如果想要表现高山上的建筑物和周围的山峰等环境，就要压低视平线在建筑物之下，如图 11-10 所示。

图 11-7 压低视平线画住宅透视图

图 11-8 提高视平线画室内透视图

11.1.3 画面位置的确定

画面与建筑物的相对位置关系包括画面对建筑物主要面的偏角，以及画面与建筑物的
前后位置。

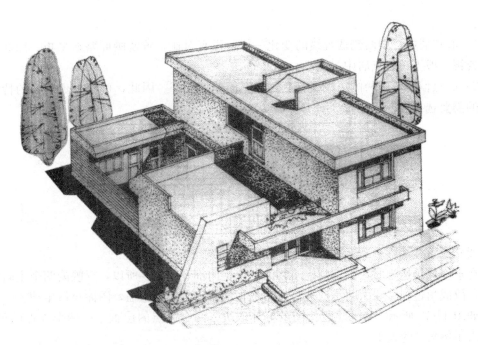

图 11-9　提高视平线到天空画住宅鸟瞰图

图 11-10　压低视平线到山腰画建筑物仰观透视图

1. 画面偏角对透视效果的影响

（1）平行透视

在求作平行透视时，画面与建筑物的主要面平行，即画面偏角 θ 为零。建筑物的两个主向，一个垂直于画面，另一个平行于画面。根据直线透视的消失特性，垂直于画面的直线必向心点消失，而平行于画面的直线则无灭点。故平行透视又叫做一点透视。一点透视常用来表现街景、纪念碑、大门、室内透视等。这种透视具有作图简单的特点，同时，又具有平稳、整齐的感觉。

如图 11-11 所示，平行透视的灭点（即心点）位置，决定了画面上所有透视线的方向：

1）心点居中，则两侧透视线的变化一样，没有对比，致使画面略显呆板。因此，作平行透视一般不选心点居中（图 11-11（a））。

2）心点偏中，则两侧透视线有变化，图面效果会好。因此，可根据建筑物的特点和表现的需要选择偏左或偏右（图 11-11（b））。

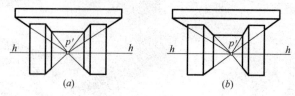

图 11-11　心点的位置对平行透视效果的影响

（2）成角透视

在求作成角透视时，画面与建筑物的两个主向都有偏角。所以，反映的两个主向均有灭点，故成角透视又叫做两点透视。成角透视的特点是立体感强，图面显得生动。

如图 11-12 所示，成角透视构图的好坏取决于两个灭点的位置。而两个灭点的位置，又取决于偏角 θ 的大小：

1）当偏角 $\theta=45°$ 时，心点与两个灭点的距离 $m=n$，致使两侧透视线收敛程度一样，画面略显单调、呆板。因此，这种情况尽量少用（图 11-12（a））。

2）当偏角 $\theta<45°$ 时，$m>n$，正立面收敛较慢，而右立面收敛较快（图 11-12（b））。

3）当偏角 $\theta>45°$ 时，$m<n$，正立面收敛较快，而右立面收敛较慢（图 11-12（c））。

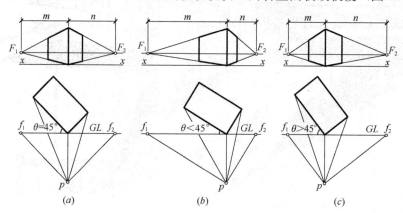

图 11-12　画面偏角对透视效果的影响

总之，作成角透视时，一般选择偏角 θ 为 30°或 60°，两个灭点与心点的距离一远一近，两个主要面的透视变形不同，图面效果较好。当然，在作透视图时，为取得理想的透视效果，偏角 θ 究竟应选多大，可视具体条件和要求而定。

2. 画面与建筑物的前后位置对透视效果的影响

画面与建筑物的前后位置关系直接影响到所作透视图的大小。当画面在建筑物的前面时，作出的透视图为缩小的透视，如图 11-13（a）所示；当画面在建筑物的后面时，作出的透视图为放大的透视，如图 11-13（b）所示。

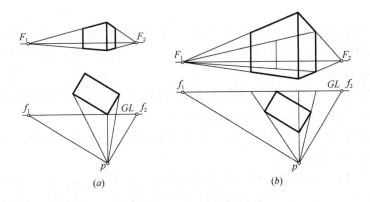

图 11-13　画面与建筑物的前后位置对透视效果的影响

11.2 建 筑 师 法

11.2.1 建筑师法的基本作图

建筑师法就是利用灭点、视线迹点法作直线的透视，利用通过建筑物上可见点的视线水平投影与画面迹线的交点来确定可见面的透视宽度，利用真高线确定各点的透视高度作透视图的一种方法。下面举例说明建筑师法具体作图过程。

【**例 11-1**】　用建筑师法作如图 11-14 所示建筑形体的两点透视。平面图和侧立面图已给出。

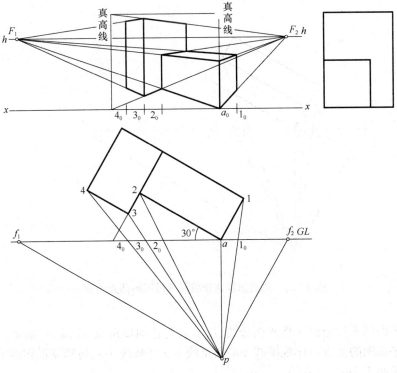

图 11-14　用建筑师法作建筑形体的两点透视

作图:

(1) 在平面图上过角点 a 作画面迹线 GL,且与正面墙角线 $a2$ 成 $30°$ 偏角。

(2) 在平面图的上方,作视平线 h-h 和基线 x-x(基线 x-x 与侧立面图的底线重合),按比例尺取视高 1.7m。

(3) 选好站点 p,过站点 p 作平行于建筑形体两个主向面上的水平线 $a2$ 和 $a1$ 的视线水平投影,与画面迹线 GL 交得灭点的投影 f_1 和 f_2。

(4) 从平面图中的 f_1、f_2 分别向上引垂线交到视平线上得灭点 F_1、F_2,并连接 a_0 作出 $a2$ 和 $a1$ 的透视方向线。

(5) 在平面图中,从站点 p 向建筑形体的各可见点 1、2、3、4 引视线的投影,与画面迹线 GL 交得 1_0、2_0、3_0、4_0 各透视宽度点,从这些点向上引垂线,可截得透视图中的各透视宽度。

(6) 过 a_0 点作真高线。同时,过 3 点所在的墙角线顺着右侧墙面延伸到画面上,从而得到该墙角线的真高线,由真高线向灭点消失画出建筑物顶面,最后完成透视图。

【例 11-2】 用建筑师法作如图 11-15 所示建筑物的两点透视。平面图和侧立面图已给出。

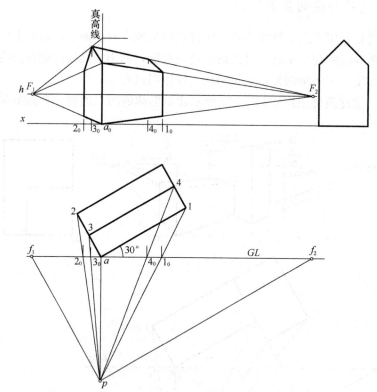

图 11-15　用建筑师法作坡屋顶房屋的两点透视

作图:

(1) 在平面图上过角点 a 作画面迹线 GL,且与正面墙角线 $a1$ 成 $30°$ 偏角。

(2) 在平面图的上方,作视平线 h-h 和基线 x-x(基线 x-x 与侧立面图的底线重合),按比例尺取视高 1.7m。

（3）选好站点 p，过站点 p 作平行于建筑物两个主向面上的水平线 $a2$ 和 $a1$ 的视线的水平投影，与画面迹线 GL 交得灭点的投影 f_1 和 f_2。

（4）从平面图中的 f_1、f_2 分别向上引垂线交到视平线上得灭点 F_1、F_2，并作出 $a2$ 和 $a1$ 的透视方向线。

（5）在平面图中，从站点 p 向建筑物的各可见点 1、2、3、4 引视线的投影，与画面迹线 GL 交得 1_0、2_0、3_0、4_0 各透视宽度点，从这些点向上引垂线，可截得透视图中的各透视宽度。

（6）过 a_0 点作真高线，最后完成透视图。

【例 11-3】 用建筑师法作如图 11-16 所示建筑物的一点透视。平面图和正立面图已给出（包括视平线 h-h 和基线 x-x）。

作图：

（1）在平面图上作画面迹线 GL，使其重合于门厅前表面积聚投影。

（2）在平面图的下方，作出视平线 h-h 和基线 x-x。

（3）选好站点 p，使左、右极边视线投影的夹角控制在 $60°$ 内，并使心点的投影 p_0 在画宽的正中偏左一点。

（4）把 p_0 垂直向下投到视平线上，得到心点 p'，凡垂直于画面的直线均消失于该点。

（5）在平面图中，由站点 p 向建筑形体的各可见点 3、4、5 引视线的投影，与画面迹线 GL 交得 3_0、4_0、5_0 各透视宽度点，从这些点向下引垂线，可截得透视图中的各透视宽度。

（6）过 2 点作真高线，最后完成透视图。其他作图已在图中表明。

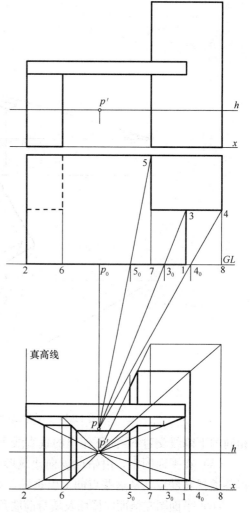

图 11-16 用建筑师法作建筑物的一点透视

【例 11-4】 用建筑师法作如图 11-17 所示单斜小房的两点透视。平面图和侧立面图已给出（包括心点、站点、画面迹线 GL、视平线 h-h 和基线 x-x）。

作图：

（1）在平面图上，过站点 p 作平行于建筑物两个主向地面线的视线的投影，交画面迹线 GL 于 f_1 和 f_2。

（2）在平面图的上方，作出视平线 h-h 和基线 x-x（基线 x-x 与侧立面图的底线重合）。

（3）从平面图中的 f_1、f_2 分别向上引垂线交到视平线上得灭点 F_1、F_2，并作出两个主向地面线的透视方向线。

（4）在平面图上，以 f_2 为圆心，以 $f_2 p$ 为半径画弧交到画面迹线 GL 得重合视点的投影 p_1。通过 p_1 向上作垂线投到视平线上，得到重合视点 p_1'，再过 p_1' 作与屋面坡角 α

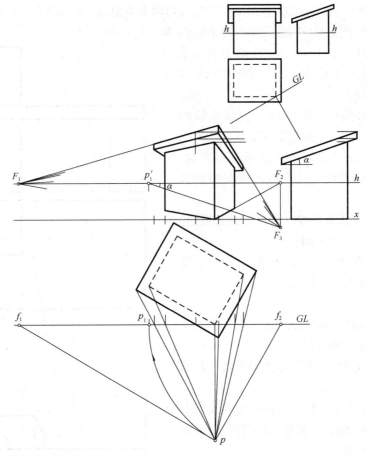

图 11-17　用建筑师法作单斜小房的两点透视

相同的下降线交过 F_2 向下作出的垂直线于 F_3，该点即为下降线的灭点（地点）。

（5）在平面图中，由站点 p 向建筑形体的各可见点引视线的投影，与画面迹线 GL 交得各透视宽度点，从这些点向上引垂线，可截得透视图中的各透视宽度。

（6）平面图左侧面屋檐面及墙身前墙角线与画面迹线 GL 相交，过这两个交点向上引垂线即得左侧面屋檐面及墙身前墙角线的真高线，最后完成透视图。其他作图已在图中表明。

【例 11-5】　用建筑师法作如图 11-18 所示室内的一点透视。平面图已给出（包括画面迹线 GL）。

作图：

（1）在平面图上，选好站点 p，使左、右极边视线投影的夹角可略超出 $60°$，并使心点的投影 p_0 在画宽的正中偏左一点。

（2）在平面图的下方，作出与画面迹线 GL 相交的墙面线、地面线和顶棚线，同时，在墙面上作出门高和窗上下沿口的真高线，作出视平线 h-h（在窗上下沿口中间稍下一点），过 p_0 点向下引垂线投到视平线上得到心点 p'。

（3）利用心点 p' 作为消失灭点，从而完成透视图。

【例 11-6】　用建筑师法作如图 11-19 所示室内的两点透视。平面图已给出（包括画面迹线 GL）。

作图：

（1）在平面图上，选好站点 p，使左、右极边视线投影的夹角略超出 $60°$，并使站点 p 处在画宽的正中偏左一些；过站点 p 作墙身地面线的平行线的投影，交画面迹线 GL 于 f_1 和 f_2。

（2）在平面图的下方，作出与画面迹线 GL 相交的墙面线、地面线和顶棚线，同时，在墙面上作出门高和窗上下沿口的真高线，作出视平线 h-h（在窗上下沿口中间稍下一点），过 f_1 和 f_2 向下引垂线投到视平线上得到灭点 F_1、F_2。

（3）利用灭点 F_1 和 F_2 以及门高和窗上下沿口的真高线，即可完成透视图。

11.2.2　建筑细部的透视图示例

1. 高低挑檐

【例 11-7】　用建筑师法作如图 11-20 所示高低挑檐的透视。平面图和正立面图已给出。

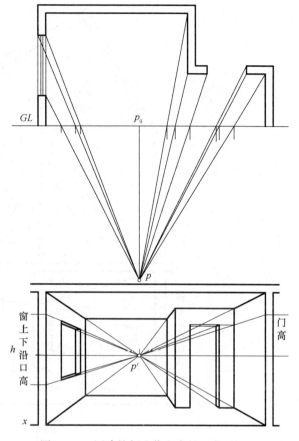

图 11-18　用建筑师法作室内的一点透视

作图：

（1）在平面图上，过墙角点 a 和 d 作画面迹线 GL。再由 a 点作视中线的投影，并取站点 p，使左、右极边视线投影的夹角在 $60°$ 内，并使站点 p 处在画宽的正中偏左一些。过站点 p 作墙身地面线的平行线的投影，交画面迹线 GL 于 f_1 和 f_2；过站点 p 引墙身上各角点 a、b、c、d、e、f 的视线投影，交画面迹线 GL 于 a_0、b_0、c_0、d_0、e_0、f_0（图 11-20（a））。

（2）在平面图的上方，正立面图的右侧作出视平线 h-h（在低挑檐的下方）。过 f_1 和 f_2 向上作垂线交到视平线上得灭点 F_1、F_2。同时，把 a_0、b_0、c_0、d_0、e_0、f_0 各点也投到视平线上，可截得透视图中的各透视宽度。这样，配合过 a_0、d_0 的真高线，即可作出墙身的透视（图 11-20（b））。

（3）在平面图上，过站点 p 引高低挑檐上各角点 1、2、3、4、5、6、7、8 的视线投影，交画面迹线 GL 于 1_0、2_0、3_0、4_0、5_0、6_0、7_0、8_0（图 11-20（a））。然后，把与画面迹线 GL 相交的上述各点投到视平线上，可截得透视图中的各透视宽度（图 11-20（c））。最后，利用过 1_0、8_0 高低挑檐面的真高线，即可作出高低挑檐的透视。

2. 雨篷阳台

【例 11-8】　用建筑师法作如图 11-21 所示雨篷和阳台的透视。平面图和正立面图已给出。

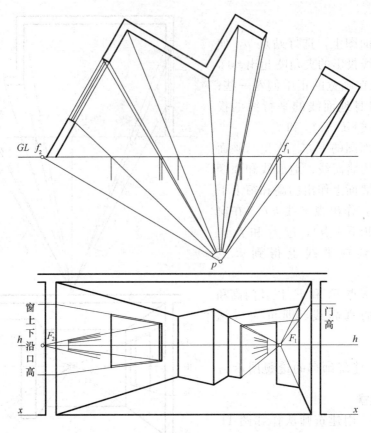

图 11-19　用建筑师法作室内的两点透视

作图：

（1）在平面图上，过阳台底面角点 1 作画面迹线 GL，且与阳台正立面偏角 $30°$。再由 1 点作视中线的投影，并取站点 p，使左、右极边视线投影的夹角在 $60°$ 内，并使站点 p 处在画宽的正中偏右一点。过站点 p 作阳台底面线的平行线的投影，交画面迹线 GL 于 f_1 和 f_2；过站点 p 引阳台和雨篷上各角点 1、2、3、4、5、6、7 的视线投影，交画面迹线 GL 于 1_0、2_0、3_0、4_0、5_0、6_0、7_0（图 11-21 （a））。

（2）在平面图的上方，正立面图的右侧作出视平线 h-h（在阳台底面的下方）。过 f_1 和 f_2 向上作垂线交到视平线上得灭点 F_1、F_2。同时，把 1_0、2_0、3_0、4_0、5_0、6_0、7_0 各点也投到视平线上，可截得透视图中的各透视宽度。这样，配合过 4_0 点的真高线，即可作出阳台和雨篷的透视（图 11-21 （b））。

（3）在平面图上，过站点 p 引墙身上各角点 a、b、c 的视线投影，交画面迹线 GL 于 a_0、b_0、c_0（图 11-21 （a））。然后，把与画面迹线 GL 相交的上述各点投到视平线上，可截得透视图中的各透视宽度（图 11-21 （c）），同时，作出墙身的透视。

3. 台阶

【例 11-9】 用建筑师法作如图 11-22 所示台阶的透视。平面图和正立面图已给出（包括视平线 h-h 和基线 x-x）。

作图：

（1）在平面图上，过台阶地面前角点 a 作画面迹线 GL，且与台阶正立面偏角 $30°$。

170

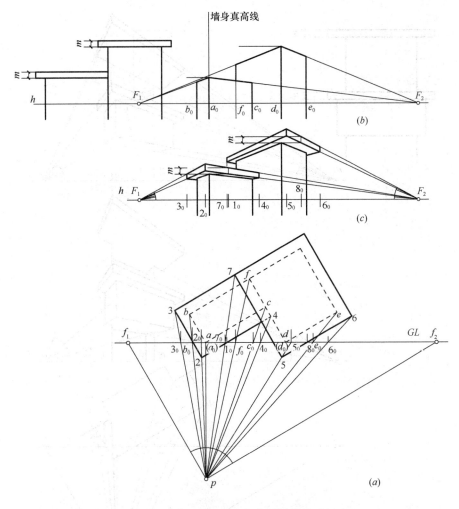

图 11-20　用建筑师法作高低挑檐的透视

再由 a 点作视中线的投影，并取站点 p，使左、右极边视线投影的夹角在 $60°$ 内。过站点 p 作台阶地面线的平行线的投影，交画面迹线 GL 于 f_1 和 f_2；过 f_1 和 f_2 向上作垂线交到视平线上得灭点 F_1、F_2；过站点 p 引台阶上各角点的视线投影与画面迹线 GL 相交；把上述交点投到基线 x-x 上，可截得透视图中台阶的各透视宽度。这样，配合过 a_0 点的台阶真高线，即可作出台阶的透视。

（2）在平面图上，把左栏板的左侧面延伸至画面，交线即为过 b 点的铅垂线，投到画面上即为过 b_0 点的真高线。把右栏板的左侧面延伸至画面，交线即为过 c 点的铅垂线，投到画面上即为过 c_0 点的栏板真高线。

（3）过站点 p 引左、右栏板上各角点的视线投影与画面迹线 GL 相交，把上述交点投到基线 x-x 上，可截得透视图中台阶的各透视宽度。同时，配合左、右栏板的真高线，即可作出左、右栏板的透视。

4. 坡屋面和烟囱

【例 11-10】 用建筑师法作如图 11-23 所示坡屋面和烟囱的两点透视。平面图和正立

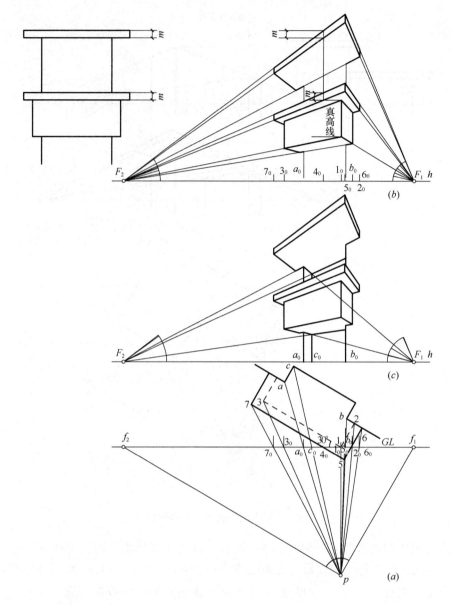

图 11-21　用建筑师法作雨篷、阳台的透视

面图已给出（包括视平线 h-h 和基线 x-x）。

作图：

（1）在平面图上，过墙身前角点 a 和 b 作画面迹线 GL。再由 b 点作视中线的投影，并取站点 p，使左、右极边视线投影的夹角在 $60°$ 内。过站点 p 作墙身地面线的平行线的投影，交画面迹线 GL 于 f_1 和 f_2；过 f_1 和 f_2 向上作垂线交到视平线上得灭点 F_1、F_2。

（2）以 f_1 为圆心，以 $f_1 p$ 为半径画弧交画面迹线 GL 得重合视点的投影 p_1。通过 p_1 向上作垂线投到视平线上，得到重合视点 p_1'。再过 p_1' 作与屋面坡角 α 相同的上升线和下降线交过 F_1 的铅垂线于 F_3 和 F_4，F_3 为人字屋檐檐口上升线的灭点（天点），F_4 为下降

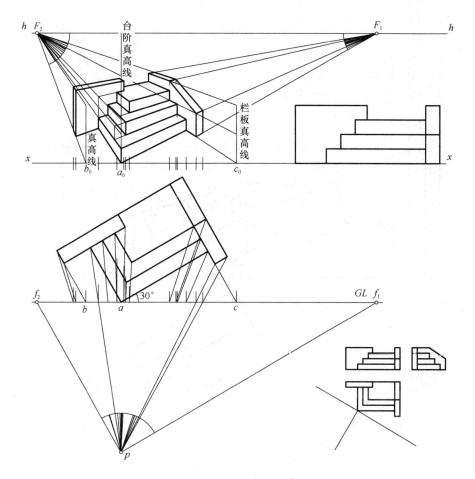

图 11-22　用建筑师法作台阶的透视

线的灭点（地点）。

（3）过站点 p 引屋面和烟囱上各角点的视线投影与画面迹线 GL 相交；把上述交点投到基线 x-x 上，可截得透视图中台阶的各透视宽度。这样，配合过 a_0 和 b_0 点的烟囱和墙身真高线，即可作出坡屋面和烟囱的鸟瞰透视图（由于视平线 h-h 高于屋面）。

5. 平圆建筑

【例 11-11】　用建筑师法作如图 11-24 所示平圆建筑的一点透视。此平圆建筑为一瞭望塔楼，其墙身为上下两段圆柱。平面图和正立面图已给出。

作图：

（1）选定画面通过上部大圆柱前端铅垂轮廓线，视平线 h-h 在下部小一点圆柱中间。心点 p' 偏左一点。通过视距在视平线上定距点 $D_{45°}$（此处视距取最大水平圆直径的 $1.5\sim2.0$ 倍）。

（2）选择从下往上的 5 个水平圆面，即圆 o_1'（底圆）、圆 o_2'（内、外圆）、圆 o_3'（窗洞下沿外圆）、圆 o_4'（窗洞上沿内、外圆）、圆 o_5'（顶圆）。

（3）利用心点 p' 和距点 $D_{45°}$，作出各圆的外切正方形的一点透视（有的只需前半圆的外切正方形），再利用"八点法"作出各圆的透视椭圆。

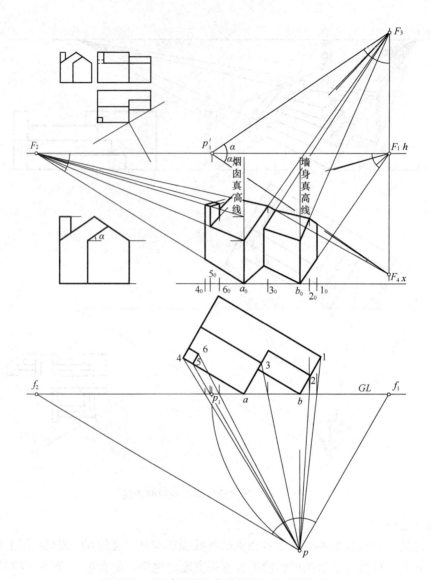

图 11-23　用建筑师法作坡屋面、烟囱的透视

（4）作塔楼上、下部的透视。作圆 O_1（底圆）和圆 O_2（内圆）透视椭圆的公切直线，得塔楼下部圆柱的透视轮廓。作圆 O_2（外圆）和圆 O_5（顶圆）透视椭圆的公切直线，得塔楼上部圆柱的透视轮廓。由于窗洞左、右的上、下进深沿口线均与水平方向夹角 $45°$，故沿口线的透视方向线即为圆外切正方形对角线的透视。因此，作圆 O_4 外切正方形对角线的透视，分别交圆 O_4（窗洞上沿外圆）透视椭圆两点和圆 O_4（窗洞上沿内圆）透视椭圆两点，一侧内、外两点连线即得窗洞左、右的上进深沿口线的透视。顺着进深沿口线的两个端点向下作垂线交到圆 O_3（窗洞下沿外圆）透视椭圆，即得到窗洞左、右侧面的透视。其他作图已在图中表明。

6. 拱券内景

【例 11-12】用建筑师法作如图 11-25 所示高低拱券的一点透视。此拱券为两个直径不等的半圆柱面垂直相交组成的高低拱券，左侧为低拱券，垂直向前的为高拱券。平面图

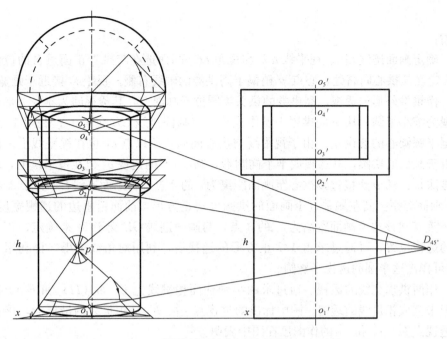

图 11-24　用建筑师法作平圆建筑的一点透视

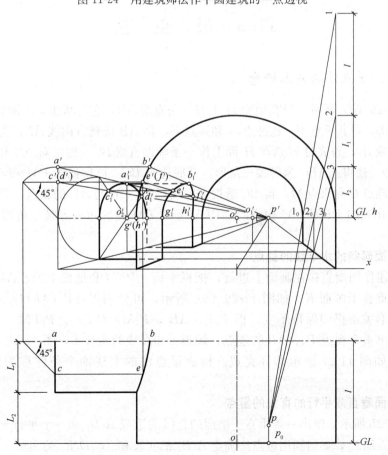

图 11-25　用建筑师法作高低拱券的一点透视

已给出。

作图：

（1）确定画面迹线 GL、视平线 h-h 和视距 D。画面选在与拱券正面重合的位置。视平线 h-h 定在与拱心同高处。心点 p' 稍偏于高拱券的轴线右侧。视距 D 接近于画宽。

（2）作拱券外形的透视。高拱券的拱头半圆位于画面上，其透视即为本身原形；拱尾半圆透视为缩小半圆，从 p 向拱尾 1 点作连线，与画面迹线 GL 交于 1_0；利用 1_0 点即可确定拱尾半圆圆心的透视 o_1'。由于视平线与拱心同高，所以点 o_1' 也在视平线上。低拱券左侧垂直于画面的拱圆，其透视成半个椭圆形，圆心 O_2 的透视 o_2' 也在视平线上，求此透视点的方法是：从 p 连接过该拱心至画面距离为 l 的 2 点，与画面迹线 GL 交于 2_0，2_0 点与 o_2' 距画面等距。其左侧垂直于画面的拱圆外切正方形，前面铅垂边的透视宽度位置，利用从 p 连接过该边至画面距离为 l_2 的 3 点，与画面迹线 GL 交于 3_0 来确定；正方形铅垂远边的透视位置，可通过求得 $1/2$ 正方形的透视后，利用对角线求得。再利用"八点法"，即可作出这半圆的透视半椭圆。

（3）作两拱顶交线的透视。通过求两半圆柱面相贯线上 B、G（H）和 E（F）五个点的透视来完成相贯线的透视。图中标出的透视点 g_1'、h_1' 是相贯线的最低点，落在视平线上；透视点 b_1'、e_1' 和 f_1' 的作图已在图中表明。

11.3 量 点 法

11.3.1 量点法的基本概念

如图 11-26（a）所示，设在地面 H 上有一条直线 AB，它与基线 x-x 相交成 α 角。作视线 $PF/\!/AB$，得其灭点 F。连迹点 A 和灭点 F，得 AB 透视方向线 AF。为在 AF 上求出 B 点的透视 B_1，首先过 B 点在 H 面上作一条辅助直线 BC，使它对 AB 和基线 x-x 成相等的倾角 θ。使得 $\triangle ABC$ 为等腰三角形，其底边为 BC。再作视线 $PM/\!/BC$，得 BC 的灭点 M。连迹点 C 和灭点 M，得 BC 透视方向线 CM。CM 与 AF 的交点，即为所求 B 点的透视 B_1。由视线 PF 和 PM 构成的 $\triangle PFM$ 是以 PM 为底边的等腰三角形，且 $\triangle PFM$ $\backsim\triangle ABC$。

1. 与画面倾斜的水平线的量点

为使上述作图能直接在画面上进行，把视平面 $\triangle PFM$ 和地面上的 $\triangle ABC$ 按箭头所指方向旋转重合于画面 K，如图 11-26（b）所示，可分别得 $\triangle P_1FM$ 和 $\triangle AB_0C$。这时的两个三角形关系仍旧保持不变，即 $P_1F/\!/AB_0$，$P_1M/\!/B_0C$，$\angle P_1FM=\angle B_0AC$。因此，如果给出重合视点 P_1、AB 的迹点、倾角 α 和直线的实长 L，图 11-26（b）中的全部作图便可如图 11-27 所示那样完成。构成量点法的上述四个条件称为量点法的四要素。

2. 与画面垂直或平行的直线的量点

如图 11-28 所示，给出一条垂直于画面的直线的透视 A_1B_1 和一个平行于画面的三角形的透视 $\triangle C_1D_1E_1$，如何利用量点法确定 A_1B_1 的实长和 $\triangle C_1D_1E_1$ 的实形。

透视图上，A_1B_1 消失于心点 p'，所以直线 AB 垂直于画面，过 A、B 两点分别作出

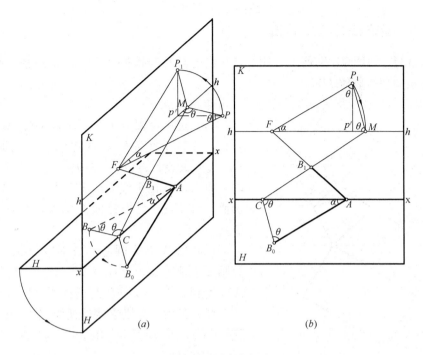

图 11-26　量点的概念

与直线 AB 和基线 x-x 都成相等倾斜角的辅助线必为 45°的水平线（该等腰三角形为等腰直角三角形）。平行于所作辅助线的视线也是一条 45°的水平视线，这条视线与画面必交于距点 $D_{45°}$。从距点 $D_{45°}$ 作分别通过 A_1 和 B_1 的两条透视线，交基线 x-x 于 A、B 两点。这样，AB 的线段长度即为 A_1B_1 的实长。

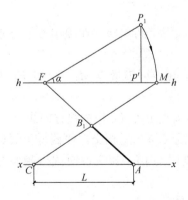

图 11-27　用量点法求作直线的透视

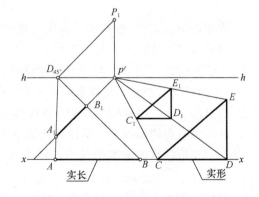

图 11-28　用量点法确定直线实长和三角形实形

由于透视 $\triangle C_1D_1E_1$ 在空间平行于画面，所以，从心点 p' 作透视线分别通过 C_1、D_1 和 E_1，交画面于 C、D 和 E 三点，从而得到它的实形 $\triangle CDE$。

通过以上两方面，可以得出如下结论：

（1）凡垂直于画面的直线的量点就是距点。

（2）凡平行于画面的直线的量点就是心点。

11.3.2　量点法的基本作图

【**例 11-13**】　如图 11-29 所示，用量点法作地面上矩形平面 $ABCD$ 的透视（给出重合视点 P_1 及矩形平面 $ABCD$）。

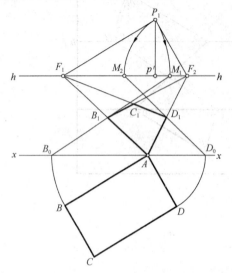

图 11-29　用量点法作地面上矩形
平面 $ABCD$ 的透视

作图：

（1）过重合视点 P_1 分别作 AB、AD 边的平行线，交视平线 h-h 于两点 F_1、F_2，即为 AB、AD 边的灭点；再以 F_1 为圆心，以 F_1P_1 为半径向右画弧，交视平线 h-h 于量点 M_1，又以 F_2 为圆心，以 F_2P_1 为半径向左画弧，交视平线 h-h 于量点 M_2。

（2）以 A 点为圆心，分别以 AB、AD 为半径画弧交基线 x-x 于 B_0、D_0。连 B_0M_1 与透视线 AF_1 交得 B_1，连 D_0M_2 与透视线 AF_2 交得 D_1。

（3）最后，分别连接透视线 B_1F_2 和 D_1F_1 相交于 C_1，从而完成矩形平面 $ABCD$ 的透视 $A_1B_1C_1D_1$。

【**例 11-14**】　用量点法作如图 11-30 所示长方体的透视。给出长方体高为 2 个单位，正面长 4 个单位，侧面宽为 2 个单位，视平线高 4 个单位，视距为 5 个单位，正面与画面的偏角 $\theta=30°$。

作图：

（1）在视平线 h-h 上选定心点 p'，在过 p' 的真高线上用视距 5 个单位向上定出重合视点 P_1。

（2）由重合视点 P_1 分别向左、右作与视平线成 $60°$、$30°$的视线，在视平线上分别交得两个主向灭点 F_1、F_2。

（3）以 F_1 为圆心，F_1P_1 为半径向左画弧，交视平线 h-h 于量点 M_1，又以 F_2 为圆心，F_2P_1 为半径向右画弧，交视平线 h-h 于量点 M_2。

（4）在真高线上，由高度为 0 和 2 单位的点分别向灭点 F_1、F_2 作透视方向线。

（5）从 0 点右边的基线上 4 单位点向量点 M_1 作透视线与 $0F_1$ 相交，便截得正面透视宽度。从 0 点左边的基线上 2 单位点向量点 M_2 作透视线与 $0F_2$ 相交，便截得侧面透视宽度。

（6）最后，作出其余各点的透视，从而完成该长方体的透视。

【**例 11-15**】　用量点法作如图 11-31 所示建筑群的透视。建筑群的形状及其各部分的长、宽、高三向尺寸用两面投影给出。

作图：

（1）确定视平线 h-h 和基线 x-x，选定心点 p' 和重合视点 P_1，作出两个主向灭点 F_1、F_2；交出两个量点 M_1、M_2。

（2）在真高线上，由高度为 0、2 和 8 单位的点分别向灭点 F_2 作透视线，获得高低两个建筑物右侧面的透视高度，从 0 点右边的基线上 2、4、6 单位点向量点 M_2 作透视线与

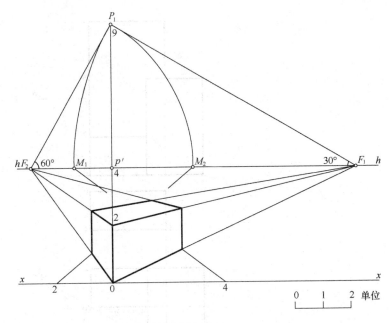

图 11-30　用量点法作长方体的透视

$0F_2$ 相交，便截得高低两个建筑物右侧面的透视宽度；在过 b 点的真高线上，由 b 点和高度为 5 单位的点分别向灭点 F_2 作透视线，获得左侧建筑物右侧面的透视高度。

（3）最后，作出其余各点的透视，从而完成该建筑群的透视（其余作图过程已在图中表明，不再赘述）。

【例 11-16】　用量点法作如图 11-32 所示台阶的透视。台阶的形状及其各部分的长、宽、高三向尺寸由图 11-32（a）中两面投影图给出。图 11-32（b）表现的是台阶的平行透视。

作图：

（1）确定视平线 h-h 和基线 x-x，选定心点 p' 和左右距点 $D_{45°}$（自定）。

（2）在画面右侧画出台阶立面的前表面长方形实形（即前表面在画面上），在长方形左侧真高线上，定出台阶立面高度，并向心点 p' 作透视线，从而确定台阶踏步的透视高度；过 a 点在真高线左侧基线上截取台阶各级踏步宽度，并向右距点 $D_{45°}$ 作连线与过 a 点的透视线相交，截得台阶侧面透视宽度。

（3）最后，作出其余各点的透视，从而完成该台阶的平行透视。

图 11-32（b）左侧透视图表现的是台阶侧面在画面上的平行透视，作图过程中主要是利用左距点 $D_{45°}$ 完成台阶立面的透视宽度，其他作图比较简单，在此不再赘述。

图 11-32（c）表现的是用量点法作台阶的两点透视，台阶右侧前表面棱线在画面上，立面与画面偏角 $\theta = 30°$。

作图：

（1）确定视平线 h-h 和基线 x-x，选定左右灭点 F_1、F_2（自定），从而定量点 M_1、M_2。

（2）在过 a 点的真高线上截取台阶各级高度，并与灭点 F_2 相连，从而确定台阶踏步的透视高度；过 a 点在真高线右侧基线上截取台阶各级踏步宽度，并向量点 M_2 作连线与过 a 点的侧面地面透视线相交，截得台阶侧面透视宽度。

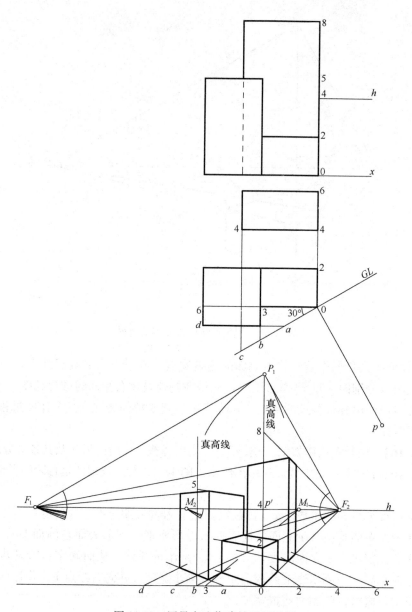

图 11-31　用量点法作建筑群的透视

（3）过 a 点在真高线左侧基线上截取台阶立面长度，并向量点 M_1 作连线与过 a 点的立面上地面透视线相交，截得台阶立面的透视宽度。

（4）最后，作出其余各点的透视，从而完成该台阶的两点透视。

【例 11-17】　用量点法作如图 11-33 所示门厅的透视。门厅的形状及其各部分的长、宽、高三向尺寸（包括视平线 h-h 和基线 x-x，站点 p 和画面迹线 GL）由图 11-33（a）中平面及立面图给出。

作图：

（1）确定视平线 h-h 和基线 x-x，选定心点 p' 和重合视点 P_1，作出两个主向灭点 F_1、F_2 及两个量点 M_1、M_2。

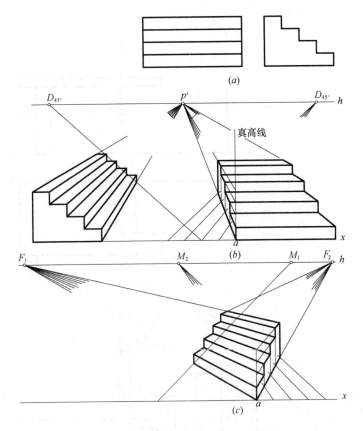

图 11-32　用量点法作台阶的透视

（2）作出墙和柱的透视。在过 6 点的真高线上截取墙面和柱面的各部分高度，并与灭点 F_1 相连，从而确定墙面和柱面的立面透视高度；在基线上分别截取从 6 点到 3、4、7、9、10、11 各点距离，通过各截取点向量点 M_1 作连线与过 6 点的墙和柱立面的地面透视线相交，截得墙和柱立面的透视宽度；分别以 a、b 点为圆心，以 a5、b8 为半径画弧交基线得 5、8 截点；过 5 截点与量点 M_2 连线和墙侧面地面线的透视线相交，得墙侧面的透视宽度；过 8 截点与量点 M_2 连线和柱侧面地面线的透视线相交，得柱侧面的透视宽度（图 11-33（b））。

（3）作出雨篷的透视。过 0 点的真高线上截取雨篷的高度，并向灭点 F_1、F_2 作透视线，过基线 0 点向左、右分别截取 1、2 两个点，过 1 截点与量点 M_1 连线和门厅立面的透视线相交，得门厅立面的透视宽度；过 2 截点与量点 M_2 连线和门厅侧面的透视线相交，得门厅侧面的透视宽度（图 11-33（c））。

（4）最后，作出其余各点的透视，从而完成该门厅的两点透视。

【例 11-18】　用量点法作如图 11-34 所示室内家具的两点透视。已给出平面图。

作图：

（1）在图 11-34（a）中，过墙角 b 确定画面迹线 GL，过墙角 b 根据需要作视中线的投影 pb，确定站点 p。再过极边视线的投影 pa 和 pc，交画面迹线 GL 于 a_0 和 c_0。由于所表现的透视图画宽为 a_0c_0，故透视图必放大。最后，分别作出两个主向灭点的投影 f_1 和

181

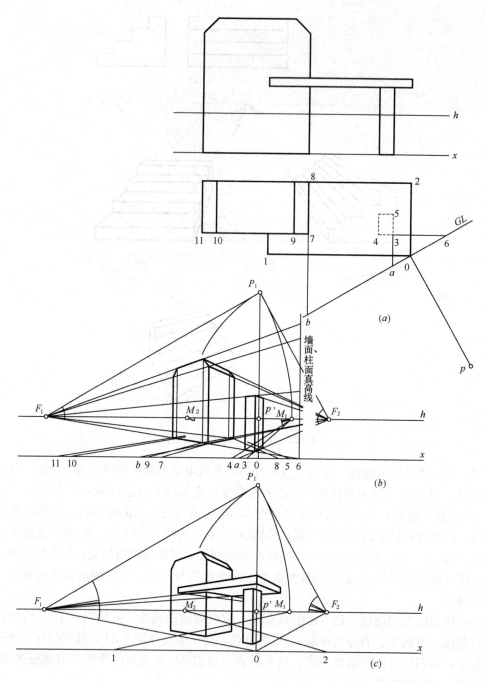

图 11-33　用量点法作门厅的透视

f_2 以及量点的投影 m_1 和 m_2。

（2）用量点法作出室内墙面及家具平面图的透视。在图 11-34（b）中，为表现需要按比例尺放大一倍，作视平线 h-h 和基线 x-x。根据画面迹线上的灭点（F_1）、量点（M_1 和 M_2）及心点（重合于 b 点）的投影，把它们间距放大一倍移到视平线上。过心点作真高线，交基线于 b_0。在此点左、右放大一倍截取画宽点 a_0 和 c_0。接下来，即可利用量点法作出室内墙面（包括窗洞）及地面上各家具位置的平面图的透视。

（3）利用真高线作出室内家具的透视。在图 11-34（c）中，利用真高线，在各家具平面图透视的基础上，根据各家具的实际高度，把各家具的高度点升高，得各家具的可见外轮廓的透视。然后，绘制家具各细部透视（近似地画出）。

（4）最后，绘制包括窗、台灯以及装饰画在内的各细部透视（一般均近似地画出），从而完成室内家具的两点透视。

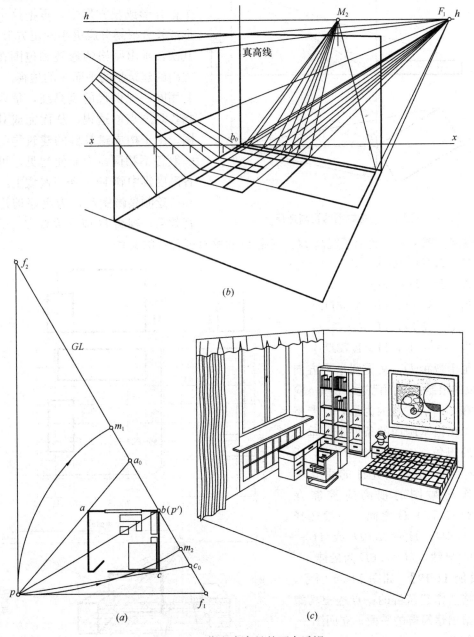

图 11-34　作室内家具的两点透视

（a）在平面图中选择站点和画面迹线；（b）用量点法作出室内墙面及家具平面图的透视；

（c）利用真高线作室内家具的透视

11.4 网 格 法

网格法一般适用于绘制某一区域的建筑群或者平面图上具有复杂曲线的建筑物的鸟瞰

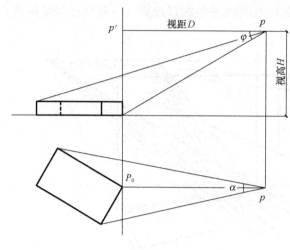

图 11-35 鸟瞰图的视高选择

图。一般在画图时的过程是：首先根据给出的建筑物的平面图，包围在一个正方形或长方形中，再把这个正方形或长方形划分成更小的正方形网格。其次，画出网格的透视和包围在网格之内的建筑物的平面图的透视。最后，利用同一比例尺的真高线，量取建筑物各高度点的透视，从而完成其鸟瞰图。由于构成建筑群的建筑物的高度一般各不相同，为简便起见，可以把各高度集中到1～2条真高线上。

绘制鸟瞰图时，为更好地达到透视效果，视高 H 应受垂直方向的视角

φ 的限制。图 11-35 表示了视高 H、视距 D 和垂直视角 φ 的关系。

$\because \quad H/D = \tan\varphi$

$\therefore \quad H = D \cdot \tan\varphi$

当 $\varphi = 30°$ 时，$H = 0.58D$；

当 $\varphi = 45°$ 时，$H = D$；

当 $\varphi = 60°$ 时，$H = 1.73D$。

至于视距 D，又受到水平方向视角 α 的限制。前面已述，视角 α 应选择在 $28°\sim37°$ 之内为最好。严格地讲，在铅垂画面的条件下，垂直方向的视角 φ 也不宜大于 $30°$。所以，$\varphi = 60°$ 是最大允许的垂直视角。作鸟瞰图的视高应控制在 $(0.58\sim1.73)D$ 之间。一般选择 $H = 0.6D$、$H = 1.0D$ 或 $H = 1.5D$。显然，$H = 0.6D$ 为最佳。

【例 11-19】 如图 11-36 所示，用网格法作建筑群的一点透视鸟瞰图。给出建筑群的平面、立面图。

作图：

（1）网格线选择平行于建筑物的主向，画面迹线重合于最前面的

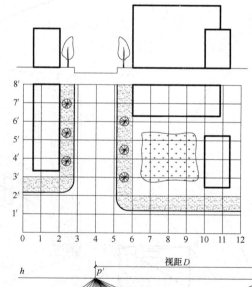

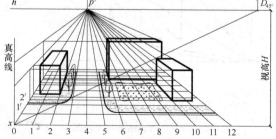

图 11-36 用网格法作建筑群的一点透视鸟瞰图

那条格线。确定视距后，视高选择视距的 0.6 左右。心点 p' 确定在画宽的中间 1/3 区域内偏左一点。

（2）利用距点 $D_{45°}$ 作出网格的透视。然后，在网格的透视线上，作出建筑物和绿化区的平面图的透视。

（3）利用左边一条集中真高线，把建筑物升高，即得该建筑群的一点透视鸟瞰图。

【例 11-20】 如图 11-37 所示，给出建筑群的平面图，用网格法作建筑群的两点透视鸟瞰图。此例是用一点透视的作法，来完成两点透视鸟瞰图。

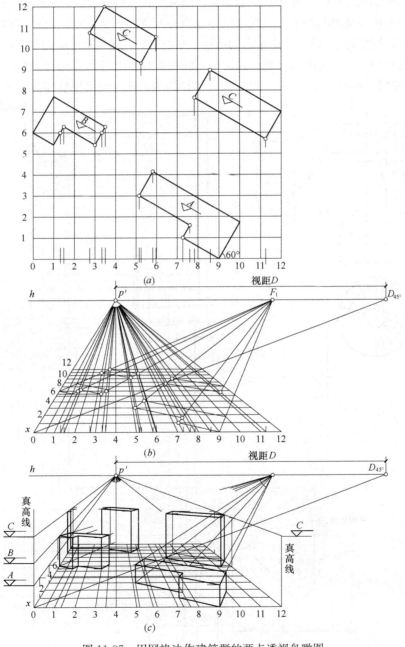

图 11-37　用网格法作建筑群的两点透视鸟瞰图

作图：

（1）如图 11-37（a）所示，在平面图上选定分格单位，按一点透视的形式作出正方形网格，使建筑物的角点尽可能多地通过网格的交点或分格线，检查主向轮廓线是否通过网格的交点或与分格线是否相交。确定好画面迹线和视距后，视高选择视距的 0.6 左右。心点 p' 确定在画宽的中间 1/3 区域内偏左一点。

（2）如图 11-37（b）所示，利用距点 $D_{45°}$ 作出网格的一点透视。

（3）在网格的一点透视图上，作出建筑物与画面倾角 60° 的水平线的灭点 F_1。然后，找出建筑物平面与画面倾角 60° 轮廓线所通过的网格交点，并从各交点向灭点 F_1 连透视线；再找出与画面倾角 30° 轮廓线所通过的两个网格交点分别连线即为它们的透视方向线。两个方向的透视线相交的交点，即是各个角点的透视。从而得到各建筑物平面的两点透视。

（4）如图 11-37（c）所示，利用真高线可完成该建筑群的两点透视鸟瞰图。

【例 11-21】 如图 11-38 所示，给出螺旋楼梯的两面图，用网格法作放大 n 倍的 3/4 螺

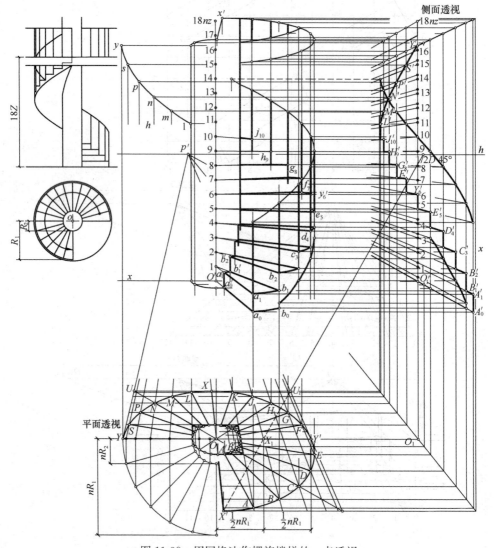

图 11-38 用网格法作螺旋楼梯的一点透视

旋楼梯的一点透视。螺旋楼梯共计18个踏步。当根据表现需要选定视平线、心点和距点后，即可着手作图。作带螺旋线的复杂形体的透视，一般用"二求三"的方法。先降低地面作出楼梯的平面图透视，再任设一个铅垂面作出它的侧面图透视。然后，由楼梯平面图透视和侧面图透视上相应的点，分别向上作铅垂线和向左作水平线，即得楼梯透视图上的点。

楼梯平面图透视，其曲线轮廓是大、小两个 3/4 的椭圆。利用基线下方放大 n 倍的 1/4 平面图上的等分点作矩形网格线，再作出这些网格线的透视，随之即可作出楼梯平面图的透视。

楼梯侧面图透视，由于画面为过 O 点的铅垂面，所以先要求出 O 点的侧面透视 O_1'，再过 O_1' 向上引真高线，并截取各踏步、栏杆等放大 n 倍的透视高度。最后，过各高度点作透视线，从楼梯平面图的各透视点向右引水平线遇侧面地脚线透视后向上作垂线，与高度透视线相交，即得踏步折线和板底螺旋线各点的侧面透视。

作图：

（1）在平面图上过各踏步端点作平行和垂直于画面迹线的直线，形成网格。

（2）放大 n 倍作平面上网格的透视。因距点 $D_{45°}$ 在图板外，所以用 1/2 $D_{45°}$ 作图。

（3）过 O' 向上引垂线，在此垂线上放大 n 倍量出各踏面的高度。因为每个踏步有三个不同的高度，为图面整洁和作图准确，故在图面的右侧过 O_1' 向上引垂线，同时在其上截取各踏步、栏杆等的透视高度。

（4）由踏步折线和板底螺旋线各侧面透视点与由透视平面图上相应位置点引垂线相交而得螺旋楼梯的一点透视图。其余作图已在图中表明，不再赘述。

11.5　透视图中的分割

在实际绘制建筑物的透视图时，立面分割可同时完成，也可在画完建筑物的主要轮廓透视后，再用分割直线或平面的方法来完成。

11.5.1　直线的分割

在透视图中，直线根据消失特性可分为与画面平行（无灭点）和与画面相交（有灭点）两类。直线与画面平行，线段上各分点之间的比例关系保持不变；而直线与画面相交则改变。但是，不管变与不变，在具体求分割点时，平行线分割角边成比例的平面几何定理仍然适用。

1. 平行于画面的铅垂线的透视分割

图 11-39 表明铅垂线的透视 A_1B_1 求分割点的两种方法。第一种方法是利用铅垂线是画面平行线，直线上各线段的透视长度之比等于各线段长度之比的定比性来完成的（图 11-39（a））。第二种方法（图 11-39（b））说明如下：

首先，在视平线 h-h 上任选一个灭点，再作透视线 FA_1 和 FB_1，并把实际的 AB 直线平移到所作透视线之间（可看做是真高线），最后，就可过 AB 上的分割点作透视线消失于灭点 F，而求出 A_1B_1 上的各分割点。

2. 相交于画面的水平线的透视分割

如图 11-40（a）所示，A_1B_1 为水平线 AB 的透视。如要将其分成四等分，可过 A_1 作

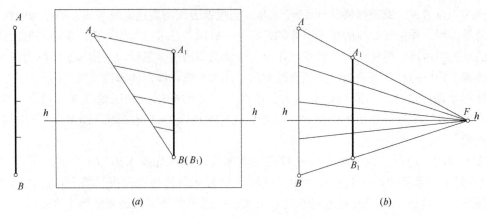

图 11-39　平行于画面的铅垂线的透视分割

一辅助线平行于视平线 $h\text{-}h$，即作一水平的画面平行线。由于此线平行于画面，可在其上自 A_1 起任意取 4 个单位长，得等分点 1、2、3、4。连线 4 和 B_1 交视平线于辅助灭点 M（并非量点）。再过其他等分点作透视线消失于辅助灭点 M。这样，就把 A_1B_1 分成四等分（图 11-40（b））。

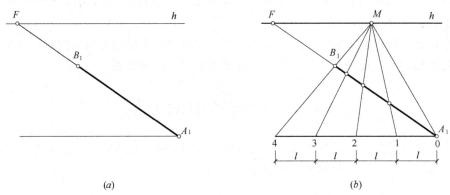

图 11-40　相交于画面的水平线的透视分割

3. 两平行直线的透视分割

如图 11-41（a）所示，A_1B_1 和 C_1D_1 为两平行直线的透视。A_1B_1 或 C_1D_1 的透视分割均可以对方为辅助灭线。如要分割 C_1D_1 为定比线段，过 C_1 作一辅助线平行于 A_1B_1，并将它作定比分割，得 1、2、3 三个点。连线 3 和 D_1 交 A_1B_1 于辅助灭点 M（并非量点）。

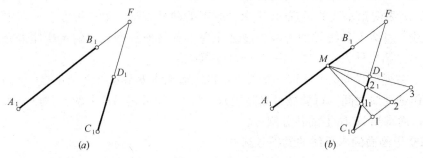

图 11-41　两平行直线的透视分割

再过其他分割点作透视线消失于辅助灭点 M。这样，就把 C_1D_1 分成定比线段（图 11-41 (b)）。这种任意两平行直线的透视分割方法叫平行互分法。

11.5.2 平面的分割

在透视图中，常常要对所求轮廓的透视进行分割。如在建筑立面的透视中求门窗、柱的位置等都是通过透视分割的方法来完成。透视图中平面的分割，是通过转化成直线的分割来完成的。下面介绍三种情况的分割。

1. 分割透视立面

如图 11-42 所示，已知立面 $ABCD$ 的透视 $A_1B_1C_1D_1$，且 $A_1B_1 = AB$，要求按实际尺寸将立面作垂直和水平分割。

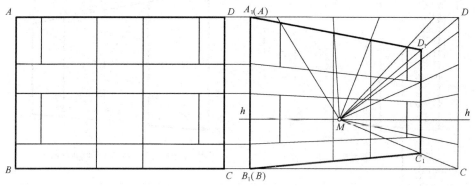

图 11-42　作透视图立面的垂直和水平分割

此例实际上是铅垂线和水平线透视分割的综合应用。过 A_1 点作水平线，并把立面上 AD 的垂直分割点不改变地移到此水平线上（使 A 重合于 A_1），连点 D 和 D_1，在视平线上得灭点 M。连点 M 和 C_1，在基线上得点 C。这样，利用辅助灭点 M，就可将立面透视进行垂直和水平分割。

2. 等分透视立面

如图 11-43 所示，在透视图上，对透视立面作任意等分。先要把透视立面作水平分格，通过对角线与这些水平分格线的交点，再作垂直分割（图中把透视立面 3 等分继而 9 等分）。

如图 11-44 所示，在透视图上，对透视立面作对分。先要作对角线 A_1C_1 和 B_1D_1，得透视立面的中点 M_1。过 M_1 作直线平行于 A_1B_1，此直线即二等分线。这样，即可对透视立面进行垂直和水平的对分。

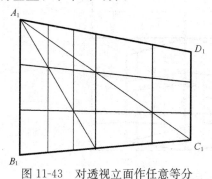

图 11-43　对透视立面作任意等分

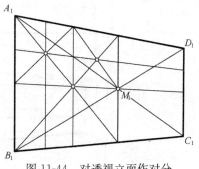

图 11-44　对透视立面作对分

3. 追加透视立面

如图 11-45 所示，已知透视立面 $A_1B_1C_1D_1$，用对角线法追加这样相同的三个透视立面。先要作出透视立面 $A_1B_1C_1D_1$ 的水平中分线 M_1N_1，然后，连线 B_1 和 N_1 交过 A_1 点上边透视延长线于 E_1，过 E_1 向下作垂线交过 C_1 点下边透视延长线于 F_1，从而获得追加相同的透视立面。B_1E_1 即为原透视立面和追加相同透视立面的对角线。

如图 11-46 所示，已知透视立面 $A_1B_1C_1D_1$ 和要追加的对称透视立面的一条铅垂边 E_1F_1，对透视立面 $A_1B_1C_1D_1$ 追加其对称形。先用对角线 C_1E_1 和 D_1F_1 定出整个立面的中心 M_1，再连点 B_1 和 M_1，与 A_1D_1 交于点 H_1，过 H_1 作铅垂线与 B_1F_1 的延长线交于点 G_1。透视立面 $E_1F_1G_1H_1$ 即为追加的对称形。

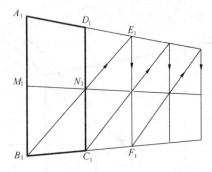

图 11-45　对透视立面追加等分

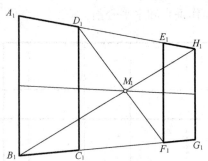

图 11-46　对透视立面追加对称形

11.5.3　示例

已知建筑物的正立面图和侧立面图，试用分割法，在此建筑物外轮廓透视的基础上，作出墙面的分格线。

如图 11-47 所示，利用已知立面上所给的尺寸，先在视平线上定出两个辅助灭点 M_1 和 M_2，最后完成全部分割，具体作法已在图中表明。

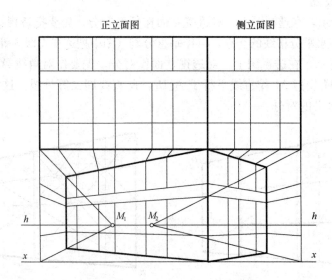

图 11-47　根据所给立面在外轮廓透视基础上作分格线

11.6 灭点在图板外的作图

绘制建筑透视图时，有时灭点会在图板之外，有时量点和站点也在图板之外。在这种情况下，就需要采用辅助的作图方法。

11.6.1 辅助灭点法

如图 11-48 所示，利用心点 p' 为辅助灭点，求作建筑物的两点透视。根据给出平面图和真高线，完成其透视图的过程如下：

（1）确定左侧主向水平线 ab 的灭点 F_1，过 a 的真高线上下角点作视线消失于 F_1，从而完成左侧面的透视。

（2）分别过 c、e 作垂直于画面迹线的辅助线 $c1$ 和 $e2$。由于这两条辅助线灭点为心点 p'，故分别过 1_1 和 2_1 的真高线上下角点作视线消失于心点 p'，从而完成建筑物的透视。

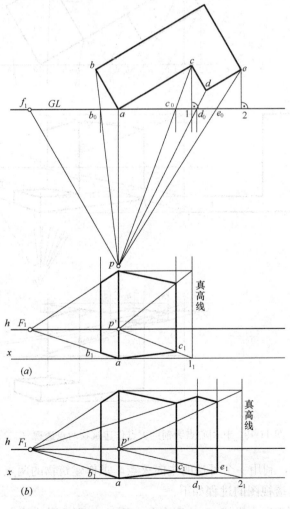

图 11-48 利用心点为辅助灭点作建筑物两点透视（一）

如图 11-49 所示，利用心点 p' 为辅助灭点，求作建筑物的两点透视。根据给出两面图，完成其透视图的过程如下：

（1）确定右侧主向水平线 ab 的灭点 F_1，使台阶右侧面上下边消失于 F_1。

（2）作出建筑物墙身透视。首先，求墙身左侧面 d、c 点的透视，过平面图上 d 点作垂直于画面迹线的辅助线 $d1$，由于辅助线 $d1$ 消失于心点 p'，再过 1_1 的真高线，来完成 d、c 的透视，进而完成建筑物墙身的透视（图 11-49（a））。

（3）作出左侧雨篷的透视。首先，求 g、h、e 点的透视，过平面图上 g 点作垂直于画面迹线的辅助线 $g2$，由于辅助线 $g2$ 消失于心点 p'，再过 2_1 的真高线，来完成 g、h、e 点的透视，从而完成雨篷的透视。最后，完成建筑物的两点透视（图 11-49（b））。

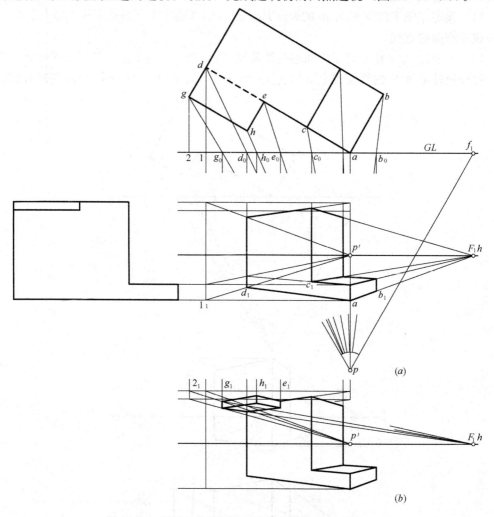

图 11-49　利用心点为辅助灭点作建筑物两点透视（二）

如图 11-50 所示，利用一个可达的主向灭点，求作建筑物的两点透视。根据给出平面图及真高线，完成其透视图的过程如下：

（1）确定右侧面主向水平线 de 的灭点 F_1，使右侧面水平线消失于 F_1，进而完成右侧面的透视。

192

（2）过 a 和 c 点分别作平行于主向水平线 de 的辅助线 $a1$ 和 $c2$，由于这两条辅助线灭点为 F_1，故分别过 1_1 和 2_1 的真高线上下角点作视线消失于 F_1，从而完成建筑物的透视。

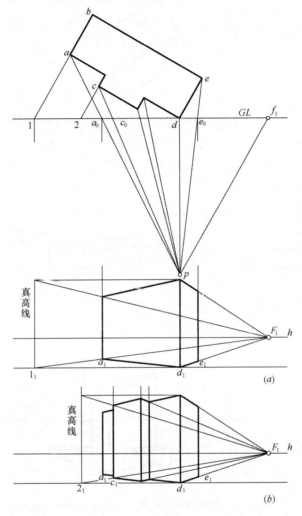

图 11-50　利用一个可达的主向灭点作建筑物两点透视

如图 11-51 所示，利用一个可达的主向灭点，求作纪念碑的两点透视。根据给出两面图，完成其透视图的过程如下：

（1）确定右端主向水平线 ab 的灭点 F_1，使基座右端侧面水平线消失于 F_1。

（2）作出基座的透视。首先，求基座左端侧面 e、g、h、k 点的透视，过平面图上 e 点作平行于主向 ab 的辅助线 $e2$，由于辅助线 $e2$ 消失于 $F1$，再过 2_1 的真高线，来完成 e、g、h、k 点的透视。其次，求基座上表面 j 点的透视，过平面图上 j 点作平行于主向 ab 的辅助线 $j1$，由于辅助线 $j1$ 消失于 F_1，再过 1_1 的真高线，来完成 j 点的透视。进而完成基座的透视（图 11-51（a））。

（3）作出碑身的透视。利用过 2_1 的真高线完成碑身左端面的透视，利用过 1_1 的真高线完成碑身右端面的透视。最后，完成纪念碑的两点透视（图 11-51（b））。

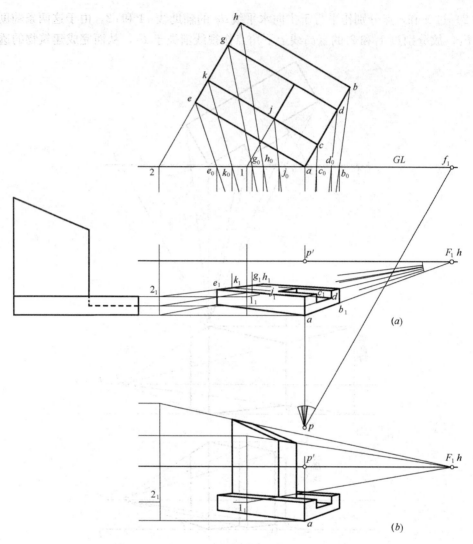

图 11-51　利用可达主向灭点作纪念碑两点透视

11.6.2　大小图变换法

如图 11-52 所示，根据给出的两面图，完成大小图的变换。先完成其缩小的透视图。作图过程如下：

（1）选择站点 p，作视中线 pa。再过建筑物墙角 a 处作画面迹线 GL。

（2）在 pa 间作缩小图的画面迹线 GL'（又作为小图的视平线 h'-h'），使缩近的灭点 F_1' 和 F_2' 均在图幅之内，图中采用缩小比例为 0.5。

（3）在视中线 pa 与画面迹线 GL' 交点 a' 处作缩小透视的真高线。

（4）按缩小比例的真高，并以 F_1' 和 F_2' 为主向灭点作出缩小透视图（图 11-52 (a)）。

（5）把缩小透视图放大三倍。先选择缩小透视的墙角 a 点为放大的中心点，然后，把缩小透视的各边放大三倍（图 11-52 (b)）。

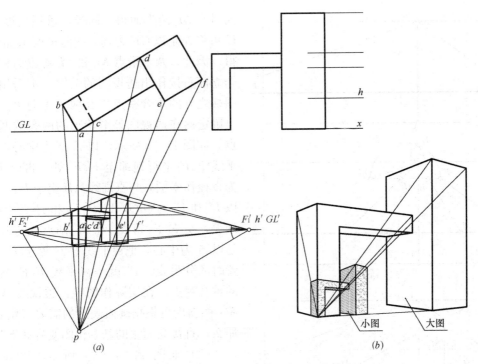

图 11-52 用大小图变换法作缩小透视的放大

11.6.3 直接立面法

1. 直接立面法的基本作图

通过分析图 11-53 来理解这种方法。此图是利用量点法完成的长方体的两点透视。在图中基线上自真高线的左右分别量取侧立面的宽度和正立面的长度，即相当于在真高线两边作出了长方体的两个立面 $ABCD$ 和 $ABEG$。透视高度线 D_1C_1 可看作是以 DC 为真高线

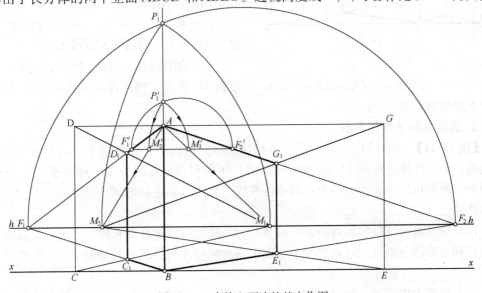

图 11-53 直接立面法的基本作图

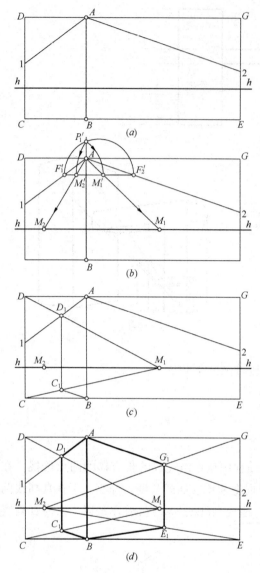

图 11-54　用直接立面法作建筑形体的透视

向量点 M_1 消失而得。同样，透视高度线 G_1E_1 可看作是以 GE 为真高线向量点 M_2 消失而得。因此，两个量点 M_1 和 M_2 就成为根据两个立面直接作出透视图的关键。不需用落在图板之外的重合视点以及两个主向灭点，就可确定落在透视图外形轮廓的两旁的两个量点。如图 11-53 所示，以 A 点为中心，把视平线 F_1F_2 平行地缩至 $F_1'F_2'$ 处。再以 $F_1'F_2'$ 为直径作半圆，与真高线 AB 交于 P_1'。分别以 F_1' 和 F_2' 为中心，以 $P_1'F_1'$ 和 $P_1'F_2'$ 为半径画弧，交 $F_1'F_2'$ 得 M_1' 和 M_2' 两点。这两点就是以 A 为中心，把视平线 F_1F_2 缩至 $F_1'F_2'$ 位置时的分量点。P_1' 就是视平线 F_1F_2 缩短后的重合视点。在实际作图中，透视线 AD_1 和 AG_1 的斜度可根据画面表达的需要自由选定。那么，直接立面法的基本作图便有如下步骤：

（1）如图 11-54（a）所示，以墙角线 AB 为真高线，并作视平线 h-h（$\perp AB$）。再由 A 点向左、向右作墙身上沿的透视线 $A1$ 和 $A2$，其斜度根据画面表达的需要确定。

（2）如图 11-54（b）所示，以 A 点为中心，在透视角 $\angle 1A2$ 之间任作一条缩短的视平线 $F_1'F_2'$。然后，先在 $F_1'F_2'$ 上定出分量点 M_1' 和 M_2'，再在原视平线 h-h 上以 A 点为中心定出量点 M_1 和 M_2。

（3）如图 11-54（c）所示，把 DC 线向量点 M_1 消失，得透视高度线 D_1C_1。

（4）如图 11-54（d）所示，把 GE 线向量点 M_2 消失，得透视高度线 G_1E_1；从而完成建筑形体的透视。

2. 直接立面法作图示例

【例 11-22】　如图 11-55（a）所示，给出房屋的两面图，用直接立面法作该房屋的两点透视。全部作图已在图 11-55（b）中表明。如果利用较近的一个主向灭点 F_2，作图就会更加方便和精确，至于另一个主向的透视线，有些只能近似地画出。

作图：

（1）以真高线（过房屋右前墙角点 A）为共同边，作正立面和侧立面的外轮廓线及门窗洞口和台阶的分割点。过真高线下端点（即高向尺寸为 0 点）作基线 x-x，再作视平线 h-h。

（2）根据表现需要分别过真高线上端点 A 作两立面上沿的透视线（正立面上沿的透

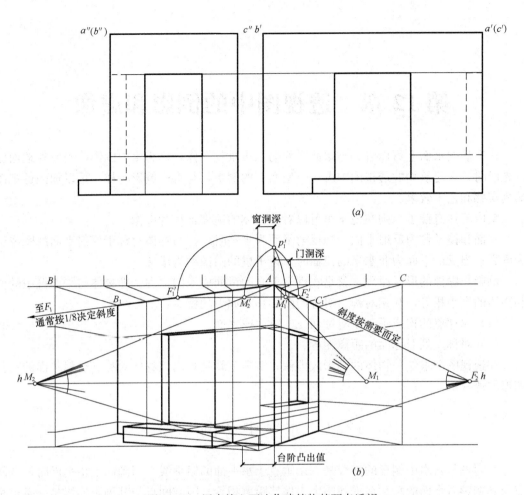

图 11-55　用直接立面法作建筑物的两点透视

视线通常取 1/8 斜度，右侧立面上沿的透视线要陡斜一些，交透视线于灭点 F_2）。

（3）在上述两透视线之间任意作缩短的视平线 $F'_1F'_2$，并以 $F'_1F'_2$ 为直径向上作半圆，即可在真高线上得重合视点 P'_1，接下来，即可作出分量点 M'_1 和 M'_2。

（4）再以 A 点为中心，把 $F'_1F'_2$ 上的分量点 M'_1 和 M'_2 直接投射到原视平线 $h\text{-}h$ 上，得原量点 M_1 和 M_2。

（5）利用量点 M_1 和 M_2，并配合灭点 F_2 及真高线，再根据所给立面图和侧面图，用量点法即可作出所求的透视图。

第12章 透视图中的倒影和虚像

在平静的水面上可以看到与水面对称的水边景物图像,称为水中倒影。当室外地面比较光滑时,在建筑物的透视图中可绘出地面上的倒影,与水中倒影一样,可以加强透视图的真实感和艺术效果。

室内若挂有镜子,则在镜子里可以看到物体的镜像,称为虚像。

水面和镜子称为反射平面。当反射平面为水平时,把与物体对称于反射平面的图像称为倒影;当反射平面为非水平的镜面时,镜子里的图像称为虚像。

倒影与虚像的形成原理,就是物理学上光的镜面成像的原理。即物体与平面镜中的像和物体的大小相等,互相对称。对称的图形具有如下的特点:

(1) 对称点的连线垂直于对称面——镜面或水面。

(2) 对称点到对称面的距离相等。

在透视图中求作一物体的倒影或虚像,实际上就是画出该物体对称于反射平面的对称图形的透视。

12.1 水 中 倒 影

空间点与其水中倒影的连线是一条垂直于水平面的铅垂线。当画面是铅垂面时,空间点与其倒影对水面的垂足在透视图中仍保持距离相等。因空间点与其倒影连线是一条铅垂线,即平行于画面。

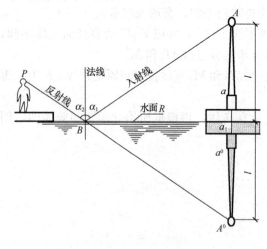

图 12-1 水中倒影

如图 12-1 所示,河岸右边竖立一根电杆 Aa,当人站在河岸左边观看电杆 Aa 时,同时又能看到在水中的倒影 A^0a^0,连视点 P 与倒影 A^0,PA^0 与水面交于 B,过 B 点作铅垂线,即水面的法线,AB 称为入射线,AB 与法线的夹角称为入射角 α_1;PB 称为反射线,反射线与法线的夹角称为反射角 α_2。直角三角形 $\triangle Aa_1B = \triangle A^0a_1B$,即 Aa_1 与 A^0a_1 重合为一直线。$AA^0 \perp$ 水面 R,$Aa_1 = A^0a_1$。由此得到倒影的求作过程:

1. 过 A 作 $Aa_1 \perp$ 水面 R,并求出 A 在 R 上的投影 a_1,即 A 在水面的足。

2. 在 Aa_1 的延长线上,取 $A^0a_1 = Aa_1$,所得 A^0 即为 A 点在水中的倒影。

如图 12-2 所示,R 是水面,AA_1 垂直于水面 R,是一条铅垂线,且 $Aa = aA_1$。图中

K 和 P 分别为画面和视点。因为画面是铅垂面，所以在透视图中 $A^0 a^0 = a^0 A_1^0$，由此可以得出结论，在透视图中要求作任何一点的水中倒影，只要把这点铅垂地投到水面上，再从此投影点沿投射线向下量取一段距离，使其等于该点到投影点的距离，所截得的点即为倒影。

然后，连接物体上各点的倒影并依据透视消失规律即可求得透视图中物体的水中倒影。

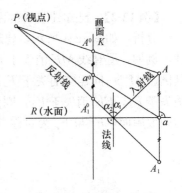

图 12-2　透视图中水中倒影原理

【例 12-1】 已知建筑物的两点透视图，求建筑物的水中倒影。

分析：如图 12-3 所示，建筑物在透视图中的倒影应是以水面为对称面的对称图形，所以它们应共同遵循消失原理。透视图中消失于 F_1 方向的水平直线，其倒影是与其本身平行的水平线，也应消失于 F_1；同理，另一主向直线其倒影均应消失于 F_2；而对于倾斜线，例如：透视图中屋檐上升线消失于天点 F_3，则其倒影消失于 F_3 的对称灭点——地点 F_4；同理，下降线倒影消失于天点 F_3。

作图：

(1) 先求河岸的倒影，即取 $Nn_1 = N^0 n_1$，并连 $N^0 F_2$、$N^0 F_1$ 即可。台阶的倒影作法同河岸倒影作图。

(2) 再求房屋倒影。由于水面是对称面，故应先求出房屋角点 A 在水面上的足点 a_1，如图 12-3 所示，连 $F_1 a$ 并延长与 $F_2 N$ 交于 1 点，过 1 作铅垂线与 $F_2 n_1$ 交于 2 点，连 $F_1 2$ 与 Aa 延长线交于 a_1，求得了 a_1 也即求得了对称面；连 Aa_1 并延长，量取 $Aa_1 = a_1 A^0$；连 $F_1 A^0$、$F_4 A^0$，$F_1 A^0$ 与 Bb 延长线相交于 B^0，$F_4 A^0$ 与过 C 的铅垂线交于 C^0；连 $F_3 C^0$，$F_3 C^0$ 与 Dd 延长线相交于 D^0。由此完成了山墙的倒影。

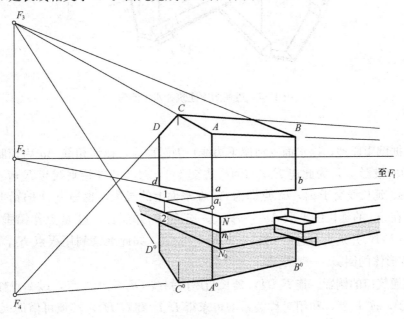

图 12-3　建筑物水中倒影

【例 12-2】 已知建筑物的两点透视图，求建筑物的水中倒影。

分析：如图 12-4 所示，建筑形体为两点透视，水中倒影也应符合两点透视原理和特性，例如，屋脊线 ME 消失于 F_2，其倒影 M^0E^0 也应消失于 F_2，屋脊线 MN 消失于 F_1，其倒影 M^0N^0 同样应消失于 F_1。坡屋面斜线的倒影同上例原理。例如，在透视图中 DE 消失于 F_3，EK 消失于 F_4，则倒影 D^0E^0 消失于 F_4，而 E^0K^0 则消失于 F_3（此例中房屋为同坡屋面，F_3 与 F_4 为对称点）。

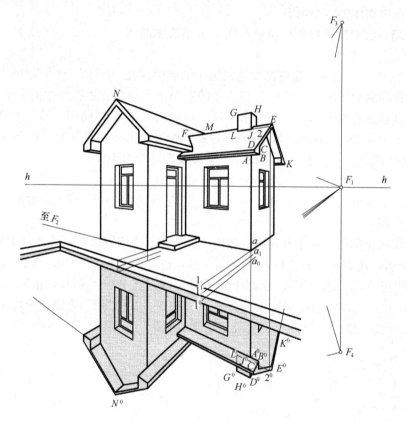

图 12-4　透视图中建筑物水中倒影

作图：

（1）根据倒影原理，以水面（河岸下边线）为对称面，以墙角线 Aa 为控制线，先求出 A 在水面的投影 a_1，为此连 F_1a 与河岸边交于 1，过 1 点作铅垂线与 F_2n_1 交于 1_1 点。连 $F_1 1_1$ 与 Aa 延长线交于 a_1，a_1 点即为 Aa 在水面上的投影，也是过 A 的铅垂线在水面上的垂足，在 Aa 的延长线上取 $Aa_1 = A^0a_1$。连 F_2A^0 并延长，过 B 点作铅垂线与 F_2A^0 交于 B^0，连 F_1B^0 并延长与过 C 的铅垂线相交得 C^0。如此继续利用灭点 F_1、F_2、F_3 和 F_4 求出建筑形体的倒影。

（2）求通气口的倒影。连 F_2LJ，延长与屋面斜线 DE 交于 2 点，过 2 点作铅垂线与 D^0E^0 交于 2^0，连 $F_2 2^0$，利用对称关系即可求得 L^0J^0 和 G^0H^0，其他可借助灭点 F_1、F_2 和空间点与其倒影对称于水平面的性质完成通风口倒影的透视图，详细作图过程如图 12-4 所示。

200

【例 12-3】 已知建筑物的斜透视图，如图 12-5 所示。求其水中倒影。

分析：斜透视的倒影求法为，其平行于三个主向的直线的倒影仍消失于三个主向灭点，倒影的透视高度可用平行互分法确定。

作图：倒影透视高度确定。由 C 作直线 $C1$ 平行于 AG，在 $C1$ 直线上截取中点 2，由 2 与 E 相连，延长与 AG 相交于 V。连 $V1$ 与 CE 的延长线相交得点 C^0。连接 C^0F_2，与 AG 的延长线交于 A^0 点。连接 A^0F_1，与 BK 的延长线交于 B^0 点，$KGEC^0A^0B^0$ 即为长方体建筑物斜透视的倒影。

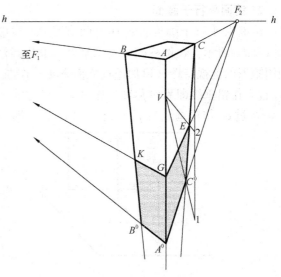

图 12-5　斜透视水中倒影

12.2　镜　中　虚　像

12.2.1　虚像的基本作图原理

1. 镜面既垂直于画面又垂直于地面

根据光的镜面成像原理，如要求图 12-6 中铅垂线 Aa 在镜面 R 中的虚像 A^0a^0，如图 12-6 （a）所示，可过 a 作平行于画面的直线（平行于 h-h 线），与镜面 R 和基面 G 的交线 12 交于 4，过 4 作铅垂线 34，此铅垂线 34 为镜面上的对称线，在所作 $a4$ 延长线上截取 $a4 = 4a^0$，最后过 a^0 向上作铅垂线，$a^0A^0 = Aa$。

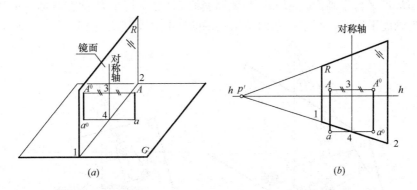

图 12-6　镜面既垂直于画面又垂直于地面情况下虚像作图原理
（a）直观图；（b）透视图

Aaa^0A^0 在空间为矩形，由于镜面 R 垂直于画面，Aaa^0A^0 又垂直于镜面 R，所以矩形平面 Aaa^0A^0 平行于画面，在透视图中仍为矩形，即 $AA^0 /\!/ aa^0 /\!/ h$-h 线。如图 12-6 （b）所示为透视图中作法。

2. 镜面平行于画面

镜面 R 平行于画面，这样空间直线 Aa 与虚像 A^0a^0 组成的平面垂直于画面，如图 12-7（a）所示。在透视图中物像平面上下边线消失于心点 p'，如图 12-7（b）所示。现利用矩形的透视特性（追加透视立面方法）作图，即连 $p'a$ 与镜面和地面的交线 12 交于 5，过 5 作铅垂线即为对称轴，连 Ap' 与对称轴交于 3，取 35 中点 4，连 $A4$ 延长与 $p'a$ 交于 a^0，过 a^0 作铅垂线与 $p'A$ 交于 A^0，A^0a^0 即为所求的虚像。

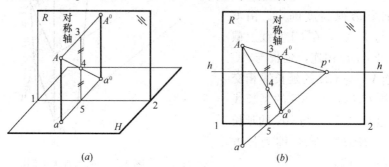

图 12-7　镜面平行于画面情况下虚像作图原理

（a）直观图；（b）透视图

3. 镜面倾斜于地面（基面 G），垂直于画面

镜面 R 垂直于画面，倾斜于地面，倾角为 θ，现求图 12-8 中的铅垂线 Aa 在镜面 R 中的虚像 A^0a^0。由于过铅垂线 Aa 和虚像的平面仍平行于画面，故 A、A^0 到对称轴的距离相等，并在透视图中保持不变。现过 a 作水平线，与镜面和基面交线交于点 5，过 5 作与 $a5$ 成 θ 角的直线，即为镜面上的对称轴。延长 Aa 与对称轴交于 B 点，Aa 与 $5B$ 夹角为 β 角，再过 B 在对称轴的另一侧作与 $5B$ 夹角为 β 角的直线，过 a 作直线垂直于 $5B$ 轴线，且与 $5B$ 交于 a_1，取 $aa_1 = a_1a^0$。过 A 作直线垂直于 $5B$，与 $5B$ 交于 A_1，取 $AA_1 = A_1A^0$，即得 Aa 的虚像 A^0a^0。如图 12-8（a）所示。

由于 $\triangle Baa^0$ 平行于画面，$\triangle Baa^0$ 与镜面交线 $5B$ 必平行于 R 面在画面上的迹线 12 或者 34（均为画面平行线，两平行平面被第三平面所截，交线必互相平行）。平行于画面的

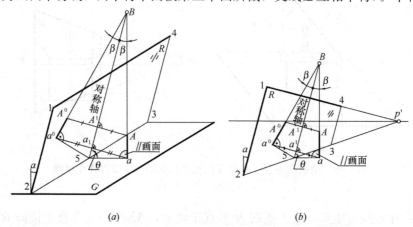

图 12-8　镜面垂直于画面且倾斜于地面情况下虚像作图原理

（a）直观图；（b）透视图

平面在透视图中与原形相似，故 $\triangle Baa^0$ 反映 θ、β 角的实形，在透视图中 $AA_1 = A_1A^0$，$aa_1 = a_1a^0$，如图 12-8（b）所示。

4. 镜面仰视倾斜于画面

假设用一个与画面和地面都垂直的平面切室内，如图 12-9（a）所示即为剖面图，在此情况下画面 K、镜面 R、地板和顶棚（在图中均为直线）以及铅垂线 Aa 与其虚像 A^0a^0 之间透视关系如下：

（1）过视点 P 作视线平行于镜面，得镜面的灭点 F_1；再过 P 作视线平行于 a_1a^0，得地板虚像的灭点 F_2，并且 PF_2 与视平线的倾斜角必等于 2α。

（2）过视点 P 作视线垂直于 PF_1，得镜面垂线的灭点 F_3；再过 P 作视线垂直于 PF_2，得虚像的灭点 F_4。

这四个灭点，在透视图中均位于过心点 p' 的一条铅垂线上。视平线及其上的心点 p' 和重合视点 P_0 是事前按要求选定的，又给出镜面 R 与室内墙面的倾角 α，那么，就可把这四个灭点找出来。

试看图 12-9（b）。由重合视点 P_0 求灭点 F_1、F_2、F_3 和 F_4，完全相同于图 12-9（a）的剖面图。步骤如下：

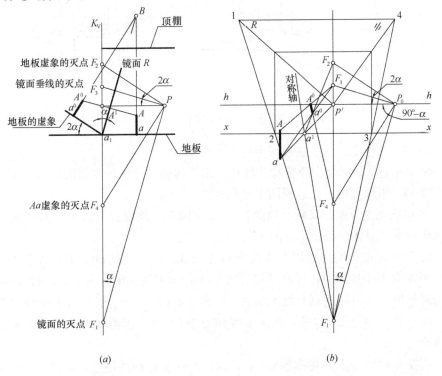

图 12-9　镜面仰视倾斜于画面情况下虚像作图原理

（a）直观图；（b）透视图

第一步：过 P_0 向下作视线与视平线成（$90° - \alpha$）角，向上作视线与视平线成 2α 角，分别得灭点 F_1、F_2。

第二步：过 P_0 向上作视线垂直于 P_0F_1，向下作视线垂直于 P_0F_2，分别得灭点 F_3 和 F_4。这样，在室内一点透视的基础上，就可作出镜子的透视 1234。设 23 线为镜面在地板上的基线，分别由 2 和 3 作透视线向灭点 F_1 消失，在顶棚上就得到 14 线。显然，14 // 23。为求铅垂线 Aa 的虚像，先过足 a 向心点 p' 作透视线，与 23 线相交，得 a_1 点；再过 a_1 向灭点 F_2 作透视线，得地板上的辅助线 a_1a^0 的透视；又过 a 向灭点 F_3 作透视线，与 a_1F_2 相交，得 a^0 点；由 a^0 向灭点 F_4 作透视线，与过 A 又向灭点 F_3 所作的透视线相交，得 A^0 点。a^0A^0 即为所求。

12.2.2 实例

【例 12-4】 求作室内一点透视图中镜内虚像。

应用镜面既垂直画面又垂直地面和镜面平行于画面情况下虚像作图原理求作虚像。具体作图如图 12-10 所示。

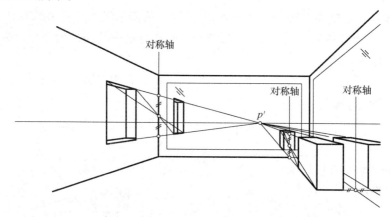

图 12-10 室内一点透视图中镜内虚像（一）

【例 12-5】 求作室内两点透视图中镜内虚像。

应用镜面平行于画面情况下虚像作图原理求作虚像。具体作图如图 12-11 所示。

【例 12-6】 求作室内一点透视图中镜内虚像。

应用 R 镜面既垂直画面又垂直地面和 Q 镜面倾斜于地面且垂直于画面情况下虚像作图原理求作虚像。具体作图如下（图 12-12）：

（1）门窗在 R 镜中的虚像以墙角线为对称轴线，$DD_1 = D^0D_1$，其余作图与 D^0 点相同。求桌子在 R 面中虚像时，过桌子的后角点 A 作水平线交墙脚线于 a_1，过 a_1 向上引铅垂线即为对称轴。在 Aa_1 的延长线上取 $Aa_1 = a_1A^0$，过 A^0 向上引平行于轴线的直线交过 B 的水平线于 B^0，连 $p'B^0$ 与过 C 的水平线相交于 C^0 点，用类似方法即可完成桌子在 R 镜中的虚像。

（2）门窗在镜面 Q 上的对称轴是 Gn_2，Gn_2 平行于 Q 面的侧边，即过 n_2 作 Gn_2 // 12。过 E 点作线 EE_1 垂直于 Gn_2，延长 EE_1 并在此线上取 $EE_1 = E_1E^0$，同理求得门窗各点的虚像，连接起来即可求得门窗的虚像。

【例 12-7】 已知某室内一仰观斜镜及书桌的两点透视，试作出书桌在斜镜中的虚像。

此题应用镜面仰视倾斜于画面情况下虚像作图原理。在视平线上确定点 M 为重合视点（相当于以 F 为灭点的透视线的量点），则根据镜面与墙面的倾角 α 就可定出镜面斜框线 12（或 34）的灭点 F_1，以及镜面垂线、书桌高向（Aa）和书桌长向（BC）的虚像的

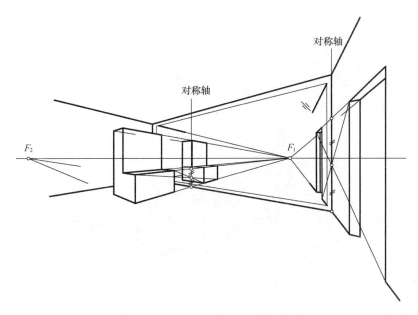

图 12-11　室内两点透视图中镜内虚像

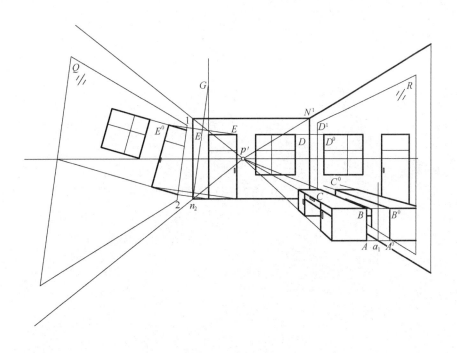

图 12-12　室内一点透视图中镜内虚像（二）

灭点 F_2、F_3、F_4。

　　求作书桌虚像的关键一步是找出一条对称轴。为此，过书桌角点 A 的足点 a 向灭点 F 作透视线，在墙角上得 a_1；再过 a_1 向上引铅垂线，与镜框线 23 相交于点 5；最后，过 5 向灭点 F_1 作透视线，即得对称轴 56。其余的作图过程，已在图 12-13 中用箭头指明。

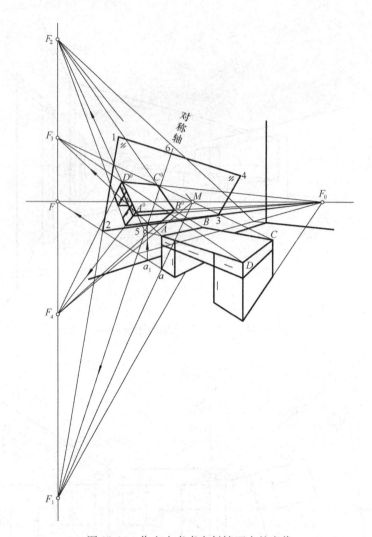

图 12-13　作室内书桌在斜镜面中的虚像

第13章 透视图阴影

在建筑透视图中加绘阴影，可以使表现图更具真实感，增强表现效果，达到充分表达设计意图的目的。图 13-1 为一幅加绘了透视阴影的透视图，立体感更强，明暗对比清晰。

图 13-1 透视图阴影

透视阴影的基本作图原理与正投影图阴影作图原理相同。在正投影阴影中，介绍了光线迹点法、光截面法、返回光线法以及延长棱边扩大平面法。这些方法在透视阴影中都同样适用。直线和承影平面平行，它的落影必平行于直线本身；直线和承影面相交，它的落影必通过两者的交点；铅垂线在水平面上的落影，必与光线在水平面上的投影相重合。这些基本性质在透视阴影中也同样保持。当运用上述基本方法和基本性质时，只是要注意遵循透视投影的消失规律，就是要在透视图中作出阴影的透视。下面分无灭光线和有灭光线的情况来讨论如何在透视图中加绘阴影。

13.1 无灭光线下透视阴影

在透视图中作阴影，主要是在透视图中画建筑物在太阳光——平行光线下的阴影。本节主要讨论当光线平行于画面时的透视阴影，此时光线没有灭点所以称为无灭光线。无灭光线的透视具有画面平行线的透视特性，光线的透视仍互相平行。如图 13-2 所示，太阳光线 S 来自观者的左侧（或右侧），平行于画面，光线自上而下与地面成某一角度，其光线的水平投影 s 必平行于视平线。在无灭光线下，物体落在地面上的影子必水平地由左向右（或由右向左）延伸；光线本身的透视与其投影的透视间夹角

图 13-2 无灭光线方向

α，必等于光线在空间与地面的倾角 α。无灭光线的 α 角大小选择要在具体作图时根据建筑物特点和画面表达需要来确定。

【例 13-1】 在图 13-3 所示建筑物的鸟瞰图中作出透视阴影。

鸟瞰图中作阴影，多半采用无灭光线。图中光线与其投影的夹角 $\alpha=60°$，自左向右射来。用光线迹点法求出影点 A_1，铅垂线 Aa 落在地面上影为光线水平投影，在右侧建筑物前表面落影与其本身平行。AB 在右侧建筑物前表面落影求法：用扩大平面法延长 12，在 AB 上得直线与平面交点 3。连点 A_1 和 3，得点 C。AB 在右侧建筑物上顶面的落影自 C 点消失于 F_2。其他影点就不难作出。

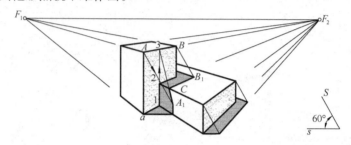

图 13-3　无灭光线下透视阴影（一）

【例 13-2】 已知建筑形体的透视和光线 S、s 的透视。求透视阴影。

分析：如图 13-4 所示，此形体由大小两个长方体组成。大的长方体可看作是房屋轮廓，它在与画面平行的光线照射下，在地面上会有影子。小长方体可看作是墙面上的雨篷（或阳台、窗台、出檐等），它在墙面上会产生落影。由于光线从右上方射来，所以形体的左侧面为阴面。

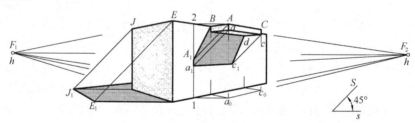

图 13-4　无灭光线下透视阴影（二）

作图：

（1）用图 13-3 所示的方法求出大长方体在地面上的影子。

（2）求小长方体在大长方体前侧面上的落影：小长方体的阴线是 $dcaAB$，现只要求 c、a、A 三点在墙面落影即可。①先求 A 点的影子：过 Aa 作光平面，即过 A、a 作 S（光线）；②求光平面与墙面的交线，为此，过 A 点的基透视 a_0 作光线的水平投影 s 与墙脚线交于 1，过 1 引铅垂线 12，即得过 Aa 光平面与墙面的交线，此 12 线与过 A、a 两点的光线分别相交得交点 A_1、a_1，A_1a_1 即为 Aa 在墙面的落影；③连 a_1 与 F_2，过 c 点作光线 S 与 a_1F_2 相交得 c_1；④因 B、d 在墙面上，其在墙面上的落影即为自身，故连 BA_1、dc_1 即可。至此，$BA_1a_1c_1d$ 即为雨篷在墙面上的落影。

如未求出雨篷的基透视 a_0，可把长方体顶面（或其他平顶面）作为基面，A 可看成是在顶面上的基透视，又是空间点，故可过 A 作水平线（光线水平投影），与檐口线交于 2 点，过 2 点作铅垂线，同样可求得雨篷在墙面上的影子。

【例 13-3】 在图 13-5 所示建筑物的鸟瞰图中作出阴影。

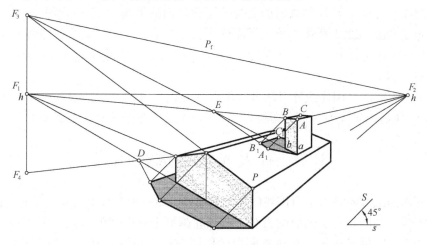

图 13-5 无灭光线下透视阴影（三）

选择无灭光线自右向左射来，光线与其投影的夹角 $\alpha=45°$。墙身在地面的落影，用光线迹点法作出。为求作右边烟囱在屋面 P 上的落影，首先要明确烟囱的两条铅垂阴线（如图中 Aa，另一条 Cc 不可见）在 P 面上的落影应平行于 P 面的灭线 P_f；水平阴线 AB，在 P 面上的落影应通过 AB 与 P 面的交点（图中 E 点）；而水平阴线 CB 在 P 面上的落影应平行于屋脊。据此，应先过 A 点作光线与过 a 点作出的平行于 P 面的灭线 P_f 的直线相交，得影点 A_1；再过影点 A_1 作直线通过延长 AB 和扩大 P 面（即延长 ab）的交点 E，得直线 A_1E；此时，再过 B 点作光线与 A_1E 相交，就可求得影点 B_1，A_1B_1 即为 AB 在 P 面上的落影；再过 B_1 点作透视线消失于灭点 F_2，而与过 C 点作出的光线相交，得影点 C_1；最后，过影点 C_1 作影线平行于 P 面的灭线 P_f，而完成全部作图。

【例 13-4】 图 13-6 给出一单坡小房及房前的铅垂线 AB，采用无灭光线，运用光线迹点法和光截面法，作出透视阴影。

图中屋面角点 E 和 G，在地面上的落影 E_1 和 G_1，用光线迹点法可以作出，或应用直线 EG 与地面相交落影必通过交点来求：延长影线 E_1G_1 必通过阴线 EG 和地面的交点 K。过影点 G_1 作透视线消失于主向灭点 F_1，即为小房屋脊在地面上的落影。

直杆 AB 在地面的落影，必重合于光线在地面上的投影：$Bd \parallel s$。

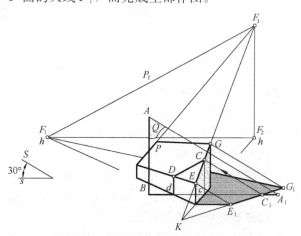

图 13-6 无灭光线下透视阴影（四）

AB 在小房前墙面上落影 Dd 与其本身平行。求直杆 AB 在屋面 P 上的落影，可用三种方法：

（1）灭线法。过 AB 作铅垂光平面 Q，求出 Q 面与 P 面的交线。在无灭光线的情况下，所求交线 CD 必平行于屋面的灭线 P_f——因为铅垂光平面 Q 与画面为两平行面，被 P 面所截交线平行，又 P 面与画面的交线平行于 P 面的灭线。

（2）光截面法。过 A 所作铅垂光平面 Q 平行于画面，与小房截交线即为 $DCcd$——由 B 作 s 与小房地脚线交于 d、c，分别过 d、c 向上作铅垂线得到 D、C，DC 即为光平面 Q 与屋面 P 的交线。

（3）返回光线法。用光线迹点法可以作出 A 点的影 A_l，与阴线 EG 的影 E_1G_1 的交点为 C_1，过 C_1 作返回光线 S 至 EG 即得 C 点，CD 为 AB 在屋面 P 上的落影。

13.2　有灭光线下透视阴影

光线对画面的方向除了上节讲述的无灭光线外，另一种光线就是相交于画面的，相交于画面的光线，如同相交于画面的直线一样，在画面上就有它的灭点。图 13-7 表明，光线的灭点用大写字母 S 表示，在透视阴影的作图中把它叫做光点，它相当于在无限远处的光源的透视。空间光线在地面 H 上有其投影，光线水平投影的灭点，必位于视平线上，用小写字母 s 表示，叫做足点，它相当于在无限远处光源的投影的透视。

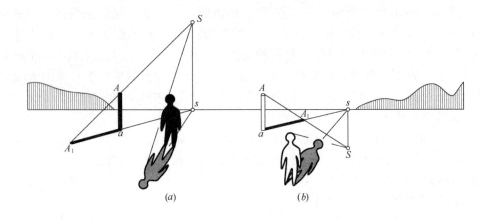

图 13-7　有灭光线

从图 13-7 中还可以看出：

（1）如光线从观者的右前方射来（图 13-7（a）），其光点 S 应位于视平线的右上方（相当于天点）；同理可推出：如光线从观者的左前方射来，其光点 S 应位于视平线的左上方。此两种光线也称为正光。

（2）如光线从观者的左后方射来（图 13-7（b）），其光点 S 应位于视平线的右下方（相当于地点）；同理可推出：如光线从观者的右后方射来，其光点 S 应位于视平线的左下方。此两种光线也称为逆光。

（3）至于光线水平投影的灭点（即足点 s），无论光线从什么方向射来，始终要位于视平线上，并且 $Ss \perp h\text{-}h$。

至于有灭光线的光点 S 选择在视平线的上方还是下方，要根据建筑物的特点和画面的表达需要来确定。

【例 13-5】 如图 13-8 所示，求作足球门架在有灭光线下透视阴影。

首先，由图中给出的 Ss 来判断光线方向：S 在视平线上方，则光线来自观者前方；且 S 在透视图右边，则光线来自观者右前方。

然后，作图如下：过 a 向足点 s 作光线的投影，再过 A 向光点作光线，两线交点即为 A 点影 A_1——铅垂线 Aa 在地面上落影为光线水平投影。同理可求 B 点在地面落影 B_1。显然，水平线 AB 在地面上落影必与其本身平行，它们有共同灭点 F_1。

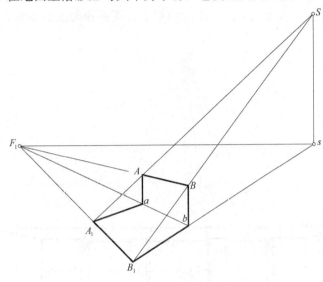

图 13-8　有灭光线下透视阴影（一）

【例 13-6】 如图 13-9 所示，求作建筑形体在有灭光线下透视阴影。

首先，定光线方向：如图 13-9 所示，设光线从观察者的左后方射来，选用正左侧光，这时阴线 BAa 在地面上会有影子，阴线 EDd 则在地面和墙面 $AaeE$ 上会产生落影，给光线时可以给出光线灭点 S、s。但为使透视阴影效果较好，也可先定出控制点 D 在墙面上的落影 D_1，过 D_1 作铅垂线与墙脚线 ae 交于 1，$1D_1$ 即为 Dd 光平面与墙面的交线，这样连 d 与 1，$d1$ 与视平线交于 s。连 D 与 D_1，与过 s 的铅垂线相交，得交点 S，即先定 D_1，

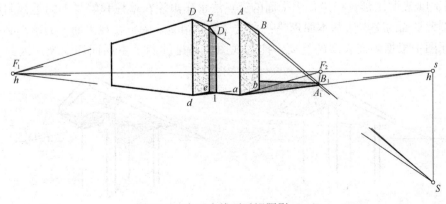

图 13-9　有灭光线下透视阴影（二）

211

反求光线灭点 S、s，D_1 则根据最适宜位置选定。

然后，作图：Dd 影作出后，因为 E 点就处于墙面 $AaeE$ 上，落影是其本身，则连 ED_1，就是 DE 的落影。连 a 与 s，交 AS 于 A_1 点，铅垂线 Aa 落影 aA_1 是光线水平投影。因为 AB 平行于地面，其落影与自身平行，自 A_1 消失于 F_2，从 B 点连 S 交 $A_1 F_2$ 于 B_1。连 $B_1 F_1$ 完成建筑形体的透视阴影。

【例 13-7】 如图 13-10 所示，为逆光时的透视阴影作法，当选定 S、s 后其余作法与正光相同。图中 s 在心点，为求门洞的影子可任取 A 点，求出 A 点的基透视 a，连 AS 与 as 交于 A_1 点，过 A_1 点作水平线，即为门洞上边线在地面上的落影，其余作法如图所示。

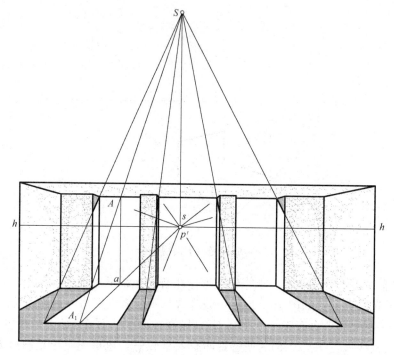

图 13-10　有灭光线下透视阴影（三）

【例 13-8】 如图 13-11 所示，求作雨篷在壁柱和墙身上的透视阴影。

图 13-11 表明用延长棱边扩大平面的交点法求作雨篷在壁柱和墙身上的透视阴影。延长棱边扩大平面的交点法基本原理是：直线与平面相交，则直线在平面上的落影必过二者交点。此图中根据画面表现的需要，使透视图上可见的两个主向面均受光。因此，在右

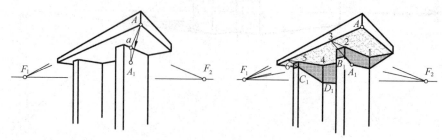

图 13-11　有灭光线下透视阴影（四）

边壁柱的大面上，先给出雨篷右角阴点 A 的影点 A_1，再应用扩大平面法，加上平行线的消失规律，就可完成全部作图。延长 12，得交点 3；连点 A_1 和 3，得影点 B_1。由 B_1 点向主向灭点 F_1 消失，得影点 C_1。延长 45，得 6 点；连点 6 和 C_1，得影点 D_1。其余就不难画出。可以看出：这种作图的特点是不必给出光线的灭点，而直接在细部图上求作阴影。

【例 13-9】 如图 13-12 所示，求作雨篷、门洞和台阶的透视阴影。

图 13-12 所示雨篷左角阴点 A 在门洞面上的影点 A_2 是用光线迹点法作出：先过 A 点向足点 s 作光线的投影（以雨篷底面为水平投影面），在门洞面与雨篷底面的交线上得交点 a_2；再由 a_2 向下作垂线，与过 A 点向光点 S 所作的光线相交，得影点 A_2。同样，可以作出雨篷其他阴点在门洞面或墙面上的影点。台阶右侧栏板在地面和墙面上的落影，用光线迹点法作出。而左侧栏板的阴线 $LNMR$ 在各踏步面上的落影，要配合应用延长棱边扩大平面的交点法作出。详细作法如图所示。

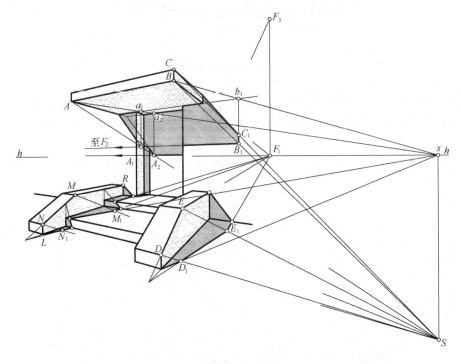

图 13-12 有灭光线下透视阴影（五）

【例 13-10】 如图 13-13 所示，求作平房的透视阴影。

如图 13-13 所示平房，为使墙体两面受光，选左前屋檐角点 A 向墙面 P 落影，影点为 A_1。AA_1 即为光线的透视方向，Aa_1 即为其投影的方向。延长 Aa_1 与视平线相交，得足点 s；延长 AA_l 与过足点 s 向下引出的垂线相交，得光点 S。其他各影点的作出，是综合地应用了光线迹点法、延长棱边扩大平面法。这里特别提一下正面挑檐线 AC 在立柱上的影线 67 的画法。

过影点 A 的光线 AS，与 P 面交于影点 A_1；但与 Q 面交于假影 A_2。从光线 AA_1 的投影 Aa_1 与 Q 面的交点 a_2，向下引垂线，与光线 AA_1 相交，就得假影 A_2。再把 24 线延长

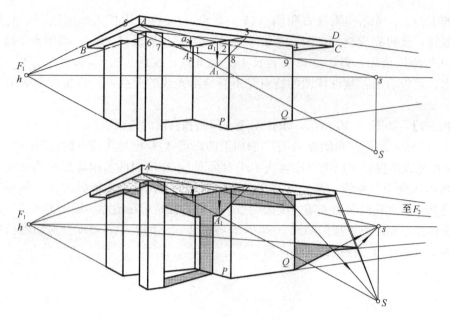

图 13-13　有灭光线下透视阴影（六）

（相当于扩大 Q 面）与左侧挑檐线 AB 相交于 5 点。连 5 和 A_2，就得影线 67。过 A_2 作透视线消失于灭点 F_2，在墙面 Q 上就得影线 89（或延长 12 交 AC 于 3 点，连 $A_1$3 亦可得 8 点）。

【例 13-11】　图 13-14 给出一单坡小房及房前的铅垂线 AB，作出有灭光线下透视阴影。

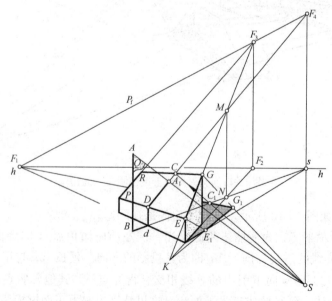

图 13-14　有灭光线下透视阴影（七）

　　由 Ss 可判断出光线由观者左上后方射向右下前方，则小房右墙面和后墙面为阴面。图中屋面角点 E 和 G，在地面上的落影 E_1 和 G_1，用光线迹点法可以作出，或应用直线

EG 与地面相交落影必通过交点来求：延长影线 E_1G_1 必通过阴线 EG 和地面的交点 K。过影点 G_1 作透视线消失于主向灭点 F_1，即为小房屋脊在地面上的落影。

直杆 AB 在地面的落影，必重合于光线在地面上的投影：Bd 消失于 s。AB 在小房前墙面上落影 Dd 与其本身平行。求直杆 AB 在屋面 P 上的落影，可用三种方法：

（1）灭线法。过 AB 作铅垂光平面 Q，求出 Q 面与 P 面的交线。有灭光线的情况下，所求交线 CD 必消失于 P 面与 Q 面两平面的灭线 P_f 和 S_s 的交点 F_4。这是因为：两平面交线的灭点即为两平面灭线的交点（见本书平面灭线部分）。

（2）光截面法。过 A 所作铅垂光平面 Q 与小房截交线即为 $DdMN$——由 B 连 s 与小房地脚线交于 d、N，分别过 d、N 向上作铅垂线得到 D、M，DM 即为光平面 Q 与屋面 P 的交线。

（3）返回光线法。AB 在地面上的影线 Bs 与阴线 RG 的影线交点为 C_1，过 C_1 连 S 作返回光线至 RG 即得 C 点，CD 为 AB 在屋面 P 上的落影。

【例 13-12】 如图 13-15 所示，作出柱头在有灭光线下透视阴影。

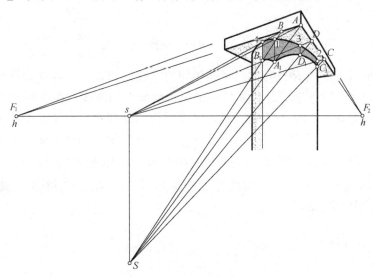

图 13-15　有灭光线下透视阴影（八）

选择柱头方帽最前角点 A 在柱身上的落影 A_1，并过 A_1 向上作垂线，交柱身上沿曲线（为椭圆），得 1 点。显然 AA_1 为光线，A1 为其投影（在方帽底面上）。分别延长 A1 和 AA_1 得足点 s 和光点 S。此时就可应用光线迹点法作出方帽在柱身上的影线 A_1B_1 和 A_1D_1 C_1（均为曲线，A_1 点为两段曲线的结合点）。因为过影点 B_1 的光线与柱面相切，所以过 B_1 点向下作出的垂线，即为柱身的阴线。

【例 13-13】 如图 13-16 所示，求作圆拱门的透视阴影。

所给圆拱门为一点透视。设有灭光线自观者的右后射向左前。为此，在拱门左侧内墙上选影点 A_1 为右端阴点 A（起拱点）的落影。过 A_1 点向下引垂线，在墙脚线上得 a_1 点。则 AA_1 为光线的透视，aa_1 为其投影的透视。分别延长 AA_1 和 aa_1，得光点 S 和足点 s。连光点 S 和心点 p'，即得与拱门圆柱轴线平行的光平面 R 的灭线 R_f。以下的作图就简便了。

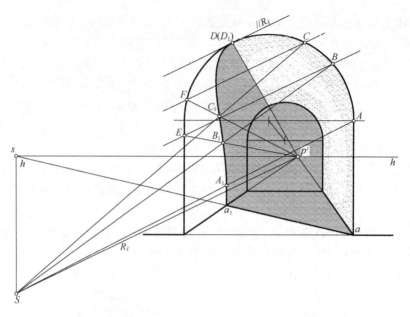

图 13-16　有灭光线下透视阴影（九）

　　首先，作平行于灭线 R_f 且与拱门半圆相切的直线得切点 D。这条切线实际就是与拱门半圆柱面相切又平行于光线的平面 R 在拱门正墙面上的迹线。在空间凡平行于 R 面的平面截圆柱面，必截得素线（直线）。这样，在阴线 AD 圆弧上再任选点 B 和 C，分别过阴点 B 和 C 作直线平行于 R_f，都可以看作是平行于圆柱轴线的截平面的迹线。这两个截平面截圆柱面，得素线 Ep' 和 Fp'。再分别过阴点 B 和 C 作光线 BS 和 CS，与素线 Ep' 和 Fp' 相交，就得影点 B_1 和 C_1。用曲线光滑连接影点 A_1、B_1、C_1 和 D_1，就作出了阴线 $ABCD$ 在拱门内侧面的落影。

第14章 斜 透 视

斜透视是表现在倾斜于地面的画面上的透视。由于画面倾斜于地面，所以建筑物高度方向的线也有灭点，在透视图中就有一个高度方向的灭点和两个水平方向的灭点。因为斜透视有三个主向灭点，故也称三点透视。表现这种透视的画面对地面有一个倾角 θ，如图14-1所示，若画面向前倾斜（$\theta<90°$）为**仰观斜透视**，若画面向后倾斜（$\theta>90°$）为**鸟瞰斜透视**。

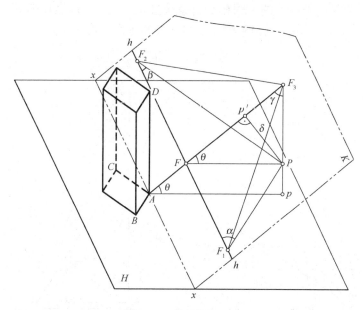

图 14-1 斜透视的形成

14.1 斜透视的基本知识

14.1.1 斜透视的构成

如图14-1所示，设画面 K 与地面 H 的倾角为 θ（$\neq90°$）。为简便起见，把视点 P 定在过长方体的铅垂线 AD 并垂直于画面 K 的平面内。过视点 P 分别作视线平行于立体的三个主向 AB、AC 和 AD，与画面交得三个灭点 F_1、F_2 和 F_3。长方体相应侧面的灭线为 $\Delta F_1F_2F_3$ 的各边，所以称此三角形为灭线三角形。直线 F_1F_2 为斜透视的视平线。通过视点 P 画出的平行于各个主向的三条视线，构成一个以视点 P 为顶点的直角三面体，它与画面的交线就是灭线三角形，且此灭线三角形只能是锐角三角形。斜透视的四个基本要素：

（1）心点 p'。过视点 P 作视线垂直于画面，所得垂足为心点 p'，且心点不会落在视平线 h-h 上，但必为 $\triangle F_1 F_2 F_3$ 的垂心。

（2）视距 δ。Pp' 之长即为斜透视的视距 δ，而非 P、F 所连线段。

（3）倾角 θ。$F_3 p'$ 与视平线 h-h 的交点为 F，$\angle F_3 FP$ 等于画面倾角 θ（$\theta < 90°$）。

（4）偏角 α（或 β）。视线 PF_1 与视平线的夹角 α 必等于立体水平方向 AB 与基线的夹角 α。同样，视线 PF_2 与视平线的夹角 β，等于立体水平方向 AC 与基线的夹角 β，且 $\alpha + \beta = 90°$。$\triangle PFF_3$ 也为直角三角形，故铅垂线 PF_3 与画面的夹角 $\gamma = 90° - \theta$。

如果给出一个任意锐角三角形为灭线 $\triangle F_1 F_2 F_3$，利用重合法，可确定出斜透视的四个基本要素。如图 14-2 所示，首先作出灭线 $\triangle F_1 F_2 F_3$ 的三条高线 $F_1 1$、$F_2 2$ 和 $F_3 3$，其交点（垂心）就是心点 p'。以 $F_1 F_2$ 为直径向内作半圆，在高线 $F_3 3$ 上，得重合视点 P_3；视线 $P_3 F_1$ 及 $P_3 F_2$ 与视平线 $F_1 F_2$ 的夹角，即水平偏角 α 和 β。过心点 p' 作高线 $F_3 3$ 的垂线，与以高线 $F_3 3$ 为直径向外所作的半圆相交得重合视点 P_1。$P_1 p'$ 之长即等于视距 δ。在直角 $\triangle P_1 F_3 3$ 内，$\angle P_1 3 F_3$ 等于画面倾角 θ，$\angle P_1 F_3 3$ 等于高向偏角 γ。

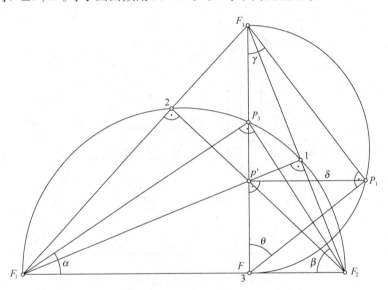

图 14-2　由灭线 $\triangle F_1 F_2 F_3$ 确定 p'、α、β 和 θ

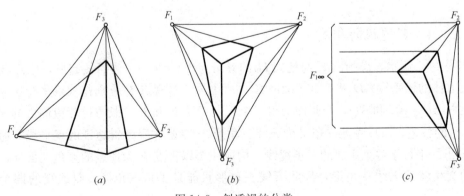

(a)　　　　　　　　(b)　　　　　　　　(c)

图 14-3　斜透视的分类

14.1.2　斜透视的分类

斜透视可分为如图 14-3 所示的三种情况：

（1）当画面倾角 $\theta<90°$ 时，此为仰观斜透视，其特点是铅垂棱线向上消失于灭点 F_3。

（2）当画面倾角 $\theta>90°$ 时，此为鸟瞰斜透视，其特点是铅垂棱线向下消失于灭点 F_3。

（3）画面既倾斜又平行于物体的一个水平主向，此主向的水平棱线没有灭点（灭点在无穷远处）。

14.2　斜透视的基本画法

14.2.1　建筑师法

基本作图原则：首先按斜透视的构成作出其相应的侧面图、平面图，其次从视点向物体上各点引视线，求得与画面的交点，最后把这些交点转移到透视图上，即可按透视的消失特性作出斜透视图。

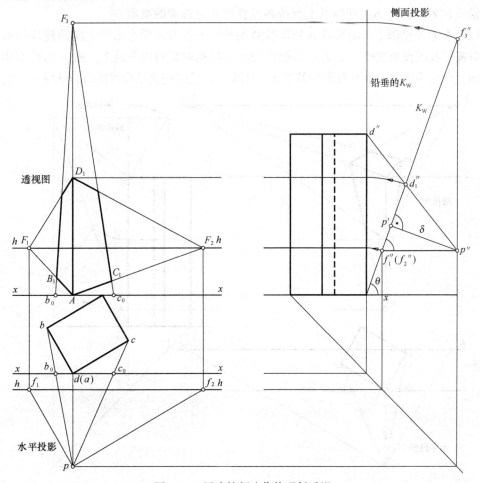

图 14-4　用建筑师法作仰观斜透视

【例 14-1】 求作如图 14-4 所示，长方体的仰观斜透视。

作图：

画面与地面的倾角 $\theta < 90°$。

（1）在侧面投影上，由 p'' 分别引水平线和铅垂线，与 K_W 交得 f_1''、f_2'' 和 f_3''（f_1'' 和 f_2'' 重合）。再由视点 p'' 引过 D 点视线交画面迹线 K_W 于 d_1''。然后，以基线为轴，把画面旋转成铅垂位置，再把 K_W 连同其上所得各点投向正立放置的画面。

（2）在水平投影上，由站点 p 分别引两条平行于长方体两个水平主向的视线的水平投影，与视平线的投影交得 f_1、f_2，再把它们向上投到画面的视平线上。由 p 向长方体各可见表面上角点引视线的水平投影与基线 xx 相交，再把这些交点投到画面的基线 xx 上。

（3）利用画面上三个主向灭点 F_1、F_2（水平方向）和 F_3（高向），即可完成透视图。

【例 14-2】 求作如图 14-5 所示长方体的鸟瞰斜透视。

作图：

画面与地面的倾角 $\theta > 90°$。

（1）在侧面投影上，由 p'' 分别引水平线和铅垂线，与 K_W 交得 f_1''、f_2'' 和 f_3''（f_1'' 和 f_2'' 重合）。再由视点 p'' 引过 A 点视线交画面迹线 K_W 于 a_1''。然后，以基线为轴，把画面旋转成铅垂位置，再把 K_W 连同其上所得各点投向正立放置的画面。

（2）在水平投影上，由站点 p 分别引两条平行于长方体两个水平主向的视线的水平投影，与视平线的投影交得 f_1、f_2，再把它们向上投到画面的视平线上。由 p 向长方体各可见表面上角点引视线的水平投影与基线 xx 相交，再把这些交点投到画面的基线 xx 上。

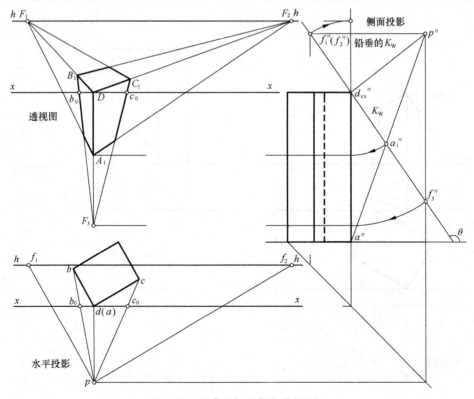

图 14-5　用建筑师法作鸟瞰斜透视

（3）利用画面上三个主向灭点 F_1、F_2（水平方向）和 F_3（高向），即可完成透视图。

14.2.2 量点法

前面介绍过在铅垂画面上量点的概念，以及用量点法作透视图的过程。概括起来，量点的基本求法是：首先，从视点 P 作两条视线，一条平行于已知直线，其与画面的交点为灭点，另一条平行于以量点为灭点的辅助直线，这两条视线所决定的视平面与画面交得一条灭线。其次，以灭点为中心，以灭点到视点的距离为半径，在此平面内旋转，将视点重合到灭线上的位置即为量点。最后，根据这样的作图原理，利用斜透视的三个主向灭点，即可求得与它们相对应的三个量点。

如图 14-6 所示，已知灭线 $\triangle F_1 F_2 F_3$，先作出其垂心 p'，再确定重合视点 P_3 和 P_1。$P_1 p'$ 之长为视距 δ。以 F_1 为圆心，以 $F_1 P_3$ 为半径作圆弧，与灭线

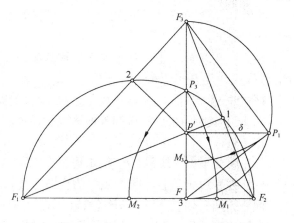

图 14-6　由灭线 $F_1 F_2 F_3$ 确定量点 M_1、M_2 和 M_3

$F_1 F_2$ 交得量点 M_1；以 F_2 为圆心，以 $F_2 P_3$ 为半径作圆弧，与灭线 $F_1 F_2$ 交得量点 M_2；以 F_3 为圆心，以 $F_3 P_1$ 为半径作圆弧，与灭线 $F_3 3$ 交得量点 M_3。

图 14-7 表明了在斜透视中如何利用量点来确定透视高度。长方体的底角点 A 位于基

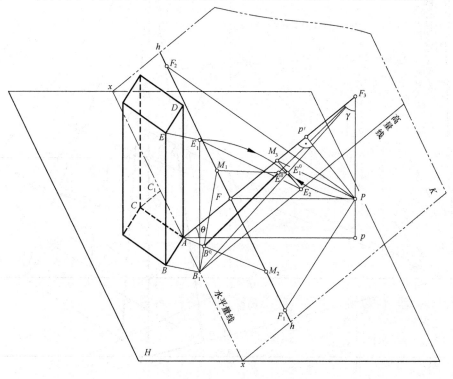

图 14-7　利用量点确定透视高度

线 x-x 上，地面 H 上的 $\triangle ABB_1$ 是以 BB_1 为底的等腰三角形，即 $AB_1 = AB$。AB 线段的灭点为 F_1，量点即 BB_1 的灭点 M_1。把 BE 棱线平移到与基线 x-x 相交于 B_1，再以 B_1 为圆心，把 B_1E_1 在垂直画面 K 的平面内旋转到画面上 B_1E_2 的位置，即可作为高量线。为确定 BE 棱线的斜透视高度，可先定出 B_1E_1 的透视高度，由图中可得出 $\triangle B_1E_1E_2$ 与 $\triangle F_3PM_3$ 相似，E_1E_2 的灭点为 M_3，所以用 M_3 可定出 B_1E_1 的透视高度 $B_1E_1^0$。在矩形 BEE_1B_1 中，$EE_1 /\!/ BB_1$，它们具有共同的灭点 M_1，当获得 B_1E_1 的透视高度 $B_1E_1^0$ 后，可利用 M_1 求得 BE 的透视 B^0E^0。

注意：在画面 K 上，视平线 h-h 和基线 x-x 的间距并非视高，真正的视高应是图中 Pp 线段长，且 $Pp = FA\sin\theta$。

【例 14-3】 求作如图 14-8 所示，长方体的仰观斜透视。

图 14-8 表明用量点法作仰观斜透视的过程。

作图：

（1）首先根据灭线 $\triangle F_1F_2F_3$ 求得量点 M_1、M_2 和 M_3。

（2）在基线 x-x 上，自 A 点（为作图方便，令 A 点位于 x-x 线与 F_3F 延长线的交点上）向左、向右截取 $AB_1 = AB$（长）、$AC_1 = AC$（宽）。

（3）连接 AF_1、AF_2，利用量点 M_1 和 M_2 分别截得 AB^0 和 AC^0，即获得 AB 和 AC 的透视。

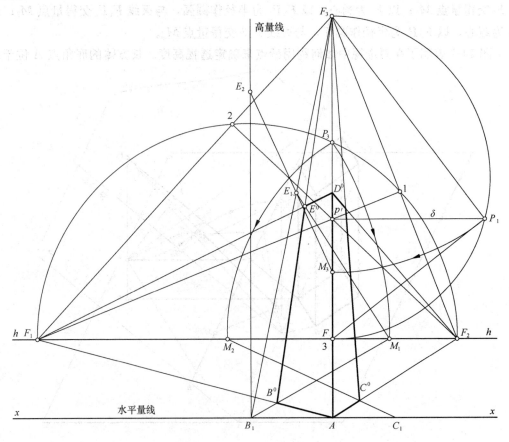

图 14-8　用量点法作仰观斜透视

（4）在过 B_1 的高量线上，截取铅垂棱线的真实高度 B_1E_2，连接 E_2M_3 与 B_1F_3 交得 E_1。连 E_1M_1 与 BE 的透视线 B^0F_3 交得 E^0，即为 E 点的透视。其余作图已表明在图中。

【例 14-4】 求作如图 14-9 所示，长方体的鸟瞰斜透视。

图 14-9 表明用量点法作鸟瞰斜透视的过程。

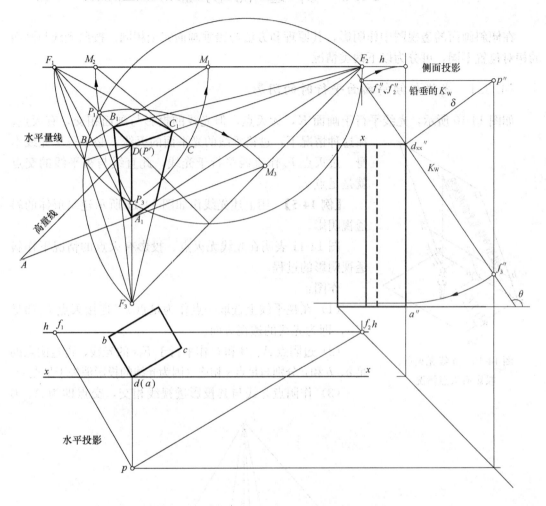

图 14-9 用量点法作鸟瞰斜透视

作图：

（1）首先选角点 D 交于画面并重合于心点 p'，使视距 $\delta=d''p''$。然后，根据灭线 $\triangle F_1 F_2 F_3$ 求得量点 M_1、M_2 和 M_3。其中 M_3 的求法是：以 F_2F_3 为轴向内重合，得重合视点 P_1。再以 F_3P_1 为半径画弧，与 F_2F_3 交得 M_3。

（2）过 D 点作平行于灭线 F_1F_2 的直线，即得水平量线；过 D 点作平行于灭线 F_2F_3 的直线，即得高量线。

（3）在基线 x-x 上，自 D 点向右、向左截取长方体长、宽分别等于 DC、DB。连接 DF_1、DF_2，利用量点 M_1 和 M_2 分别截得 DB_1 和 DC_1，即获得 DB 和 DC 的透视。

（4）在过 D 的高量线上，截取铅垂棱线 DA 的真实高度，连接 AM_3 与 DF_3 交得 A_1，即为 A 点的透视。其余作图已表明在图中。

注意：实质上在空间，平面在画面上的迹线和它的灭线是互相平行的。所以，过已知透视点的水平量线和高量线就是所给长方体的顶面和右面在画面 K 上的迹线。

14.3 斜透视阴影

在倾斜画面的透视图中作阴影，其原理和方法与铅垂画面完全相同。按照光线与画面的相对位置不同，可分为以下两类情况。

14.3.1 光线与倾斜画面平行时的阴影

如图 14-10 所示，光线平行于画面 K，无灭点，但光线的投影与画面相交，有灭点。

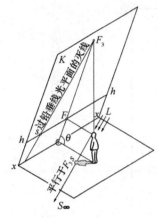

图 14-10 光线无灭点、投影有灭点情况

在这种情况下，过铅垂线的光平面的灭线，必平行于光线本身。过灭点 F_3 作直线平行于光线，此直线与视平线的交点就是足点 s。

【例 14-5】 用上述光线作如图 14-11 所示建筑形体的斜透视阴影。

图 14-11 表明在光线无灭点、投影有灭点的情况下作斜透视阴影的过程。

作图：

（1）在视平线上选取一点作为足点 s。连接灭点 F_3 和足点 s，即为光线的透视方向。

（2）过阴点 A、B 和 C 作平行于 F_3s 的光线；再过阴点的足 a、b 和 c 分别与足点 s 相连（因为光线的投影消失于足点 s）。

（3）作阴点光线与其投影透视线相交，交点即为 A、B

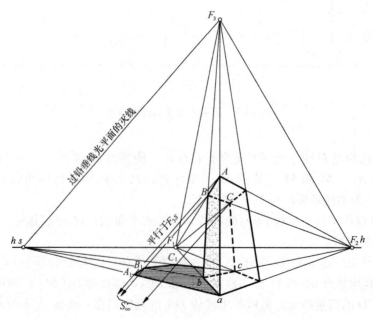

图 14-11 光线无灭点、投影有灭点情况下斜透视阴影

和 C 的影点 A_1、B_1 和 C_1，进而作出形体斜透视的阴影。

14.3.2 光线与倾斜画面相交时的阴影

1. 光线及投影均有灭点时的阴影

如图 14-12 所示，光线及投影均有灭点，光线的灭点为光点 S，其投影的灭点为足点 s。光点 S 和足点 s 的连线不垂直于视平线，但要过灭点 F_3。实际上，F_3S 是过铅垂线的光平面的灭线，它与视平线的交点就是足点 s。

【例 14-6】 用上述光线作如图 14-13 所示建筑形体的斜透视阴影。

图 14-13 表明在光线及投影均有灭点的情况下作斜透视阴影的过程。

作图：

（1）在视平线的左下方选取一点作为光点 S，连接光点 S 和灭点 F_3 与视平线交于足点 s。

（2）过阴点 A、B 和 C 作光线消失于光点 S；再过阴点的足 a、b 和 c 分别与足点 s 相连（因为光线的投影）。

（3）作阴点光线与其投影透视线相交，交点即为 A、B 和 C 的影点 A_1、B_1 和 C_1，连接 A_1、B_1 和 C_1 与 a、c 可得形体斜透视的阴影。

注意：在空间，AB 的落影 A_1B_1 平行于 AB；BC 的落影 B_1C_1 平行于 BC，故影点 B_1、

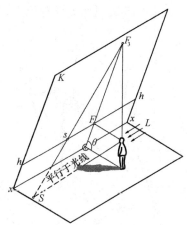

图 14-12 光线及其投影有灭点情况

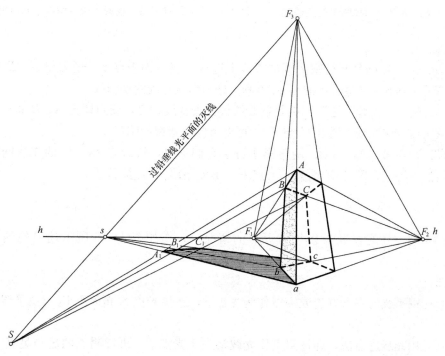

图 14-13 光线和投影均有灭点情况下斜透视阴影

C_1 的作法可简化，通过影点 A_1 向灭点 F_1 作影线与光线 BS 相交即可，再过影点 B_1 作影线消失于灭点 F_2，与光线 CS 相交即可得 C_1。

2. 光线有灭点、投影无灭点时的阴影

如图 14-14 所示，光线与画面 K 相交有灭点，光线的投影平行于视平线，无灭点。如前所述，光线的灭点一定在通过铅垂线的光平面的灭线上，由于光线的投影无灭点，所以光平面的灭线是一条过灭点 F_3 又平行于视平线的直线。光线的投影必平行于视平线。

【例 14-7】 用上述光线作如图 14-15 所示建筑形体的斜透视阴影。

图 14-15 表明在光线有灭点、投影无灭点的情况下作斜透视阴影的过程。

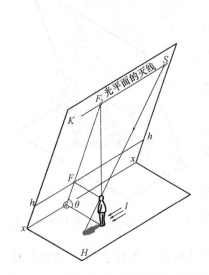

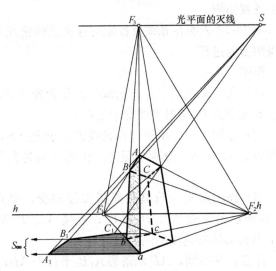

图14-14 光线有灭点、投影无灭点情况　　图14-15 光线有灭点、投影无灭点情况下斜透视阴影

作图：

（1）在过灭点 F_3 且平行视平线的直线上选取一点作为光点 S。过阴点 A、B 和 C 作光线消失于光点 S；再过阴点的足 a、b 和 c 分别作视平线的平行线。

（2）过阴点的光线与过阴点的足的光线投影透视线相交，交点即为 A、B 和 C 的影点 A_1、B_1 和 C_1，连接 A_1、B_1 和 C_1 与 a、c 可得形体斜透视的阴影。

注意：在空间，AB 和 BC 的落影平行于它们本身，故影点 B_1、C_1 的作法同样可简化，利用消失特性，即 A_1B_1 消失于灭点 F_1，B_1C_1 消失于灭点 F_2。

14.3.3 示例

【例 14-8】 在光线及投影均有灭点的情况下，作如图 14-16 所示建筑物的斜透视阴影。

作图：

（1）在视平线的右下方选取一点作为光点 S，连接光点 S 和灭点 F_3 与视平线交于足点 s。

（2）运用光线迹点法，即过阴点作光线消失于光点 S；再过阴点的足与足点 s 相连。作过阴点光线与其投影透视线相交，交点即为影点。

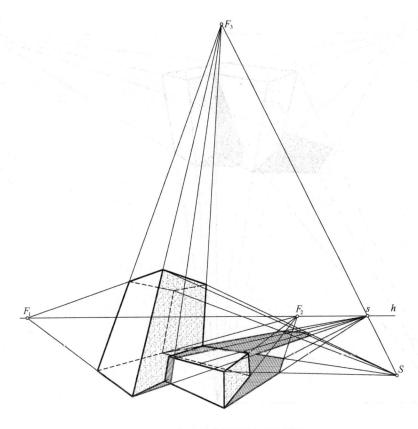

图 14-16　作建筑物仰观斜透视阴影

（3）连接影点可得建筑斜透视的阴影。

【**例 14-9**】　在光线有灭点、投影无灭点的情况下，作如图 14-17 所示建筑物的斜透视阴影。

作图：

（1）在过灭点 F_3 且平行视平线的直线上左侧选取一点作为光点 S。由于过阴点 A 的光线与墙面相交，故 A 的落影在墙面上。过阴点 A 的足作平行于视平线的直线交墙面在地面的迹线于一点，过此交点作直线消失于灭点 F_3，此直线的延长线与过阴点 A 的光线相交于影点 A_1。

（2）C、D 阴点的落影可运用光线迹点法，即过阴点作光线消失于光点 S；再过阴点的足作平行于视平线的直线。作过阴点光线与其投影透视线相交，交点即为影点。

（3）连接影点可得建筑物斜透视的阴影。

【**例 14-10**】　在光线无灭点、投影有灭点的情况下，作如图 14-18 所示建筑物的斜透视阴影。

作图：

（1）在视平线上左侧选取一点作为足点 s。连接灭点 F_3 和足点 s，即为光线的透视方向。

（2）过阴点 A、B 作平行于 F_3s 的光线，再过阴点的足分别与足点 s 相连（因为光线的投影消失于足点 s）。

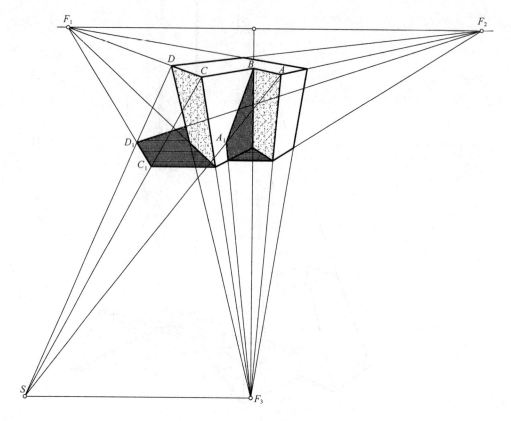

图 14-17　作建筑物鸟瞰斜透视阴影

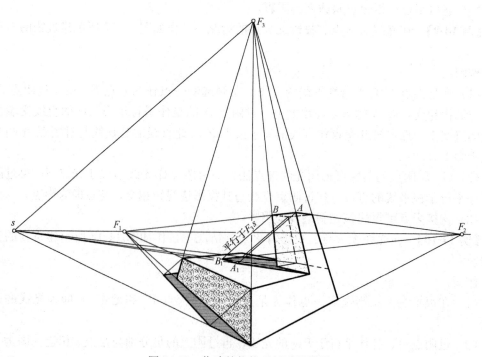

图 14-18　作建筑物仰观斜透视阴影

228

（3）作过阴点光线与其投影
透视线相交，交点即为 A、B 的
影点 A_1、B_1。其他作图已在图
中表明。

以上介绍的三种情况，光线
均投影到水平面上，所以光线投
影的灭点（即足点）落在视平线
上。但最一般的情况应如图 14-
19 所示，已知灭线 $\triangle F_1 F_2 F_3$，任
选一点为光点 S，连线 SF_3 与 F_1
F_2 的延长线相交于 s_3，即为光线
在以 $F_1 F_2$ 为灭线的平面（水平
面）上投影的灭点；通过作 SF_2
的延长线与 $F_1 F_3$ 的连线相交于

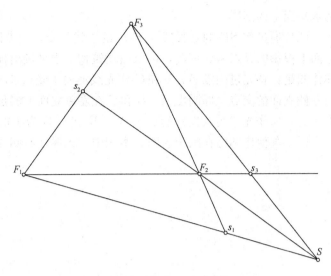

图 14-19　作最一般情况下光线投影的灭点

s_2，即为光线在以 $F_1 F_3$ 为灭线的平面（左侧立面）上投影的灭点；连线 SF_1 与 $F_3 F_2$ 的延
长线相交于 s_1，即为光线在以 $F_3 F_2$ 为灭线的平面（右侧立面）上投影的灭点。

【例 14-11】　试在如图 14-20 所示建筑物的仰观斜透视中，作出其阴影。

作图：

（1）在视平线 $F_1 F_2$ 上右侧下方选取一点作为光点 S。连线光点 S 和灭点 F_3，在灭线
$F_1 F_2$ 上得到光线在水平面上投影的灭点 s_3。据此，可求出建筑物主体部分在地面和相应

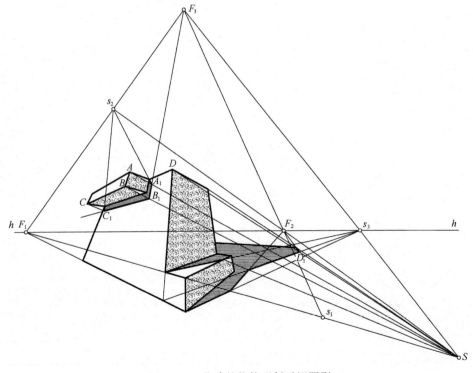

图 14-20　作建筑物仰观斜透视阴影

的水平面上的落影。

（2）通过作 SF_2 的延长线与 F_1F_3 的连线相交，交点即为光线在以 F_1F_3 为灭线的左侧立面上投影的灭点 s_2。据此，可求出建筑物上水平挑出板在建筑物左侧立面上的落影。具体作图是：首先过阴点 A、B 和 C 作光线消失于光点 S，其次再过阴点 A、B 和 C 的棱线与左侧立面的交点（即阴点 A、B 和 C 在左侧立面上的足）作光线在左侧立面上的投影消失于 s_2，所作光线与其投影的交点 A_1、B_1 和 C_1 即为所求的影点。

（3）其他作图已在图中表明。本例中，光线在右侧立面上投影的灭点 s_1 没有用上。

第15章 建筑制图的基本知识

本章主要介绍《房屋建筑制图统一标准》的基本规定、平面图形的尺寸标注等内容。

15.1 建筑制图国家标准的基本规定

中华人民共和国建设部于 2010 年 8 月 18 日发布，并于 2011 年 3 月 1 日实施重新修订的中华人民共和国国家标准《房屋建筑制图统一标准》GB/T 50001—2010。其内容包括：图幅、图线、字体、比例、符号、定位轴线、常用建筑材料图例、图样画法、尺寸标注等。为了统一房屋建筑制图规则，保证制图质量，提高制图效率，做到图面清晰、简明，符合设计、施工、存档的要求，适应工程建设的需要，土木工程制图必须遵守《房屋建筑制图统一标准》。《房屋建筑制图统一标准》是房屋建筑制图的基本规定，适用于图纸总图，以及建筑、结构、给水排水、暖通空调、电气等各专业手工制图、计算机制图的图样绘制。房屋建筑制图，除应符合《房屋建筑制图统一标准》外，还应符合国家现行有关强制性标准的规定及有关各专业的制图标准。

15.1.1 图纸幅面

1. 图幅及规格

图幅是指制图所用图纸的幅面。图纸幅面及图框的尺寸应符合表 15-1 的规定及图 15-1、图 15-2 的格式。

幅面及图框尺寸（mm） 表 15-1

尺寸代号 ＼ 幅面代号	A0	A1	A2	A3	A4
$b \times l$	841×1189	594×841	420×594	297×420	210×297
c	10			5	
a	25				

图纸通常有两种形式：横式和立式。图纸以短边作为垂直边的称为横式，如图 15-1 所示；以短边作为水平边的称为立式，如图 15-2 所示。一般 A0～A3 号图纸宜横式使用，必要时也可立式使用。

一个工程设计中，每个专业所使用的图纸，一般不宜多于两种幅面，不含目录及表格所采用的 A4 幅面。

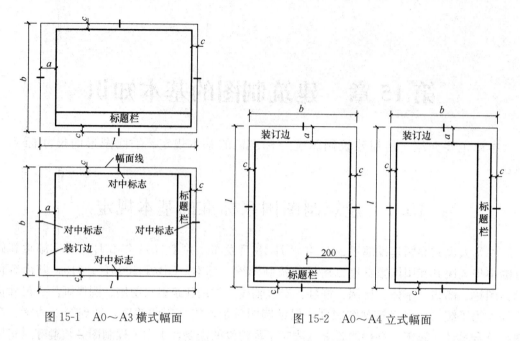

图 15-1　A0~A3 横式幅面　　　　　图 15-2　A0~A4 立式幅面

2. 标题栏与会签栏

工程图纸的图名、图号、比例、设计人姓名、审核人姓名、日期等要集中制成一个表格栏放在图纸的下边或右边（图 15-1、图 15-2），此栏称为图纸的标题栏，如图 15-3 所示。根据工程需要选择确定其尺寸、格式及分区。签字区应包含实名列和签名列。涉外工程的标题栏内，各项主要内容的中文下方应附有译文，设计单位的上方或左方，应加"中华人民共和国"字样。学生制图作业的标题栏，可采用图 15-4 所示格式。

工程图纸应按专业顺序编排。一般应为图纸目录、总图、建筑图、结构图、给水排水图、暖通空调图、电气图等。

设计单位名称区	注册师签章区	项目经理签章区	修改记录区	工程名称区	图号区	签字区	会签栏

图 15-3　标题栏

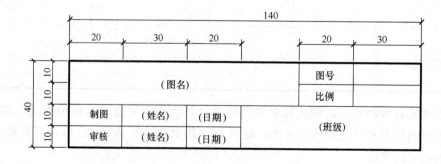

图 15-4　学生用标题栏格式

15.1.2 图线

1. 图线的种类和用途

在土木工程制图中，应根据所绘制的不同内容，选用不同的线型和不同粗细的图线。土木工程图样的图线有实线、虚线、单点长画线、双点长画线、折断线、波浪线等。除了折断线、波浪线外，其他各种图线又有粗、中、细三种不同的宽度，见表15-2所列。

图线的种类及用途   表15-2

名称		线　型	线宽	一　般　用　途
实线	粗		b	主要可见轮廓线
	中粗		$0.7b$	可见轮廓线
	中		$0.5b$	可见轮廓线、尺寸线、变更云线
	细		$0.25b$	图例填充线、家具线
虚线	粗		b	见各有关专业制图标准
	中粗		$0.7b$	不可见轮廓线
	中		$0.5b$	不可见轮廓线、图例线
	细		$0.25b$	图例填充线、家具线
单点长画线	粗		b	见各有关专业制图标准
	中		$0.5b$	见各有关专业制图标准
	细		$0.25b$	中心线、对称线等
双点长画线	粗		b	见各有关专业制图标准
	中		$0.5b$	见各有关专业制图标准
	细		$0.25b$	假想轮廓线、成型前原始轮廓线
折断线	细		$0.25b$	断开界线
波浪线	细		$0.25b$	断开界线

图线的宽度 b，宜从下列线宽系列中选取：1.4mm、1.0mm、0.7mm、0.5mm。绘图时，对于每一个图样，应根据复杂程度与比例大小，先确定基本线宽 b，再选用表15-3中的相应线宽组。

同一张图纸，相同比例的各图样，应选用相同的线宽组。图纸的图框和标题栏线，可采用表15-4的线宽。

线宽组（mm）   表15-3

线宽比	线宽组			
b	1.4	1.0	0.7	0.5
$0.7b$	1.0	0.7	0.5	0.35
$0.5b$	0.7	0.5	0.35	0.25
$0.25b$	0.35	0.25	0.18	0.13

注：1. 需要微缩的图纸，不宜采用0.18mm及更细的线宽。

2. 同一张图纸内，各不同线宽中的细线，可统一采用较细的线宽组的细线。

<table>
<tr><td colspan="5" style="text-align:center">图框、标题栏的线宽（mm）　　　　表 15-4</td></tr>
</table>

图幅代号	图框线	标题栏	
		外框线	分格线
A0、A1	b	$0.5b$	$0.25b$
A2、A3、A4	b	$0.7b$	$0.35b$

2. 图线的画法及注意事项

（1）相互平行的图线，其间隙不宜小于其中的粗实线宽度，且不宜小于 0.2mm，如图 15-5（a）所示。

（2）虚线、单点长画线或双点长画线的线段长度和间隔，宜各自相等；虚线的线段及间距应保持长短一致，线段长约 3～6mm，间距约 1mm；单点长画线或双点长画线的每一段长度应相等，长画线约 15～20mm，点约 1mm，间距约 1mm。如图 15-5（b）所示。

（3）单点长画线或双点长画线，当在较小的图形中绘制有困难时，可用细实线代替，如图 15-5（c）所示。

（4）单点长画线或双点长画线的两端，不应是点。点画线与点画线交接或点画线与其他图线交接时，应是线段交接；虚线与虚线交接或虚线与其他图线交接时，应是线段交接；虚线为实线的延长线时，不得与实线连接。如图 15-5（d）所示。

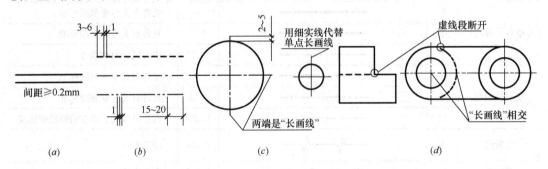

图 15-5　图线的画法及注意事项

（5）图线不得与文字、数字或符号重叠、混淆，不可避免时，应首先保证文字等清晰。

15.1.3　字体

字体是指图纸上所需书写的文字、数字或符号等。

土木制图国家标准规定：字体均应笔画清晰、字体端正、排列整齐；标点符号应清楚正确。字体高度应从表 15-5 中选用。字高大于 10mm 的文字宜采用 True type 字体，如需书写更大的字，其高度应按 $\sqrt{2}$ 的比值递增。字体的高度用字号来表示，如高为 5mm 或 7mm 的字，称为 5 号字或 7 号字。

<table>
<tr><td colspan="3" style="text-align:center">文字的高度（mm）　　　　表 15-5</td></tr>
</table>

字体种类	中文矢量字体	True type 字体及非中文矢量字体
字　高	3.5、5、7、10、14、20	3、4、6、8、10、14、20

1. 汉字

汉字应写成长仿宋体，并应遵守国务院公布的《汉字简化方案》和有关规定，如图15-6所示。

国家房屋建筑制图统一标准幅面比例
横平竖直注意起落结构匀称填满方格
笔画清楚字体端正间隔均匀排列整齐

图 15-6　长仿宋体字

（1）汉字的规格

长仿宋体字应写成直体字，其字高与字宽应符合表15-6的规定。汉字的字高应不小于3.5mm。

长仿宋体字高宽关系（mm）　　　　　　　　　　　　　　　　表 15-6

字　高	20	14	10	7	5	3.5
字　宽	14	10	7	5	3.5	2.5

（2）长仿宋体字的写法

书写长仿宋体字，其要领是：横平竖直、注意起落、结构匀称、填满方格、笔画清楚、字体端正、间隔均匀、排列整齐。书写长仿宋体字时，要注意起笔、落笔、转折和收笔，同时要按照整个字结构类型的特点，灵活地调整笔画间隔，使整个字体更加匀称和美观，见表15-7所列。

长仿宋体字的基本笔画　　　　　　　　　　　　　　　　表 15-7

名称	点	横	竖	撇	捺	挑	折	勾
笔画形状	长点 垂点 下挑点 上挑点	平横 斜横	竖	平撇 斜撇 直撇	斜捺 平捺	平挑 斜挑	竖折 横折 斜折 双折	竖勾 竖弯勾 左曲勾 右曲勾
例字	泥楼 热总	工 七	上 中	人 形	尺 建	比 结	凹 安 周 及	侧 划 机 构

2. 数字和字母

拉丁字母、阿拉伯数字与罗马数字，宜采用单线简体或ROMAN字体。书写规则应符合表15-8的规定。

拉丁字母、阿拉伯数字与罗马数字书写规则　　表 15-8

书写格式	一般字体	窄字体
大写字母高度	h	h
小写字母高度（上下均无延伸）	$7/10h$	$10/14h$
小写字母伸出的头部或尾部	$3/10h$	$4/14h$
笔画宽度	$1/10h$	$1/14h$
字母间距	$2/10h$	$2/14h$
上下行基准最小间距	$15/10h$	$21/14h$
词间距	$6/10h$	$6/14h$

拉丁字母、阿拉伯数字与罗马数字可根据需要写成直体或斜体。斜体字的倾斜度应是对底线逆时针向上斜 75°角，其高度和宽度与相应的直体字相等，如图 15-7 所示。

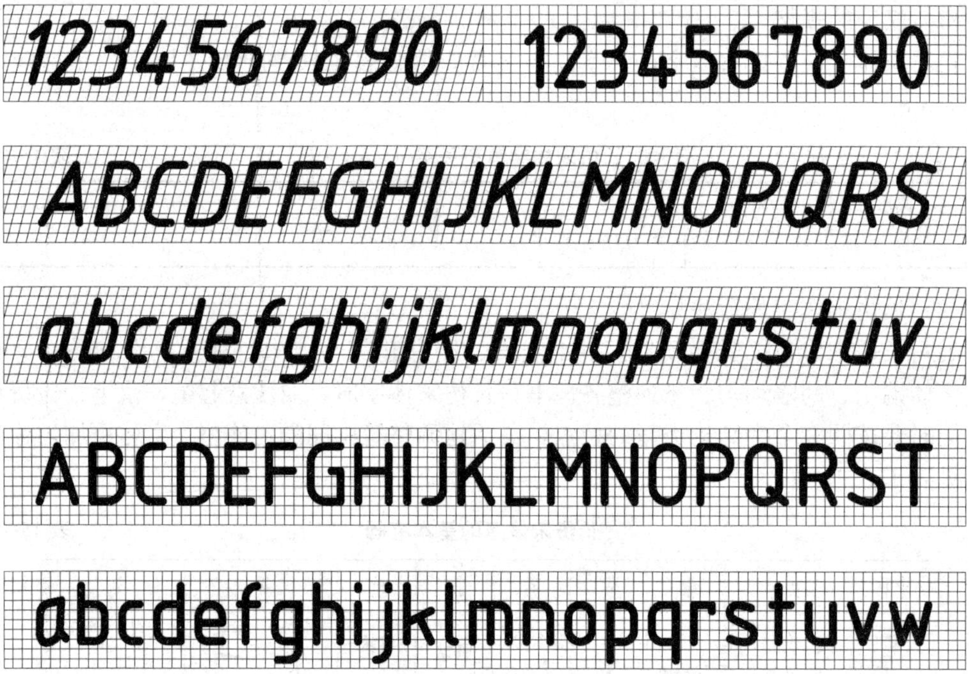

图 15-7　字母、数字示例

拉丁字母、阿拉伯数字与罗马数字的字高，应不小于 2.5mm。

数量数值注写，应采用正体阿拉伯数字。各种计量单位凡前面有量值的，均应采用国家颁布的单位符号注写。单位符号应采用正体字母。

分数、百分数和比例数的注写，应采用阿拉伯数字和数学符号，例如：四分之三、百分之二十五和一比二十应分别写成 3/4、25％和 1∶20。

15.1.4　比例

图样的比例，应为图形与实物相对应的线性尺寸之比。比例的大小，是指其比值的大小，如：1∶50 大于 1∶100。图 15-8 是对同一个形体用三种不同的比例画出的图形。

绘图所用的比例，应根据图样的用途与被绘对象的复杂程度，从表 15-9 中选用，并优先选用表中常用比例。

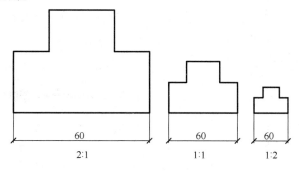

图 15-8   三种不同比例的图形

绘图所用的比例   表 15-9

常用比例	1∶1 1∶2 1∶5 1∶10 1∶20 1∶30 1∶50
	1∶100 1∶150 1∶200 1∶500 1∶1000 1∶2000
可用比例	1∶3 1∶4 1∶6 1∶15 1∶25 1∶40 1∶60 1∶80 1∶250
	1∶300 1∶400 1∶600 1∶5000 1∶10000 1∶20000 1∶50000
	1∶100000 1∶200000

15.1.5 尺寸标注

图形只能表示形体的形状，其大小及各组成部分的相对位置是通过尺寸标注来确定的。

1. 尺寸的组成

一个完整的尺寸包括：尺寸界线、尺寸线、尺寸起止符号（界标）和尺寸数字，如图15-9 所示。

（1）尺寸界线

尺寸界线要用细实线从距线段的两端约 2mm 左右垂直地引出，尺寸界线有时可用图形轮廓线、中心线代替，如图 15-10 所示。

（2）尺寸线

尺寸线用细实线绘制，与所标注的线段平行，与尺寸界线垂直相交，相交处尺寸线不宜超过尺寸界线，尺寸界线的一端距图形轮廓线不小于 2mm，另一端超过尺寸线 2mm 左右。若尺寸线分几层排列时，应从图形轮廓线外先是较小的尺寸，后是较大的尺寸，尺寸线间距要一致，约 7～10mm，如图 15-10 所示。

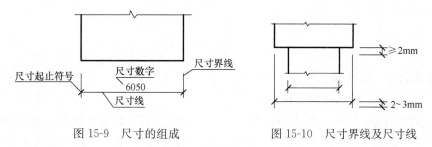

图 15-9   尺寸的组成   图 15-10   尺寸界线及尺寸线

（3）尺寸起止符号

尺寸起止符号（45°短线）用中实线绘制，长约 2～3mm，倾斜方向应与尺寸界线顺时针成 45°角，如图 15-11 所示。

图 15-11　尺寸起止符号

(*a*) 中粗斜短线的画法；(*b*) 箭头的画法

（4）尺寸数字

尺寸数字一律用阿拉伯数字书写。国家标准规定，各种设计图上标注的尺寸，除标高和总平面图以米（m）为单位外，其余一律以毫米（mm）为单位。因此，设计图中的尺寸都不注写单位。本书后面文字及插图中表示尺寸的数字，如无特别说明的，均遵守上述规定。尺寸数字是形体的实际尺寸，与画图比例无关。

尺寸数字一般写在距离尺寸线中部上方 1mm 位置上。水平方向的尺寸，尺寸数字要写在尺寸线的上面，字头朝上；竖直方向的尺寸，尺寸数字要写在尺寸线的左侧，字头朝左；倾斜方向的尺寸，尺寸数字的方向应按图 15-12（*a*）的规定书写，尺寸数字在图中所示 30°斜线范围内时，可按图 15-12（*b*）的形式书写。

尺寸数字如果没有足够的注写位置时，两边的尺寸可以注写在尺寸界线的外侧，中间相邻的尺寸可以错开注写，如图 15-13 所示。

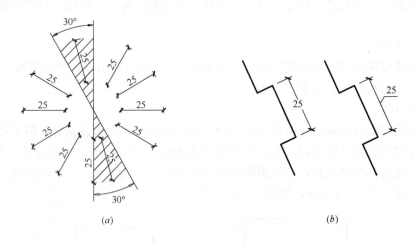

图 15-12　尺寸数字的注写方向

2. 常见的尺寸标注形式

（1）半径、直径、球的尺寸标注

标注半圆（或小半圆）的尺寸时要标注半径（*R*）。半径的尺寸线，一端从圆心开始，另一端画出箭头指至圆弧，半径数字一般注写在半圆里面，并且在数字前面加注半径符号

图 15-13　尺寸数字的注写位置

"R"，如图 15-14（a）所示。较小圆弧的半径可按图 15-14（b）的形式标注，较大圆弧的半径可按图 15-14（c）的形式标注。

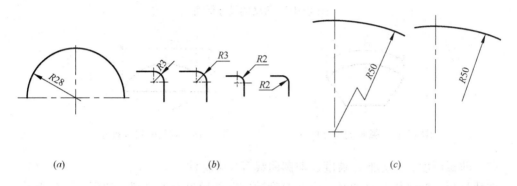

(a)　　　　　　　　(b)　　　　　　　　(c)

图 15-14　半径的尺寸标注

标注圆（或大半圆）的尺寸时要标注直径（ϕ）。直径的尺寸线是过圆心倾斜的细实线（圆的中心线不可作为尺寸线），尺寸界线即为圆周，两端的起止符号规定用箭头（箭头的尖端要指至圆周），尺寸数字一般注写在圆的里面并且在数字前面加注直径符号"ϕ"，如图 15-15（a）所示。标注小圆直径时，可以把数字、箭头移到圆的外面，如图 15-15（b）所示。

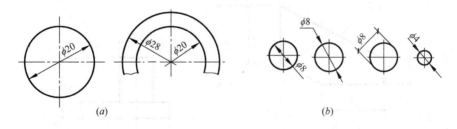

(a)　　　　　　　　　　　　　　　(b)

图 15-15　直径的尺寸标注

标注球面的直径或半径时，应在符号"ϕ"或"R"前面加注符号"S"。

（2）角度、弧长、弦长的标注

角度的尺寸线应以圆弧表示。该圆弧的圆心应是该角的顶点，角的两边为尺寸界线。起止符号用箭头表示，如果没有足够的位置画箭头，可用圆点代替，角度数字应按水平方向注写，如图 15-16 所示。

标注圆弧的弧长时，尺寸线应以与该圆弧同心的圆弧线表示，尺寸界线应垂直于该圆弧的弦，起止符号用箭头表示，弧长数字上方应加注圆弧符号"⌒"，如图 15-17 所示。

标注圆弧的弦长时，尺寸线应以平行于该弦的直线表示，尺寸界线应垂直于该弦，起止符号用中粗斜短线表示，如图 15-18 所示。

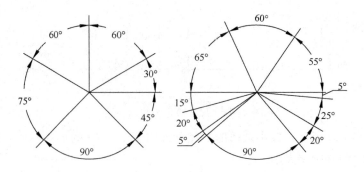

图 15-16　角度的尺寸标注

图 15-17　弧长的尺寸标注

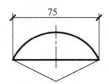

图 15-18　弦长的尺寸标注

（3）薄板厚度、正方形、坡度、非圆曲线等尺寸标注

在薄板板面标注板厚尺寸时，应在厚度数字前加厚度符号"t"，如图 15-19 所示。标注正方形的尺寸，可用"边长×边长"的形式，也可在边长数字前加正方形符号"□"，如图 15-20 所示。标注坡度时，应加注坡度符号"←"，该符号为单面箭头，箭头应指向下坡方向，如图 15-21（a）、（b）所示；坡度也可用直角三角形形式标注，如图 15-21（c）所示。外形为非圆曲线的构件，可用坐标形式标注尺寸，如图 15-22 所示。复杂的图形，可用网格形式标注尺寸，如图 15-23 所示。

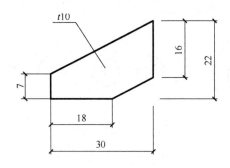

图 15-19　薄板厚度标注方法

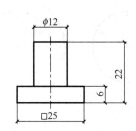

图 15-20　标注正方形尺寸

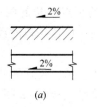

（a）

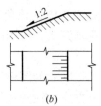

（b）

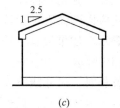

（c）

图 15-21　坡度标注方法

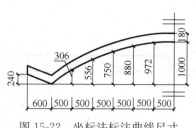

图 15-22　坐标法标注曲线尺寸

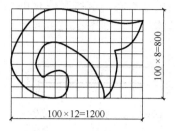

图 15-23　网格法标注曲线尺寸

（4）尺寸的简化标注

1）单线图尺寸

杆件或管线的长度，在单线图（桁架简图、钢筋简图、管线简图）上，可直接将尺寸数字沿杆件或管线的一侧注写，如图 15-24 所示。

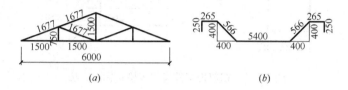

（a）　　　　　　　　　　　　（b）

图 15-24　单线图尺寸标注方法

2）连排等长尺寸

连续排列的等长尺寸，可用"个数×等长尺寸＝总长"的形式标注，如图 15-25 所示。

3）相同要素尺寸

构配件内的构造要素（如孔、槽等）相同，可仅标注其中一个要素的尺寸，如图 15-26 所示。

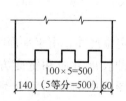

图 15-25　等长尺寸简化标注方法

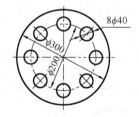

图 15-26　相同要素尺寸标注方法

4）对称构件尺寸

对称构配件采用对称省略画法时，该构配件的尺寸线应略超出对称符号，仅在尺寸线的一端画尺寸起止符号，尺寸数字应按整体全尺寸注写，其注写位置宜与对称符号对齐，如图 15-27 所示。

5）相似构件尺寸

两个构配件，如个别尺寸数字不同，可在同一图样中将其中一个构配件的不同尺寸数字注写在括号内，该构配件的名称也应注写在相应的括号内，如图 15-28 所示。数个构配件，如仅某些尺寸不同，这些有变化的尺寸数字，可用拉丁字母注写在同一图样中，另列表格写明其具体尺寸，如图 15-29 所示。

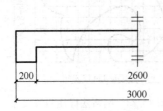

图 15-27　对称构件尺寸标注方法

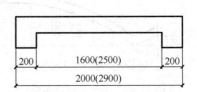

图 15-28　相似构配件尺寸标注方法

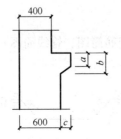

构件编号	a	b	c
Z-1	200	200	200
Z-2	250	450	200
Z-3	200	450	250

图 15-29　相似构配件尺寸表格式标注方法

15.2　平面图形的尺寸标注和线段分析

15.2.1　平面图形的尺寸标注

平面图形中标注的尺寸按其作用分为：

1. 定形尺寸

确定各部分形状大小的尺寸，称为定形尺寸。如直线段的长度、圆弧的直径或半径、角度的大小等。如图 15-30 中，$R75$、$R48$、$R24$，线段长度 260、40 等。

2. 定位尺寸

确定平面图形各部分之间相对位置的尺寸，称为定位尺寸。由于平面图形有两个方向的尺寸即长度方向和宽度方向，所以一般情况下图形中的每一部分都有两个方向的定位尺寸。如图 15-30 中的 200、64、50 等。

标注定位尺寸起始位置的点和线，称为尺寸基准。在平面图形中有长度和宽度两个方向的基准。常用的基准为对称图形的对称线，较大的圆的中心线或图形的底线（端线）等。如图 15-30 中的长度方向尺寸基准选取左右的对称中心线，宽度方向以图形底线作为尺寸基准。应注意的是：

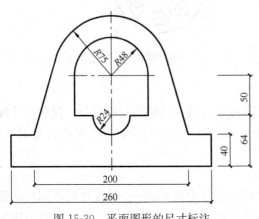

图 15-30　平面图形的尺寸标注

有的尺寸既是定形尺寸，又充当定位尺寸。如图 15-30 中的尺寸 50 既是左右两边铅垂线的定形尺寸，又可看作 $R75$、$R48$ 宽度方向的定位尺寸。

标注平面图形的尺寸，要求完整、正确、清晰。

15.2.2　平面图形的线段分析

在平面图形中，根据给出的定位尺寸把线段（包括圆弧和直线）分为以下三类：

1. 已知线段

有足够的定形尺寸和两个方向的定位尺寸，可直接画出的线段称为已知线段，如图 15-31 中的 $\phi220$、$\phi120$、$R110$、$R200$、$R600$、$R380$ 等。

2. 中间线段

只有一个方向的定位尺寸，需靠一端与另一线段相切才能画出的线段称为中间线段，如图 15-31 中的 $R100$。

3. 连接线段

没有定位尺寸，需靠两端与另两线段相切才能画出的线段称为连接线段，如图 15-31 中的 $R40$。

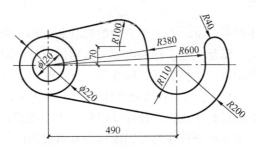

图 15-31　平面图形的线段分析

第16章 工程形体的表达方法

工程上表达空间形体的方法主要是正投影法。用正投影法得到的正投影图也称视图。但是，由于工程形体的复杂性，仅用前面讲述过的三视图的形式，有时无法完整、清晰地表达出来。因此，建筑制图国家标准中规定了多种表达方法。本章将介绍基本视图与辅助视图、剖面图、断面图、轴测剖面图、简化画法和规定画法等常用的表达方法。

16.1 基本视图与辅助视图

16.1.1 基本视图

三视图只能表示形体的前、上、左三个方向的形状和大小，而无法表示后、下、右三个方向的形状和大小。为了满足工程实际的需要，按照国家《房屋建筑制图统一标准》规定，在三面投影体系中再增设三个投影面，即在 V、H、W 投影面的相对方向上加设 V_1、H_1、W_1 三个投影面，使形体位于六个投影面所围成的箱体之中，形成六面投影体系。然后将形体向上述六个投影面进行正投影，这样就得到了六个视图，如图 16-1 (a) 所示，这六个视图称为基本视图。基本视图所在的投影面称为基本投影面。除了前面已知的三个视图外，再分别把 V_1、H_1、W_1 三个投影面上得到的视图称为背立面图、底面图、右侧立面图。

为了在一个平面（图纸）上得到六个基本视图，需要将上述六个视图所在的投影面都展平到 V 面所在的平面上。图 16-1 (b) 表示展开过程。图 16-1 (c) 表示展开后的六个基本视图的配置。为了合理地利用图纸，各视图的位置也可按图 16-1 (d) 所示排列，但需注写视图名称。

用上面方法得到的六个基本视图能从六个方向上反映出物体的形状和大小。

16.1.2 辅助视图

土木工程制图中，形体除了可以用基本视图表达外，当需要时，也可以采用辅助视图来表达。下面为几种常用的辅助视图。

1. 局部视图

把形体的某一局部向基本投影面作正投影，所得到的投影图称为局部视图。如图 16-2 所示，作出形体左侧凸出部分的局部视图，就可以把这部分的形状表达清楚。局部视图是基本视图的一部分。

（1）在基本视图上想要表达的局部用带字母的箭头指明其投影方向，在所画局部视图下方，用相同的字母标明"×向"，如图 16-2 所示。

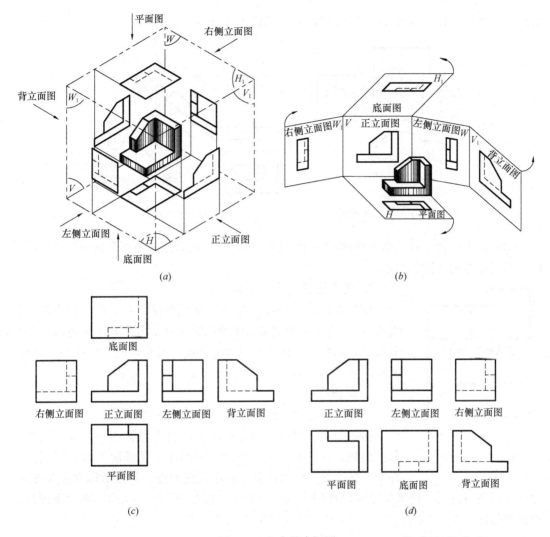

图 16-1　六个基本视图

（a）六个基本视图的形成；（b）六个基本视图的展开；（c）六个基本视图的配置；（d）六个基本视图的适宜配置

（2）通常局部视图配置在箭头所指明的方向上，也可以根据实际需要配置在图纸的其他适当位置。

（3）局部视图的断裂边界用波浪线表示；当它所表示的局部结构是完整的，且外轮廓线又成封闭时，波浪线可省略不画。

2. 斜视图

如果形体的某一部分表面不平行于任何基本投影面，则在六个基本视图中都不能真实地反映该部位的形状。为使倾斜于基本投影面部分的形状表达出来，可加一个与倾斜部分表面平行的辅助投影面，然后把该部位向辅助投影面作正投影，所得到的投影图称为斜视图，如图 16-3 所示。

斜视图是表达形体某一局部形状的视图，画图时应注意：

（1）斜视图的标注形式与局部视图一致。

（2）斜视图一般按投影关系配置；必要时也可配置在其他适当位置；也可以将其旋转

245

到直立或水平位置，但要注明"×向旋转"，如图 16-3 所示。

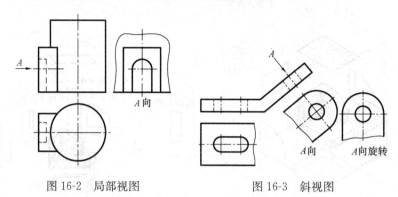

图 16-2 局部视图　　　　　　　图 16-3 斜视图

（3）由于倾斜部分是整个形体的一个局部，因此，斜视图往往是一个局部斜视图，所以，断裂边界用波浪线表示。

3. 展开视图

正立面图（展开）

图 16-4 展开视图

如果形体的某一局部与投影面不平行（如圆形、折线形、曲线形等），为了在视图中真实地反映出这部分形状，可将该部分展至与投影面平行，再以正投影法绘制，并应在图名后注写"展开"字样，如图 16-4 所示。

4. 镜像视图

《房屋建筑制图统一标准》中规定了镜像视图的表达方法。某些工程结构直接用第一角正投影法绘制不易表达时，可用镜像投影法绘制。如图 16-5（a）所示，把形体放在镜面上方，用镜面代替水平投影面，则形体在镜面中反射所得到的图形称为镜像视图。

但应在图名后注写"镜像"二字，如图 16-5（b）所示；或按图 16-5（c）所示画出镜像投影识别符号。

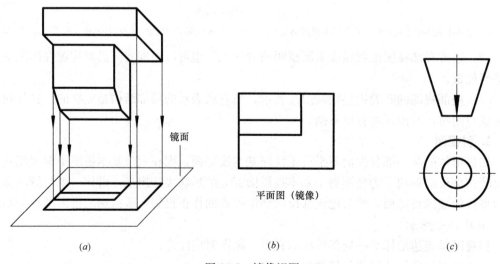

图 16-5 镜像视图

（a）镜像视图的形成；（b）平面图（镜像）；（c）镜像视图识别符号

16.2 剖 面 图

形体的基本视图和辅助视图主要表示形体的外部形状。在视图中，形体内部结构的不可见轮廓线需要用虚线画出。如果形体内部结构复杂，虚线就会过多，则在图面上就会出现内外轮廓线重叠、虚线之间交叉、混杂不清的情况，既影响读图又影响尺寸标注，甚至会出现错误。如图 16-6（a）所示，在形体的正面图中，出现了表示形体内部结构的虚线。为了克服视图的这种缺点，工程上通常用不带虚线的剖面图来表达形体的内部结构。

16.2.1 剖面图的形成

如图 16-6（b）所示，假想用一个剖切平面将形体切开，移去剖切平面与观察者之间的部分形体，将剩下的部分形体向投影面投影，所得到的投影图称为剖面图，简称"剖面"。

从剖面图的形成过程可以看出：形体被切开并移去剖切平面与观察者之间的部分形体以后，其内部结构即显露出来，使形体内部原本看不见的部分变成看得见的，于是在视图中表示内部结构的虚线在剖面图中变成了看得见的实线。

16.2.2 剖面图的画法

1. 确定剖切位置

画剖面图时，首先应根据图示的需要和形体的特点确定剖切平面的剖切位置和投影方向，使剖切后所画出的剖面图能准确、清楚地表达形体的内部形状。剖切平面一般应通过形体内部的对称平面或孔、槽的轮廓线处，且应平行于投影面。剖面图的投影方向基本上与视图的投影方向一致。

2. 画剖面图

剖切位置确定之后，即可将形体切开，并且按照投影的方法画出保留部分（剖切平面与投影面之间的部分）的投影图，即得剖面图。

工程图样中，如果形体的外部形状比较简单，在读图不受影响的情况下，可以将视图改画成剖面图（用剖面图替换视图）。把视图改画成剖面图的一般步骤如下：

（1）视图中的外形轮廓线，一般情况下仍是剖面图的外形轮廓线——保持不变。

（2）视图中原本看不见的虚线，剖切后在剖面图中变成了看得见的线——虚线改成粗实线。

（3）对视图中的图线进行增减等适当处理。

3. 画图例线

画剖面图时，为了明显地表示出形体的内部结构，要求把剖切平面与形体接触的部位以及剖切平面与形体不接触的部位（有孔、槽的部位）加以区分，按规定应在剖切平面与形体接触的部位画出图例线，如图 16-6（c）所示。图例线用间距 2～6mm 的 45°细实线表示。细实线的方向、间距必须一致。如果需要表明形体的构造材料时，可以把图例线改画成材料图例，如图 16-7 所示。

最后，需要注意的是：由于剖切是假想的，因此，某一视图改画成剖面图之后，其他视图仍然要保持图形的完整性。

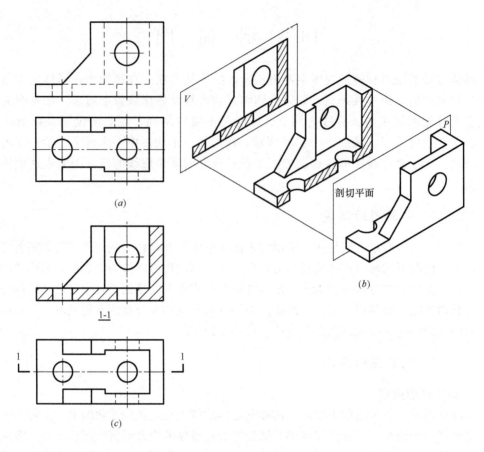

图 16-6　剖面图的形成

(a) 视图；(b) 剖切过程；(c) 剖面图

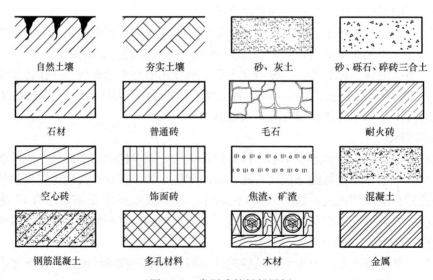

自然土壤	夯实土壤	砂、灰土	砂、砾石、碎砖三合土
石材	普通砖	毛石	耐火砖
空心砖	饰面砖	焦渣、矿渣	混凝土
钢筋混凝土	多孔材料	木材	金属

图 16-7　常用建筑材料图例

16.2.3 剖面图的标注

剖面图的图形是由剖切平面的位置和投影方向决定的。因此，在剖面图中要用剖切符号指明剖切位置和投影方向。为了便于读图，还要对剖切符号进行编号，并在相对应的剖面图下方标注相应的编号名称。

（1）剖切符号由剖切位置线和投影方向线组成。剖切位置由剖切位置线表示，剖切位置线用粗实线绘制，长度约 6～10mm，剖切位置线不得与图中其他图线相交。剖切后的投影方向由投影方向线来表示，投影方向线应垂直地画在剖切位置线的两端，其指向即为投影方向。投影方向线用粗实线绘制，长度约 4～6mm。如图 16-8 所示。

（2）剖切符号的编号要用阿拉伯数字按从左到右、从下到上的顺序连续编排，数字要注写在投影方向线的端部。剖切位置线需要转折时，在转折处也应加注相同的编号。编号数字一律水平书写。如图 16-8 所示的剖切符号及编号。

（3）剖面图的名称要用与剖切符号相同的编号命名，并注写在剖面图的下方，如图 16-6 所示的 1-1 剖面图。

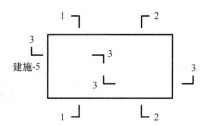

图 16-8 剖面图的剖切符号及编号

当剖切平面通过形体的对称平面，且剖面图又是按投影关系配置时，上述标注可以省略。

16.2.4 常用的剖面图

画剖面图时，在能够清楚地表达形体内部结构的前提下，可以根据形体的形状特点，采用不同的剖切方式，画出不同类型的剖面图。

1. 全剖面图

当形体在某个方向上的视图为非对称图形时，应采用全剖面图。所谓全剖面图就是假想用一个剖切平面把形体整个切开所得到的剖面图，如图 16-6 所示的 1-1 剖面图。

2. 半剖面图

当形体的内、外部形状均比较复杂，且在某个方向上的视图为对称图形时，可以采用半剖面图来同时表示形体的内、外部形状，如图 16-9（a）所示。半剖面图的形成如图 16-9（b）所示，图中剖切平面的剖切深度刚好是形体的一半，到形体的对称面为止。形体切开后，移去剖切平面、形体的对称面和观察者之间的这部分形体，而将剩余的部分形体向投影面作投影，这样得到的剖面图称为半剖面图。

半剖面图应以视图的对称线（即形体的对称面）为分界线，一半画成视图，一半画成剖面图。也就是说，半剖面图是由半个视图和半个剖面图合成的。半剖面图中的半个剖面图通常画在图形的垂直对称线的右方或水平对称线的下方。在半剖面图中，由于形体的内部结构已在剖面图上表示清楚，所以视图上的虚线可以省去不画，如图 16-9（b）所示。

半剖面图的标注方法与全剖面图相同，如图 16-9（b）所示。

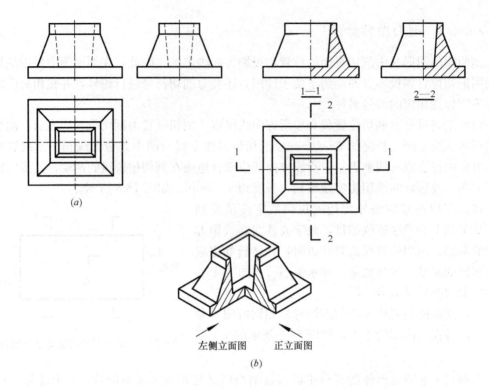

图 16-9　半剖面图的形成及画法

（a）三视图；（b）半剖面图

3. 局部剖面图

（1）形成

当形体某一局部的内部结构需要表达时，可以用剖切平面将形体的局部剖切开而得到的剖面图称为局部剖面图，如图 16-10 所示。

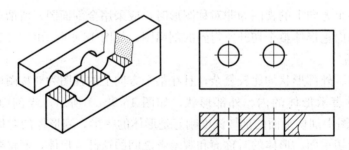

图 16-10　局部剖面图

（2）注意点

虽然局部剖面图比较灵活，但不宜过于零碎，应是全剖和半剖的补充形式；用波浪线表示形体的断裂边界，波浪线应画在实体部分，不能超出视图轮廓线或画在中空部位，不能与其他图线重合；局部剖面图不需标注。如图 16-11 所示。

（3）适用范围

1）局部剖面图适用于内部结构简单（如：孔、槽等）的结构形式。

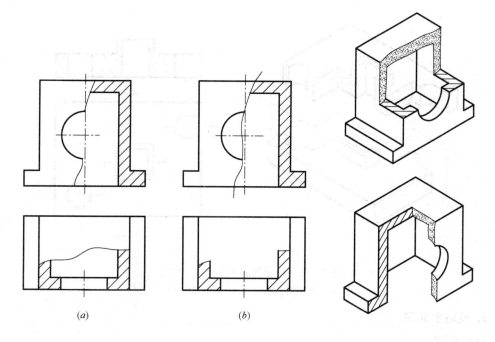

图 16-11　局部剖面图的正误

（*a*）正确；（*b*）错误

2）局部剖面图适用于形体轮廓与对称线重合，不宜采用半剖或全剖的形体。

3）建筑物的墙面、楼面及其内部构造层次较多时，可用分层局部剖面图来表示各层所用的材料和构造。分层剖切的剖面图，应按层次以波浪线将各层隔开，波浪线不应与任何线重合，如图 16-12 所示。

4. 阶梯剖面图

（1）形成

当形体上有较多的孔、槽，用一个剖切平面不能都剖到时，可以假想用几个互相平行的剖切平面分别通过孔、槽等的轴线把形体剖切开，所得到的剖面图称为阶梯剖面图，如图 16-13（*a*）所示。

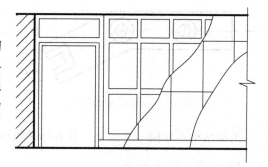

图 16-12　分层剖切的局部剖面图

（2）注意点

1）阶梯剖面图需标注。为使转折处的剖切位置不与其他图线发生混淆，应在转折处标注转折符号"⌐"，并在剖切位置的起、止和转折处注写相同的阿拉伯数字，如图 16-13（*b*）所示。

2）阶梯剖面图的剖切平面不应剖切出不完整的要素，如不应出现孔、槽的不完整投影。

3）由于整个剖切过程都是假想的，因此，在剖面图上，不应画出两个剖切平面转折处交线的投影。

（3）适用范围

内部结构不在同一平面上的形体。

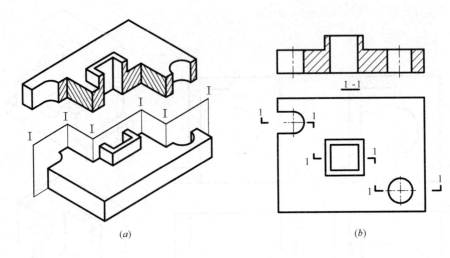

(a)　　　　　　　　　　(b)

图 16-13　阶梯剖面图的形成与画法

(a) 阶梯剖面图的形成；(b) 阶梯剖面图的画法

5. 旋转剖面图

（1）形成

用两个相交的剖切平面（交线垂直于一基本投影面）剖切形体后，将剖切平面和观察者之间的部分移去，然后把保留部分中倾斜部分旋转与选定的基本投影面平行，再进行投影，即得到旋转剖面图，如图 16-14 所示。

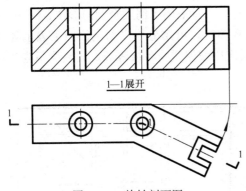

图 16-14　旋转剖面图

（2）注意点

1）旋转剖面图需标注。在剖切位置的起、止和转折处注写相同的阿拉伯数字，如图 16-14 所示。

2）旋转剖面图要求先剖切、后旋转、再投影，并在旋转剖面图后面加注"展开"字样。如图 16-14 所示。

（3）适用范围

内部结构不在同一平面上，且有回转轴线的形体。

16.2.5　综合应用

【例 16-1】　如图 16-15（a）所示，已知三视图，试将正面图和侧面图改画成适当的剖面图。

作图：

（1）由图 16-15（a）所示的三视图想象出形体的内、外形状。

首先按形体分析读懂它的大致形状。由此可知，这个形体是前后对称的：主体为底板和方柱前后对齐放置；底板的左侧叠加放置一"U"形台，并向下开出"U"形槽；方柱自上而下做出由方孔和圆柱孔组成的阶梯孔，并在前后壁上做出半径一致的半圆孔。

（2）选择适当剖切形式，改画正面图和侧面图。

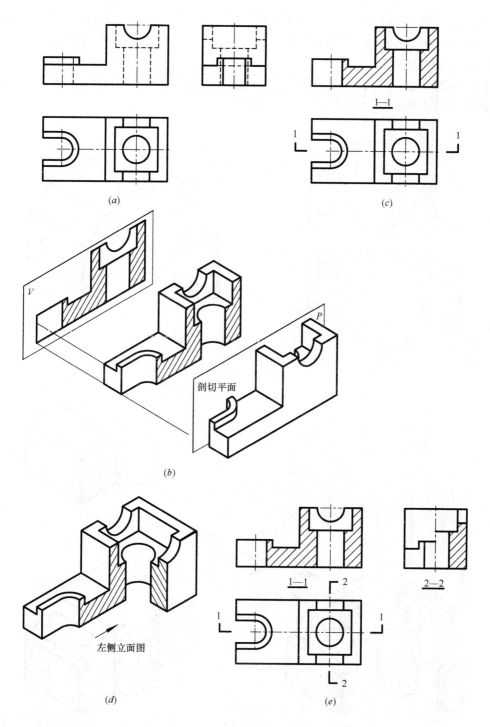

图 16-15　剖面图的画法示例

(a) 已知三视图；(b) 全剖面图的剖切过程；(c) 全剖面图；(d) 半剖面图的形成；(e) 半剖面图

由于形体左右不对称，且内部结构可用一个剖切平面完成，因此，正面图改画成全剖面图，如图 16-15 (b) 所示，假想在形体的前后对称面上加一个剖切平面，把留下的部分进行正投影，得到如图 16-15 (c) 所示正面图改画成的全剖面图。如图 16-15 (d) 所示，由于形体前后对称，所以，以对称面作为边界，用过阶梯孔前后轮廓线处的剖切平面剖切，剖到对称面为止，把左角部分移去，留下部分向右进行正投影，得到如图 16-15（e）所示侧面图改画成的剖面图。

【例 16-2】 如图 16-16（a）所示，已知两视图，想象出形体的形状，补画出侧面图，并作出适当的剖面图和尺寸标注。

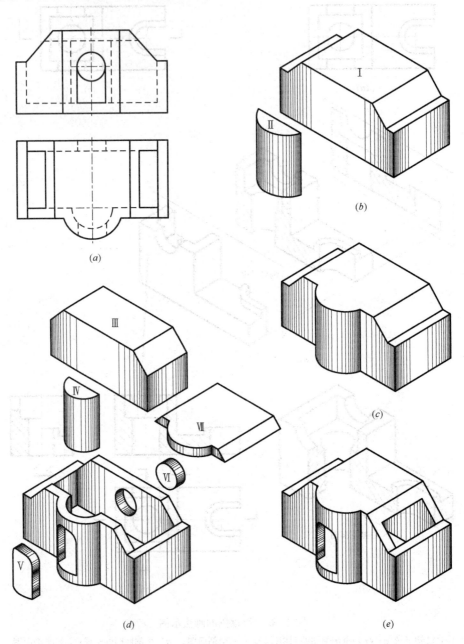

图 16-16　组合体的形体分析

(a) 已知两视图；(b) Ⅰ、Ⅱ两基本形体；(c) Ⅰ、Ⅱ两基本形体叠加；
(d) Ⅲ、Ⅳ、Ⅴ、Ⅵ切割，Ⅶ叠加；(e) 形成组合体

254

作图：

（1）由图 16-16（a）所示的两视图想象出形体的内、外形状。

首先按形体分析读懂它的大致形状。由此可知，这个形体为综合类型组合体且左右对称：主体为箱体Ⅰ（可看成棱柱的形式）和圆弧柱Ⅱ叠加而成，如图 16-16（b）、（c）所示；然后经过挖切掉棱柱Ⅲ、半圆柱Ⅳ、圆柱Ⅴ、Ⅵ，再在形体的上方叠加形体Ⅶ，从而组成复杂结构形式的组合体，如图 16-16（d）、（e）所示。

（2）补画出侧面图。

根据想象出的形体形状，注意内外结构上的变化，以及各基本形体之间的相对位置关系，一个一个画出基本形体的侧面图，最后，擦去多余线，检查无误后，加深，如图 16-17 所示。

（3）选择适当剖切形式。

由于形体左右对称，且内部结构可用一个剖切平面完成。因此，如图 16-18（a）所示，以左右对称面作为边界，假想在形体的前后的中间位置用一个与对称面垂直的剖切平面剖切，移去右前角，并把留下的部分进行正投影，即得正面图为半剖面图。如图 16-18（b）所示，以左右对称面作为边界，假想在形体上下的中间位置（通过圆柱孔左右轮廓线处）用一个与对称面垂直的剖切平面剖切，移去右上角，并把留下的部分进行正投影，即得平面图为半剖面图。如图 16-18（c）所示，以左右对称面作为剖切平面从前向后完全剖切，移去左面部分，并把留下的部分进行正投影，即得侧面图为全剖面图。

（4）改画剖面图。

如图 16-19 所示，将正面图和平面图改画成半剖面图，改画侧面图为全剖面图；注写剖切符号；擦去多余图线，检查无误，加深。

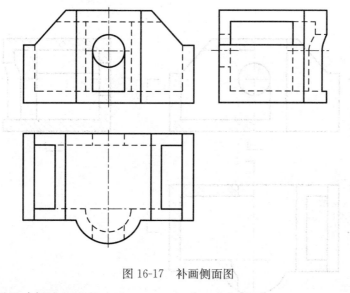

图 16-17　补画侧面图

（5）剖面图尺寸标注。

如图 16-20 所示，先标注定形尺寸，如：$R20$、$R30$、$\phi28$、10、150、50、80 等；再标注定位尺寸，如：35、130、75 等；最后标注总体尺寸，如：150、95、80。标注时注意正面半剖面图尺寸 130 和 75，由于只有一端指对的尺寸界线，所以，尺寸线采用超过对称线一点的长度，并标注完整的尺寸。

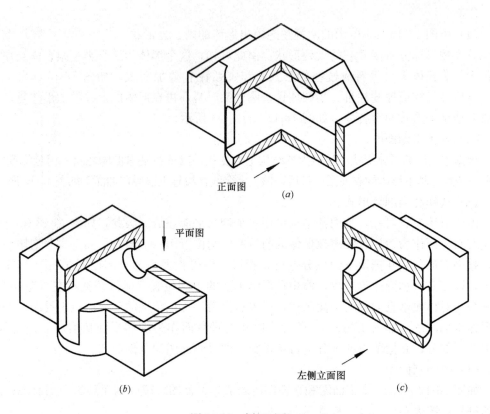

正面图

(a)

平面图

(b)

左侧立面图

(c)

图 16-18　剖切过程

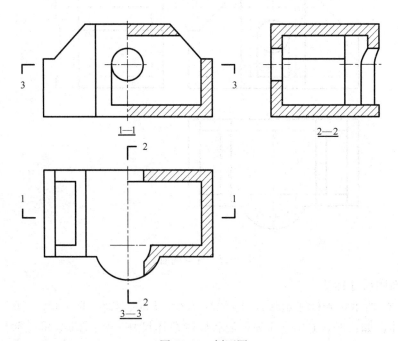

1—1

2—2

3—3

图 16-19　剖面图

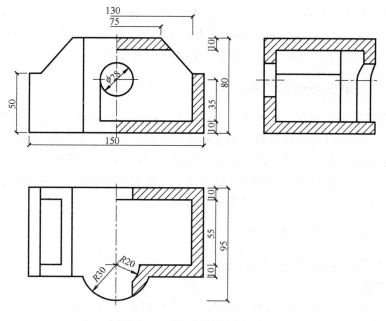

图 16-20 剖面图的尺寸标注

16.3 断 面 图

工程设计的实际过程中，当需要表示形体的截面形状时，通常画出其断面图。

16.3.1 断面图的形成与标注

1. 断面图的形成

假想用一个剖切平面把形体切开，画出剖切平面截切形体所得的断面图形，这个图形称为断面图，简称"断面"，如图 16-21（a）、（c）所示梁的断面图。

2. 断面图的标注

断面图的形状是由剖切位置和投影方向决定的。画断面图时，要用剖切符号表明剖切位

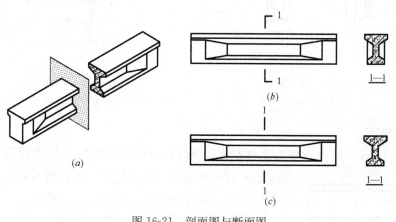

图 16-21 剖面图与断面图

（a）立体图；（b）剖面图；（c）断面图

置和投影方向。剖切位置线用 6～10mm 长的粗实线绘制。投影方向用编号数字的注写位置表示，数字注写在剖切位置线的哪一侧，就表示向哪个方向投影，如图 16-21（c）所示。

断面图一般要画上图例线或材料图例，其方法同剖面图。

16.3.2　断面图与剖面图的区别

（1）断面图只是形体被剖切平面所切到的截断面图形的投影，它是"面"的投影；而剖面图则是剖切平面剖切形体后剩余部分形体的投影，它是"体"的投影，剖面图中包含断面图，而断面图只是剖面图中的一部分，如图 16-21（b）、（c）所示。

（2）剖面图标注既要画出剖切位置线，又要画出投影方向线，而断面图则只画剖切位置线，其投影方向线用编号的注写位置来表明。

16.3.3　断面图的种类与画法

断面图包括移出断面和重合断面两种。

1. 移出断面

画在视图外面的断面图称为移出断面。移出断面的外形轮廓线用粗实线绘制，如图 16-22 所示。当形体需要作出多个断面时，可将各个断面图整齐地排列在视图的周围。画断面图时，根据实际情况，可以采用不同的比例，但需注明。

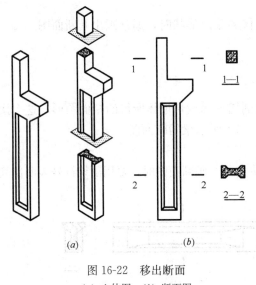

图 16-22　移出断面
（a）立体图；（b）断面图

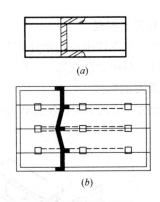

图 16-23　重合断面
（a）槽钢重合断面；（b）结构梁板的重合断面

2. 重合断面

画在视图内部的断面图称为重合断面。重合断面的轮廓线应与形体的轮廓线有所区

图 16-24　断面图画在中断处

别，当形体的轮廓线为粗实线时，重合断面的轮廓线应为细实线，反之，则用粗实线。如图 16-23 所示。

当形体较长且所有的断面图形相同时，可以将断面图画在视图中间断开处，如图16-24所示。

16.4 简化画法和规定画法

16.4.1 简化画法

1. 折断画法

如图 16-25 所示，当只需表示形体的一部分形状时，可假想把不需要的部分折断，画出保留部分的图形后，在折断处画出折断线，称为折断画法。

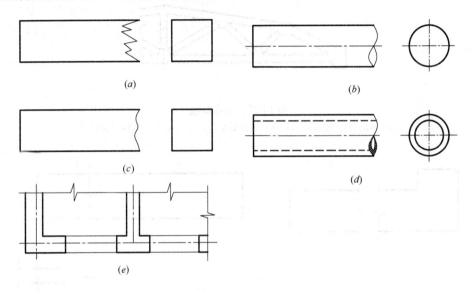

图 16-25 常见的折断画法

(*a*) 方木；(*b*) 圆钢；(*c*) 方钢；(*d*) 钢管；(*e*) 房屋平面图

2. 断开画法（中间折断）

当形体较长且沿长度方向一致时，可假定形体折断并去掉中间部分，只画出两端部分，这种画法称为断开画法，如图 16-26 所示。

3. 对称画法

当形体是对称的时，其视图可只画出一半或四分之一，并画出对称线和对称符号，在对称线两端垂直地画出对称符号"＝"。对称符号用两条平行的细实线表示，线段长度约为 6～10mm，间距为 2～3mm，且画在对称线

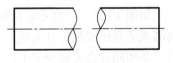

图 16-26 断开画法

的两端，如图 16-27（*a*）、（*b*）所示。对称图形也可稍超出对称线，此时不宜画对称符号，而在超出对称线部分画上折断线，如图 16-27（*c*）所示。

4. 折断省略画法

如图 16-28（*a*）所示，当构件较长，且沿长度方向的形状相同或按一定规律变化时，可断开省略绘制，断开处应以折断线表示。

如图 16-28（*b*）所示，一个构配件如与另一构配件仅部分不同，该构配件可只画不同部分，但应在两个构配件的相同部分与不同部分的分界线处分别绘制连接符号。

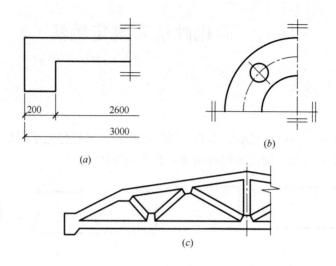

图 16-27　对称画法

（a）画出对称符号（一）；（b）画出对称符号（二）；（c）不画对称符号

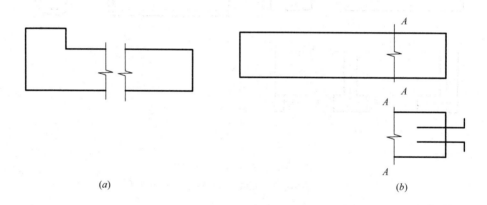

图 16-28　折断省略画法

（a）折断省略画法（一）；（b）折断省略画法（二）

5. 相同要素的省略画法

如图 16-29（a）所示，构配件有多个完全相同且连续排列的构造要素，绘图时可仅在两端或适当位置画出其完整形状，其余部分以中心线或中心线交点表示。

如相同构造要素少于中心线交点，则其余部分应在相同构造要素位置的中心线交点处用小圆点表示，如图 16-29（b）所示。

16.4.2　规定画法

1. 不剖物体

当剖切平面纵向通过薄壁、肋板或柱等实心物体的轴线或对称平面时，这些物体不画图例线，只画外形轮廓线，此类物体称为不剖物体，如图 16-30（a）中的肋板。

2. 图例线的规定画法

当剖面或断面的主要轮廓线与水平线成 45°倾斜时，应将图例线画成与水平线成 30°

或 60°方向，如图 16-30（b）所示。

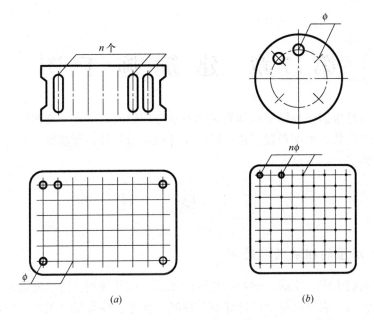

图 16-29　相同要素省略画法
（a）以中心线（中心线交点）表示；（b）以小圆点表示

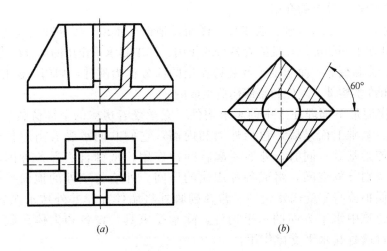

图 16-30　规定画法
（a）按不剖切表示板；（b）图例线的规定

思　考　题

1. 什么是基本视图和辅助视图？
2. 剖面图的种类和应用的特点是什么？
3. 断面图的种类和特点有哪些？
4. 剖面图和断面图的异同点是什么？

第17章 建筑施工图

建筑施工图是根据正投影原理和有关的专业知识绘制的一种工程图样，其主要任务是表示房屋的内外形状、平面布置、楼层层高及建筑构造与装饰做法等。它是指导土建工程施工的主要依据之一。

17.1 概　　述

17.1.1 房屋的组成及其作用

房屋是供人们生产、生活、学习、娱乐的场所，按其使用功能和使用对象的不同通常可分为厂房、库房、农机站等生产性建筑与商场、住宅、体育场（馆）等民用建筑。各种不同的房屋尽管它们在使用要求、空间组合、外部形状、结构形式等方面各自不同，但是它们的基本构造是类似的。现以图17-1所示某小区的民用住宅为例，将房屋各组成部分的名称及其作用作一简单的介绍。

一幢房屋，一般是由基础、墙或柱、楼面及地面、屋顶、楼梯和门窗等6大部分组成。它们各处在不同的部位，发挥着各自的作用。其中起承重作用的部分称为构件，如基础、墙、柱、梁和板等；而起围护及装饰作用的部分称为配件，如门、窗和隔墙等。因此，房屋是由许多构件、配件和装修构造组成的。

基础是房屋最下部埋在土中的承重构件，它承受着房屋的全部荷载，并将这些荷载传给地基。基础上面是墙，包括外墙和内墙，它们共同承受着由屋顶和楼面传来的荷载，并传给基础。同时，外墙还起着围护作用，抵御自然界各种因素对室内的侵袭，而内墙则分隔空间，组成各种用途的房间。外墙与室外的地面接近的部位称为勒脚，为保护墙身不受雨水侵蚀，常在勒脚处将墙体加厚并外抹水泥砂浆。楼面、地面是房屋建筑中水平方向的承重构件，除承受家具、设备和人体荷载及其本身重量外，它还对墙身起水平支撑作用。

屋顶是房屋最上层起覆盖作用的外围护构件，借以抵抗雨雪、日晒等自然界的影响；屋顶由屋面层和结构层组成。楼梯是房屋的垂直交通设施，供人们上下交通、运输货物或紧急疏散之用。窗的作用是采光、通风和围护。门起着内外沟通的作用。此外，还有挑檐、雨水管、散水、烟道、通风道、排水、排烟等设施。

房屋的第一层称为底层或首层，最上一层称为顶层。底层与顶层之间的若干层可依次称之为二层、三层……或统称为中间层。

17.1.2 房屋施工图的分类

房屋施工图是用于指导施工的一套图纸，按其内容和作用的不同，可分为建筑施工

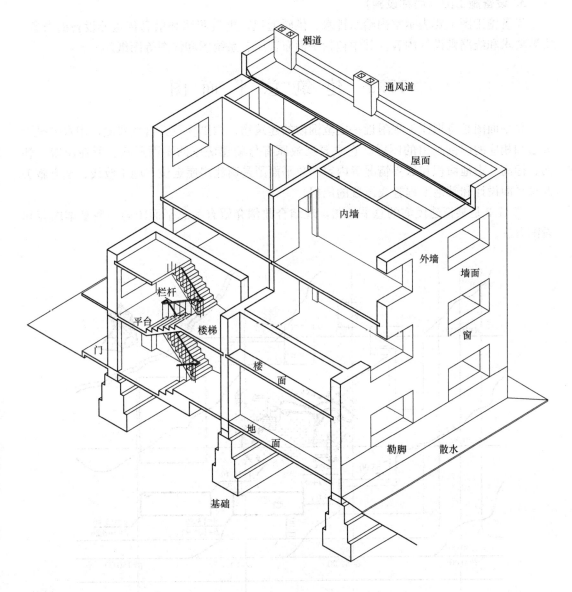

图 17-1　房屋的组成

图、结构施工图和设备施工图三部分。

1. 建筑施工图（简称建施）

建筑施工图主要表示房屋建筑群体的总体布局、房屋的平面布置、内部构造、外部形状、构造做法及所用材料等内容。它一般包括：设计说明、图纸目录及总平面图、建筑平面图、建筑立面图、建筑剖面图和建筑详图等图纸。

2. 结构施工图（简称结施）

结构施工图主要表示房屋承重构件的布置、类型、规格及其所用材料、配筋形式和施工要求等内容。它一般包括：结构平面布置图、各种构件详图和结构构造详图等图纸。

3. 设备施工图（简称设施）

设备施工图主要表示室内给水排水、供暖通风、电气照明和信息传送等设备的布置、安装要求和线路敷设等内容。其中包括平面布置图、系统图和详图等图纸。

17.2 建筑总平面图

总平面图是将拟建工程附近一定范围内的建筑物、构筑物及其自然状况，用水平投影方法和相应的图例画出的图样。它主要反映原有与新建房屋的平面形状、所在位置、朝向、标高、占地面积和邻界情况等内容。总平面图是新建房屋定位、施工放线、土方施工及总平面设计和其他工程管线设置的依据。

图 17-2 是某拟建民宅的总平面图，现结合此例介绍有关总平面图的一些基本内容和看图方法。

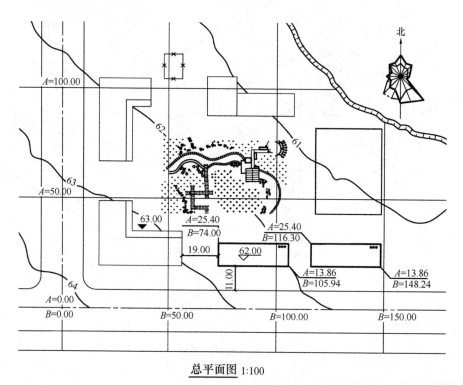

总平面图 1:100

图 17-2　总平面图

17.2.1　总平面图图例

总平面图所表示的区域一般都较大，因此，在实际工程中常采用较小的比例绘制，如 1∶500、1∶1000、1∶2000 等。总平面图上所标注的尺寸，一律以米（m）为单位。某些地物因其尺寸较小，若按其投影绘制则有一定难度，故在总平面图中需用"国标"规定的图例表示，总平面图中常用图例见表 17-1 所列。

总平面图图例（GB/T 50103—2010） **表 17-1**

名 称	图 例	说 明	名 称	图 例	说 明
新建的建筑物	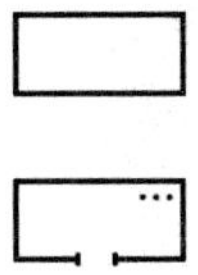	1. 上图为不画出入口图例，下图为画出入口图例 2. 需要时，可在图形内右上角以点数或数字（高层宜用数字）表示层数 3. 用粗实线表示	新建道路	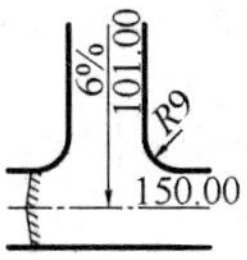	1. “R9”表示道路转弯半径为 9m，“150.00”表示路面中心标高，“6%”表示为纵向坡度，“101.00”表示变坡点间距离 2. 图中斜线为道路断面示意，根据实际需要绘制
原有的建筑物	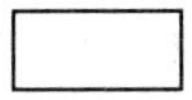	用细实线表示	原有道路	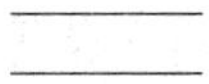	
计划扩建预留地或建筑物	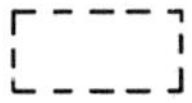	用中粗虚线表示	计划扩建的道路	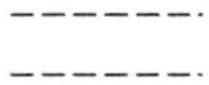	
拆除的建筑物	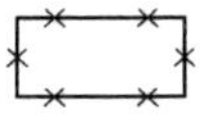	用细实线表示	室内标高	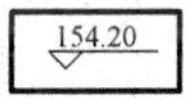	
挡土墙		被挡土在“凸出”的一侧	室外标高	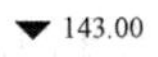	
围墙及大门	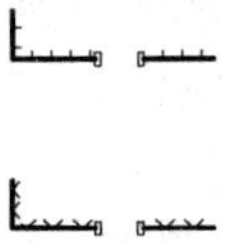	1. 上图为砖石、混凝土或金属材料的围墙。下图为镀锌钢丝网篱笆等围墙 2. 如仅表示围墙时不画大门	填挖边坡	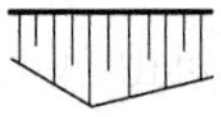	边坡较长时，可在一端或两端局部表示
			护坡	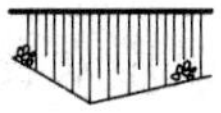	护坡很长时，可在一端或两端局部表示

17.2.2 建筑定位

新建房屋的位置可用定位尺寸或坐标确定。定位尺寸应标明与其相邻的原有建筑物或道路中心线的距离。在地形图上以南北方向为 X 轴，东西方向为 Y 轴，以 100m×100m 或 50m×50m 画成的细网格线称为测量坐标网。在此坐标网中，房屋的平面位置可由房屋三个墙角的坐标来定位。当房屋的两个主向平行于坐标轴时，可只标注出两个相对墙角坐标，如图 17-3 所示。

当房屋的两个主向与测量坐标网不平行时，为方便施工，通常采用施工坐标网定位。其方法是在图中选定某一适当位置为坐标原点，以竖直方向为 A 轴，水平方向为 B 轴，

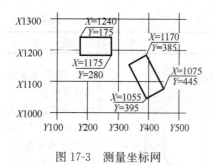

图 17-3　测量坐标网

同样以 100m×100m 或 50m×50m 进行分格，即为施工坐标网，只要在图中标明房屋两个相对墙角的 A、B 坐标值，就可以确定其位置，如图 17-2 中的两栋新建住宅，西侧一栋两个相对墙角的坐标为 $\dfrac{A=25.40}{B=74.00}$，$\dfrac{A=13.86}{B=105.94}$。根据坐标不但能确定房屋的位置，还可算出其总长和宽度（总长为 31.94m，总宽为 11.54m）。

如果总平面图上同时画有测量坐标网和施工坐标网时，应注明两坐标系统的换算公式。

17.2.3　等高线和绝对标高

总平面图中通常有多条等高线，以表示该区域的地势高低，它是计算挖方或填方以及确定雨水方向的依据。同时，为了表示每个建筑与地形之间的高度关系，常在房屋平面图形内标注首层地面标高。此外，构筑物、道路中心的交叉口等处也需标注标高，以表明该处的高程。

总平面图中所注标高均为绝对标高。所谓绝对标高，是指以我国青岛附近的黄海平均海平面作为零点而测量的高度尺寸。其他各地标高均以此为基准。绝对标高的数值，一律以米（m）为单位，一般注至小数点后三位。室外整平地面标

图 17-4　标高符号

高，用涂黑的三角符号表示（表 17-1）。标高符号的形式及尺寸规格如图 17-4 所示。

17.2.4　指北针和风向频率玫瑰图

新建房屋的朝向可由总平面图中的指北针来确定。指北针的细实线圆的直径一般以 24mm 为宜，指北针下端宽度为直径的 1/8，在指北针的尖端部应注写"北"字，如图 17-5 所示。

风向频率玫瑰图是用来表示新建房屋所在地区的风向情况示意图，如图 17-6 所示。图中 16 个（或 8 个）方向的实线图形表示了该地区的常年风向频率；虚线表示夏季风向频率，其箭头方向表示北向。风的方向是从外吹向所在地区中心。从图 17-2 所示的风向频率玫瑰图中可以看出该地区常年主导风向是东南风，夏季主导风向是西南风。

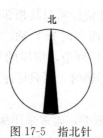

图 17-5　指北针　　　　图 17-6　风向频率玫瑰图

17.2.5 看图示例

从图 17-2 所示的某住宅小区总平面图中，能够看出新建两栋住宅的平面图形是用粗实线表示的，原有的房屋画成细实线，其中打叉的是应拆除的建筑物。带有圆角的平行细实线表示原有道路，规划扩建的预留地用虚线表示。新建房屋平面图形的北部两端是两个单元的入口。其周围为绿化地带，种有花草和树木。

图中的四条等高线表示：小区所在地段地势较平坦，西南地势较高，坡向东北。在东北角有一池塘，图中画出了池塘南侧一段护坡。

道路方位、道路与房屋的距离、新建住宅与原有房屋的距离等尺寸，均已在图中标明。

17.3 建筑平面图

建筑平面图主要表示房屋的平面形状、尺寸、内部分隔和使用功能，墙体材料和厚度，门窗类型与位置，楼梯和走廊的位置等。它是房屋施工图中最基本的图样之一，同时也是施工放线、砌筑墙体、安装门窗和编制预算的主要依据。

17.3.1 建筑平面图的组成和名称

假想用一水平剖切平面沿房屋的门窗洞口（距地面 1m 左右）将房屋整个切开，移去上面部分，对其下面部分作出的水平剖面图，称为建筑平面图，简称平面图。

沿底层门窗洞口剖切得到的平面图称为底层平面图或一层平面图。用同样的办法也可得到二层平面图、三层平面图……顶层平面图。如果中间各层的房间平面布置完全一样时，则相同层可用一个平面图表示，该平面图称为标准层平面图，否则每一层都要画出平面图。当建筑平面图为对称图形时，可将两层平面图画在同一个图上，即不同楼层的平面图各画一半，其中间用一对称符号作分界线，并在图的下方分别标注相应的图名。但底层平面图需完整画出。

图 17-7 是新建住宅的底层平面图，图 17-8 表示一半是二层平面图、一半是顶层平面图。

平面图中所需的内部尺寸以及设备安装尺寸应当用大比例画出单元平面图，（图 17-9）。由各种不同形式的单元平面图组合而成的平面图称之为组合平面图。组合平面图可不标注内部尺寸，如前述的图 17-7、图 17-8 均为组合平面图。

建筑平面图中还包括屋顶平面图，也称屋面排水示意图。它是房屋顶面的水平投影，用来表示屋面的排水方向、分水线坡度、雨水管位置等。图中还应画出凸出屋面以上的烟道、通风道、天窗、女儿墙以及俯视方向可见的房屋构造物，如阳台、雨篷、消防梯等。如果屋顶平面图中的内容很简单，也可省略不画，但排水方向、坡度需在剖面图中表示清楚，图 17-10 是屋顶平面图。

17.3.2 平面图的内容和规定画法

1. 比例

由于建筑物的形体较大，因此，常用较小的比例绘制建筑施工图。平面图常用比例见表 17-2 所列。

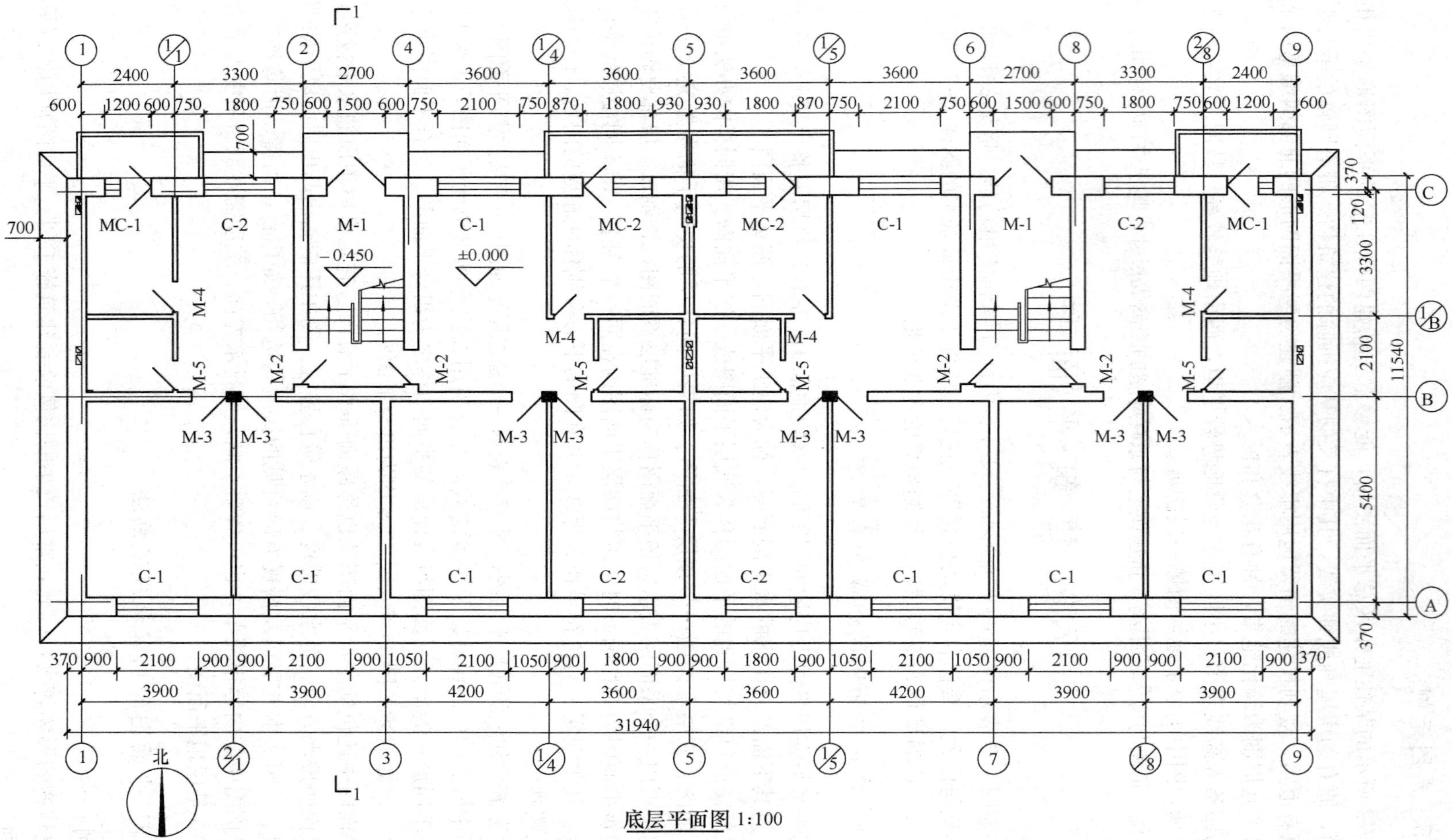

底层平面图 1:100

图 17-7　底层平面图

268

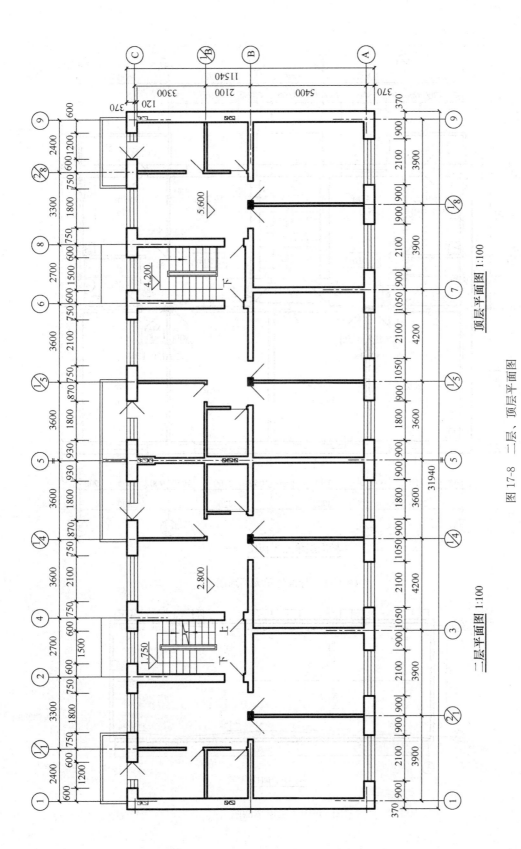

二层平面图 1:100

顶层平面图 1:100

图 17-8 二层、顶层平面图

269

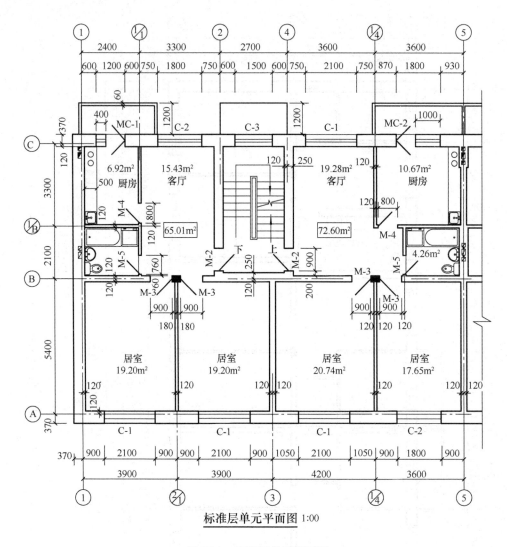

图 17-9　标准层单元平面图

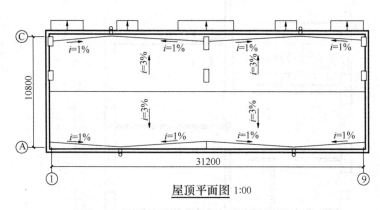

图 17-10　屋顶平面图

比例（GB/T 50104—2010） **表 17-2**

图　名	比　例
建筑物或构筑物的平面图、立面图、剖面图	1∶50、1∶100、1∶150、1∶200、1∶300
建筑物或构筑物的局部放大图	1∶10、1∶20、1∶25、1∶30、1∶50
配件及构造详图	1∶1、1∶2、1∶5、1∶10、1∶15、1∶20、1∶25、1∶30、1∶50

2. 图例

因为建筑平面图的绘图比例较小，所以在平面图中某些建筑构造、配件和卫生器具等都不用按其真实投影绘制，而是用“国标”中规定的图标表示。绘制房屋施工图的常用图例见表 17-3 所列。

3. 定位轴线

在房屋施工图中，用来确定房屋基础、墙、柱和梁等承重构件的相应位置，并带有编号的轴线称为定位轴线。它是施工放线、测量定位、结构设计的依据。

定位轴线要用点画线画出，端部还要画上直径为 8mm 的细实线圆，并在圆内写上编号。房屋的横向墙（柱）轴线编号用阿拉伯数字按水平方向从左至右顺序编写（如图 17-7 中的 1～9）；纵向墙（柱）轴线编号应用大写拉丁字母，从下至上顺序编写（如图 17-7 中的 A～C），但拉丁字母中的 I、O、Z 三个字母不得作为轴线编号，以免与数字 1、0、2 混淆。

轴线编号可以根据情况，标注在平面图的上方、下方、左侧和右侧。

房屋施工图常用图例（GB/T 50104—2010） **表 17-3**

图　例	名　称	图　例	名　称
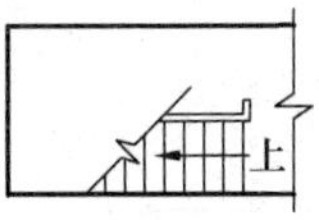	底层楼梯平面图	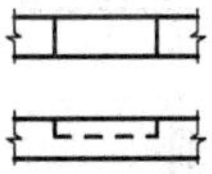	墙预留洞 墙预留槽
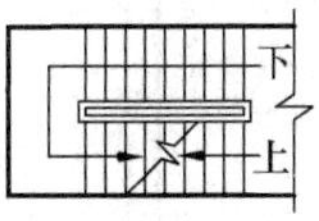	中间层楼梯平面图	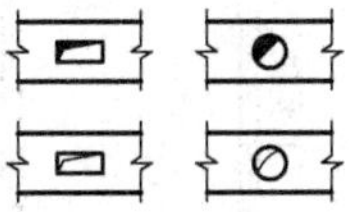	烟道 通风道
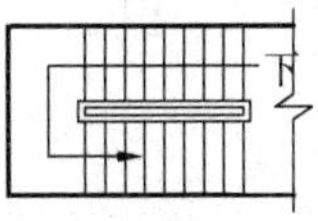	顶层楼梯平面图	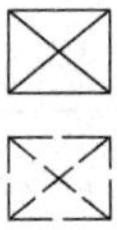	可见检查孔 不可见检查孔
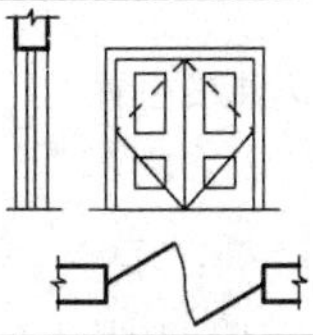	双扇双面弹簧门	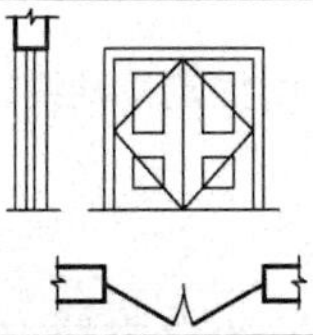	双扇门 （平开或单面弹簧）
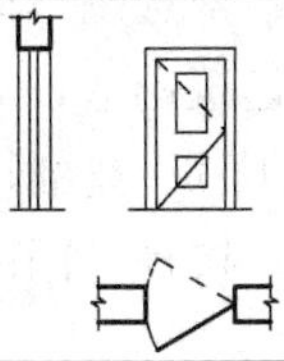	单扇双面弹簧门	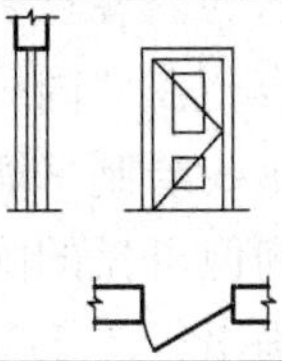	单扇门 （平开或单面弹簧）

图　例	名　称	图　例	名　称
	单层固定窗		双扇内、外开双层门 （平开或单面弹簧）
	单层外开平开窗		双层内、外开平开窗

对于那些非承重构件，可画附加轴线，其编号用分数形式表示，分母表示前一主要承重构件的编号，分子表示附加轴线的编号，如图 17-11 所示。

定位轴线在墙、柱中的位置与墙的厚度、柱的宽度和位于其上面的梁、板搭接深度有关。在砖墙承重的民用建筑中，楼板在墙上的搭接深度为 120mm，因此，外墙的定位轴线定在距墙内皮 120mm 的位置上，而内墙的定位轴线位置为居中布置。常见的定位轴线位置如图 17-12 所示。在一些简单的或对称的平面图上，定位轴线的编号只需标在图样的下方和左侧就可以。

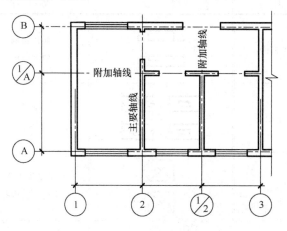

图 17-11　附加定位轴线编号

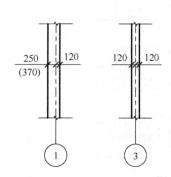

图 17-12　定位轴线位置

4. 图线

由于在平面图上要表示的内容较多，为了分清主次和增加图面效果，常选用不同的线宽和线型来表达不同的内容。在"国标"中规定，凡是被剖切到的主要建筑构造，如承重墙、柱等断面轮廓线用粗实线绘制（墙、柱断面轮廓线不包括抹灰层厚度）；被剖切到的次要建筑构造以及未剖切到但可见的配件轮廓线，如窗台、阳台、台阶、楼梯、门的开启方向和散水等均用中实线画出（图 17-7）。

5. 尺寸标注

平面图尺寸分外部尺寸和内部尺寸两部分。

（1）外部尺寸

为了便于看图和施工，需要在外墙外侧标注三道尺寸：

第一道尺寸为房屋外廓的总尺寸，即从房屋一端的外墙边到另一端的外墙边尺寸，由此得到总长和总宽。房屋的建筑面积就是总长和总宽的乘积，多层房屋的建筑面积就是各建筑面积的总和。图 17-7 中房屋总长为 31.94m，总宽为 11.54m。

第二道尺寸为定位轴线间的尺寸。其中，横墙轴线间的尺寸称为开间尺寸，如图 17-7 中①～②轴之间的开间尺寸为 3.90m，②～④轴之间的开间尺寸为 2.70m；纵墙轴线间的尺寸称为进深尺寸，如图 17-7 中 Ⓐ～Ⓑ轴之间的进深尺寸为 5.40m。

第三道尺寸为细部尺寸，表达门、窗洞口宽度和位置，墙垛分段以及细部构造等。标注这道尺寸应以轴线为基准。

三道尺寸线之间距离一般为 7～10mm，在平面图中与第三道尺寸线最近的图形轮廓线之间距离不宜小于 10mm。当平面图的上、下或左、右的外部尺寸相同时，只需要标注左（右）侧尺寸与下（上）方尺寸；否则，平面图的上、下与左、右均应标注尺寸。外墙以外的台阶、平台、散水等细部尺寸应另行标注。

（2）内部尺寸

内部尺寸是指外墙轴线以内的全部尺寸。它主要用于注明内墙、门窗洞口的位置及其宽度，房间大小，卫生器具、灶台和洗涤盆等固定设备的位置及其大小。

此外，还应标明房间的使用面积和楼面（地面）的相对标高（规定一层地面标高为±0.000，其他各处标高以此为基准，相对标高以米为单位，注写到小数点后 3 位）、房间的名称等内容。

6. 门窗编号及门窗表

在平面图中，门窗是按"国标"规定的图例表示的（窗画二条平行的细实线，单层门画一条向内或向外的 45°中实线，双层门窗画二条向内、向外 45°中实线）。在门窗洞口处的一侧应标注门窗编号，用以区别门窗类型、统计门窗数量，如 M-1、M-2、C-1、C-2 和 MC-1、MC-2 等。其中，M 是门的代号，C 是窗的代号，MC 则是门连窗的代号；1，2，3…是不同类型门窗的编号。为了便于施工，图中还常列有门窗表（表 17-4），表中应列出门窗编号、名称、尺寸、数量及所选用标准图集的编号等内容。

门窗表　　　　　　　　　　　　　　　　　　　　　　　　　表 17-4

类别	编号	洞口尺寸（宽×高）	标准图	型号	数量	备注
门窗	M-1	1500×1900	龙 J101	45-14	2	
	M-2	900×2000	龙 J101	37-6	12	
	M-3	900×2000	龙 J101	201-10	24	
	M-4	800×2000	龙 J101	25-7（G）	12	
	M-5	760×2000	龙 J101	189-2	12	
	MC-1	1200×2300	龙 J101	34-22	6	
	MC-2	1800×2300	龙 J101	90-11	6	
	C-1	2100×1400	龙 J201	33-22	24	
	C-2	1800×1400	龙 J201	33-20	12	
	C-3	1500×1200	龙 J201	33-20	6	

7. 抹灰层、材料图例

平面图中被剖切到的构、配件断面上，抹灰层和材料图例应根据不同的比例而采用不同的画法：

比例大于 1：50 的平面图，应画出抹灰层的面层线，并且画出材料图例；

比例等于 1：50 的平面图，抹灰面层线应根据需要而定；

比例小于 1：50 的平面图，可不画抹灰层的面层线；

比例为 1：100～1：200 的平面图，可简化材料图例，如砖墙涂红、钢筋混凝土涂黑等；

比例小于 1：200 的平面图，可不画材料图例。

17.3.3 看图示例

通过上面对平面图的内容和规定画法的介绍，现以本章图 17-7 所示底层平面图为例，说明平面图的内容及其阅读方法。

从图名上可以知道这是某民用住宅楼的底层平面图，其比例为 1：100，平面图左下角处的指北针显示该住宅为坐北朝南方向。其入口位于楼的两端②～④轴与⑥～⑧轴之间，共有两个单元。每一单元每层共有两户：每户均为两室一厅，其中每户入口处为一明厅，起居室在南侧，厨房在北侧，卫生间设在侧面中间位置。

从①～⑤轴底层平面图来看，从室外进入室内要上一步台阶，进入大门后再上三个踏步到底层地面（±0.000），经分户门可进入左右的两户内。从楼梯可上至二层和三层。

图中横向定位轴线编号为 1～9，纵向定位轴线编号为 A～C。房屋总长 31.94m，总宽 11.54m。南侧左面单元各房间的开间尺寸依次为 3.90m、3.90m、4.20m 和 3.60m。北侧左面单元的开间尺寸依次为 2.40m、3.30m、2.70m、3.60m 和 3.60m。进深尺寸依次为 5.40m、2.10m 和 3.30m。外墙厚为 490mm，承重内墙厚为 240mm，非承重内墙厚 120mm，楼梯间墙厚 370mm。外门编号为 M-1，分户门编号为 M-2，各内门编号分别为 M-3、M-4 和 M-5。窗的编号为 C-1、C-2、C-3。编号 MC-1、MC-2 的为门连窗。门和窗的详细尺寸均在门窗表中表明（表 17-4）。

图中还表示了阳台、室内楼梯墙体上面烟道和通风道、室外台阶、散水的形状与位置。

17.4 建 筑 立 面 图

建筑立面图是在与房屋立面平行的投影面上所作的正投影图，简称立面图。它主要用于表示房屋的外部造型和各部分配件的形状及相互关系，如立面的形状，屋顶以及门窗、阳台、台阶、雨篷、烟道、通风道和雨水管等式样与位置及相应的标高、尺寸。还要表示出墙面装饰的划分方法及其材料和做法。

17.4.1 立面图的名称

当房屋前后、左右的立面形状不同时，应当画出每个方向的立面图，此时，立面图的名称为正立面图、背立面图、左侧立面图和右侧立面图。有时也可按房屋的朝向称为南立面图、北立面图、东立面图和西立面图，或以房屋两端的定位轴线编号命名，如⑨～①立面图、Ⓐ～Ⓒ立面图。图 17-13、图 17-14 分别为住宅楼的正立面图和侧立面图。

17.4.2　立面图的规定画法

1. 比例

绘制立面图所采用的比例应与平面图比例相同，其常用比例见表 17-2 所列。

2. 定位轴线

在立面图中，一般只画两端的定位轴线及其编号，以便与平面图对照确定立面图的方向，如图 17-13 中的⑨～①和图 17-14 中的Ⓐ～Ⓒ。

3. 图线

为了使立面图中的主次轮廓线层次分明，增强图面效果，应采用不同的线型。具体要求如下：

室外地面线用特粗线（1.4b）表示；立面外轮廓线用粗实线绘制；门窗洞口、台阶、花台、阳台、雨篷、檐口、烟道、通风道等均用中实线绘制；某些细部轮廓线，如门窗格子、阳台栏杆、装饰线脚、墙面分格线、雨水管和文字说明引出线等均用细实线绘制。

4. 图例及省略画法

立面图中的门窗可按表 17-3 中的图例绘制。外墙面的装饰材料除可画出部分图例外，还应用文字加以说明。图中相同的门窗、阳台、外檐装饰、构造做法等可在局部重点表示，绘出其完整图形，其余可只画轮廓线。

17.4.3　尺寸标注

立面图中应注出外墙各主要部位的标高及高度方向的尺寸，如室外地面、台阶、窗台、门窗上口、阳台、雨篷、檐口、屋顶、烟道、通风道等处的标高。对于外墙预留洞除注出标高外，还应注明其定形尺寸和定位尺寸。

17.4.4　看图示例

现以本章图 17-13 为例说明立面图的内容及阅读方法。

首先，查找轴线编号。立面图两端通常标有定位轴线编号，此编号与平面图的轴线编号是一致的，将两者联系起来对照阅读，便能够确定此立面图是房屋的北向立面图。

其次，了解房屋的外形。从立面图上能够看出房屋的外形到房屋的高度变化，以及台阶、勒脚、阳台、雨篷、门窗、屋顶和雨水管等细部的形式和位置。图中还表示出两个单元门的位置及房屋高度方向各部位的标高尺寸，如房屋室外台阶上表面标高为－0.45m，房屋最高处标高为 9.30m，其他各部位标高和高度方向尺寸在图中已表示清楚。

最后，了解墙面装饰材料及做法。图中用指引线再加上文字说明可知房屋外墙面装饰材料为白色涂料，勒脚为褐色水刷石抹面。

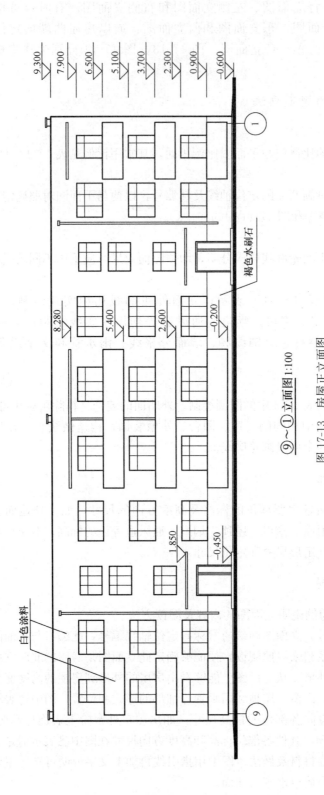

⑨～①立面图 1:100

图17-13 房屋正立面图

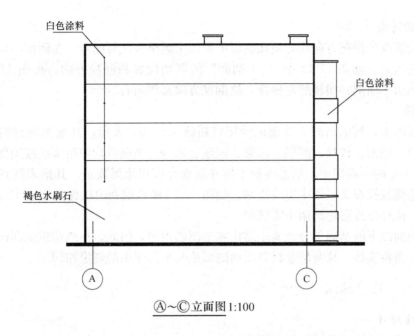

白色涂料

白色涂料

褐色水刷石

Ⓐ～Ⓒ立面图 1:100

图 17-14　房屋侧立面图

17.5　建　筑　剖　面　图

建筑剖面图主要表示房屋的内部结构、分层情况、各层高度、墙体厚度、楼面和地面的构造以及各配件在垂直方向上的相互搭配关系等内容。

17.5.1　建筑剖面图的形成及特点

假想用正平面或侧平面作为剖切平面剖切房屋，所得到的垂直剖面图称为建筑剖面图，简称剖面图。图 17-15 为本章实例图 17-7 底层平面图中的 1-1 剖面图。

剖面图的剖切位置应选在房屋的主要部位或建筑构造较为典型的部位，如剖切平面通过门窗洞口和楼梯间。当一个剖切平面不能同时剖到这些部位时，可采用若干个平行的剖切平面。

剖面图的数量应根据房屋复杂程度而定。剖切平面一般取侧平面，所得到的剖面图为横向剖面图；必要时也可取正平面，所得剖面图为纵向剖面图。绘制剖面图时，必须弄清房屋的哪些部分被切开，自剖切位置向剖视方向看，凡是能看到的部分都应画出。这样，在剖面图中就能表示出墙体、散水、地面（楼面）、楼梯、台阶、雨篷、阳台、檐口、屋面等处的构造及相对位置关系。

17.5.2　规定画法

1. 定位轴线

在剖面图中，凡是被剖到的承重墙、柱都要画出定位轴线，并注写与平面图相同的编号。

2. 剖切符号

剖切位置线和剖视方向线必须在底层平面图中画出并注写编号，在剖面图的下方标注与其相同的图名。如图 17-15 中"1-1 剖面"的剖切位置和剖视方向，在图 17-7 中已标明。由于剖切平面剖到楼梯的左梯段，故剖视方向必须向右。

3. 图线

在剖面图中，被剖到的室外地面线用特粗线（1.4b）表示，其他被剖到的部位，如散水、墙身、地面、楼梯、圈梁、过梁、雨篷、阳台、顶棚等均用粗实线或图例表示。比例小于 1∶100 的剖面图中，钢筋混凝土构件断面允许用涂黑表示。其他未剖到但能看见的建筑构造则按投影关系用中实线绘制。如图 17-15 中被剖到的楼梯段用粗实线，没有被剖到的另一侧梯段外形轮廓用中实线画。

由于地面以下的基础部分是属于结构施工图的内容，因此，在画建筑剖面图时，室内地面只画一条粗实线。抹灰层及材料图例的画法与平面图中的规定相同。

17.5.3 尺寸标注

1. 轴线尺寸

注出承重墙或柱定位轴线间的距离尺寸。

2. 高度尺寸和标高

（1）高度尺寸

外部尺寸：注出墙身垂直方向的细部尺寸，如门窗洞口、勒脚、窗间墙的高度尺寸，房屋主体的高度尺寸。

内部尺寸：注出室内门窗及墙裙的高度尺寸。

（2）标高

注出室内外地面、各层楼面、阳台、楼梯平台、檐口、顶棚、门窗、台阶、烟道和通风道等处的标高（需注意外墙、烟道和通风道的标高应与立面图中的标高一致，且标注在剖面图的最外侧）。

17.5.4 看图示例

现以图 17-15 剖面图为例，说明剖面图的图示内容及阅读方法。

将图名和轴线编号与图 17-7 底层平面图上的剖切位置和轴线编号相对照，可知 1-1 剖面图是一个剖切平面通过楼梯间，剖切后向右进行投影的剖面图。

从剖面图中可以看出房屋的内部构造、结构形式和所用建筑材料等内容，如梁、板的铺设方向，梁、板与墙体的连接关系。墙体是用砖砌筑的，而梁、板、楼梯、雨篷等构件的材料为钢筋混凝土。

从图中所注标高可以了解各部位在高度方向的变化情况，如楼面、顶棚、平台、窗洞上下皮、女儿墙、室外地面等处距底层室内地面（±0.000）的相对尺寸。

从定位轴线间的尺寸能反映出房屋的宽度；外墙细部尺寸则表示窗高、墙垛高度，如窗高为 1.40m；房屋总体高度为 9.90m。

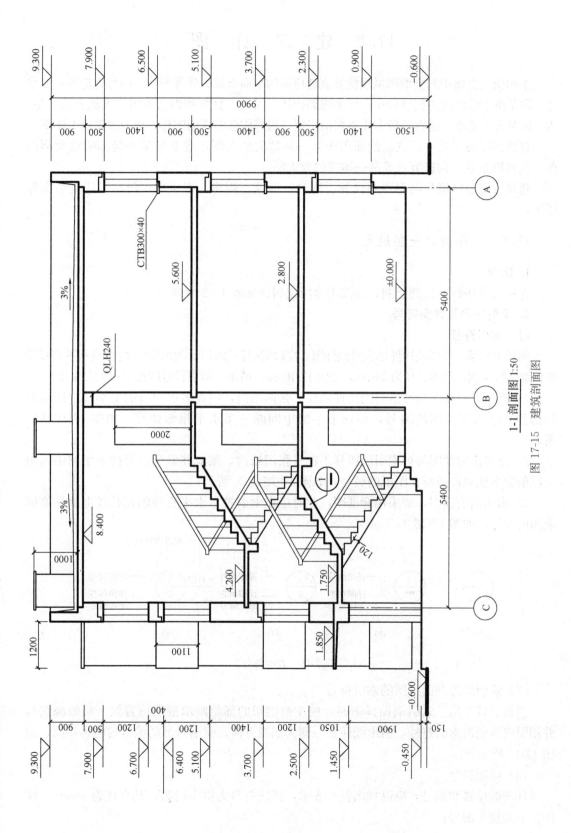

图 17-15　建筑剖面图

1-1 剖面图 1:50

17.6 建 筑 详 图

平面图、立面图和剖面图虽然能够表达房屋的平面布置、外部形状、内部构造和主要尺寸，但是由于绘图所用比例较小，许多细部构造、尺寸、材料和做法等内容无法表达清楚。为了满足施工要求，通常用较大比例画出房屋的局部构造的详细图样，称为详图或大样图。

建筑详图可以是平、立、剖面图中某一局部的放大图，或者是某一局部的放大剖面图，也可以是某一构造节点或某一构件的放大图。

建筑详图包括墙身剖面图和楼梯、阳台、雨篷、厨房、卫生间、门窗、建筑装饰等详图。

17.6.1 详图的一些规定

1. 比例

详图通常用较大比例绘制，详图中常用比例详见表 17-2 所列。

2. 索引符号与详图符号

（1）索引符号

图样中的某一局部或构件如需另画详图，应以索引符号索引。索引符号的圆及水平直径均应以细实线绘制，圆的直径为 10mm，如图 17-16（*a*）所示。索引符号应按下列规定编号：

1）索引出的详图与被索引的图样同在一张图纸内，应在索引符号的上半圆中间用阿拉伯数字注明该详图的编号，并在下半圆中间画一条水平粗短画线，如图 17-16（*b*）所示。

2）索引出的详图与被索引的图样不在一张图纸内，则应在索引符号的下半圆中间用阿拉伯数字注明该图所在图纸的编号，如图 17-16（*c*）所示。

3）索引出的详图，如采用标准图，此时应在索引符号水平直径的延长线上加注该标准图的编号，如图 17-16（*d*）所示。

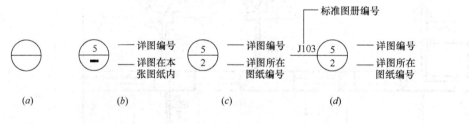

图 17-16　索引符号

（2）索引局部剖面详图的索引符号

当索引符号用于索引剖面详图时，应在被剖切的部位画出剖切位置线（粗短画线），并用引出线引出索引符号，引出线所在一侧为剖视方向。索引符号的编号与前述相同，如图 17-17 所示。

（3）详图符号

详图的位置和编号，应以详图符号表示，详图符号为粗实线圆，其直径为 14mm。详图按下列规定编号：

1）详图与被索引的图样同在一张图纸内时，应在详图符号内用阿拉伯数字注明详图的编号，如图 17-18（a）所示。

2）详图与被索引的图样，如不在同一张图纸内时，可在详图符号内画一条水平细实线，在上半圆中间注明详图编号，在下半圆中间注明被索引详图的图纸编号，如图 17-18（b）所示。

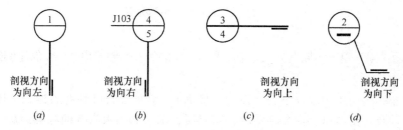

图 17-17　局部剖面详图的索引符号

3. 多层构造说明

房屋的地面（楼面）、屋面、散水、檐口等构造是由多种材料分层构成的，在详图中除画出材料图例外还要用文字加以说明。其方法是用引出线指向被说明的位置，引出线一端应通过被引出的各构造层，另一端应画若干条与其垂直的横线，文字说明应注写在该横线的上方或端部，说明的顺序应由上至下，并应与被说明的层次相一致，如图 17-19 所示。如层次为横向排列，则由上至下的说明顺序与由左至右的层次相互一致。

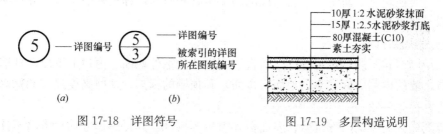

图 17-18　详图符号　　　　　　　图 17-19　多层构造说明

4. 图线

详图中所用图线基本上同平面图或剖面图相一致。但被剖切到的抹灰层和楼（地）面的面层线用中实线画出。

5. 建筑标高与结构标高

建筑标高是指建筑构造（包括构、配件）完成面的标高。结构标高是指构件（梁、板等）上皮或下皮的标高。

在详图中，同立面图、剖面图一样，要注写楼面（地面）、地下层地面、楼梯、阳台、平台、台阶、挑檐等处完成面的标高（建筑标高）及高度方向的尺寸；其余部位（如檐口、门窗洞口等）要注写毛面尺寸和标高，如图 17-20 所示。

17.6.2　墙身剖面详图

墙身剖面详图是假想用剖切平面在窗洞口处将墙身完全剖开，并用大比例画出的墙身剖面图，如图 17-21 所示Ⓐ、Ⓒ墙的剖面详图。

下面说明墙身剖面详图的图示内容和规定画法。

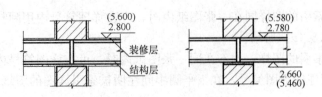

图 17-20　建筑标高与结构标高

1. 比例

墙身剖面详图常用比例见表 17-2 所列。图 17-21 的Ⓐ、Ⓒ墙是用 1：20 的比例绘制的。

2. 图示内容

墙身剖面详图主要用以详细表达地面（楼面）、屋面和檐口等处的构造，楼板与墙体的连接形式以及门窗洞口、窗台、勒脚、防潮层、散水和雨水管等的细部做法。同时，在被剖到的部分应根据所用材料画上相应的材料图例以及注写多层构造说明。

3. 规定画法

由于墙身较高且绘图比例较大，画图时，常在窗洞口处将其折断成几个节点；若多层房屋的各层构造相同时，则可只画底层、顶层或加一个中间层的构造节点，但要在中间层楼面和墙洞上下皮的标高处用括号加注省略层的标高，如图 17-21 中的（5.100）和（6.500）。

有时，房屋的檐口、屋面、楼面、窗台、散水等配件节点详图可直接在建筑标准图集中选用，但需在建筑平面图、立面图或剖面图中的相应部位标出索引符号，并注明标准图集的名称、编号和详图号。

4. 尺寸标注

在墙身剖面详图的外侧，应标注垂直细部尺寸和室外地面、窗口上下皮、外墙顶部等处的标高，墙的内侧应标注室内地面（楼面）和顶棚的标高。这些高度尺寸和标高应与剖面图中所标尺寸一致。

墙身剖面详图中的门窗过梁、屋面板和楼板等构件，其详细尺寸均可省略不注，施工时，可在相应的结构施工图中查到。

5. 看图示例

在图 17-21 中，详细标明了墙身从防潮层到屋顶面之间各节点的构造形式及做法，如室外散水坡度、室内地面、防潮层和窗台板等处的详细情况。防潮层为一毡二油，做在底层地面（±0.000）以下 60mm 处。在二层楼面节点上，可以看到楼面的构造，所用预制钢筋混凝土空心板伸入墙内并搭接在外墙上。在窗洞上部设有钢筋混凝土过梁。女儿墙厚240mm。屋面由预制钢筋混凝土空心板、保温层和防水层构成。屋面横向排水坡度为3％，为有组织排水。图中也标明了墙身内外表面装饰的断面形式、厚度及所用材料等。

17.6.3　楼梯详图

在多层建筑中，一般采用现浇或预制钢筋混凝土楼梯。它由楼梯段、休息平台、平台梁、栏杆（栏板）和扶手等组成。

楼梯详图包括楼梯平面图、楼梯剖面图、踏步和栏杆扶手节点详图。楼梯详图一般包括建筑详图和结构详图，但当楼梯比较简单时，两图可以合并放在结构施工图中。楼梯详

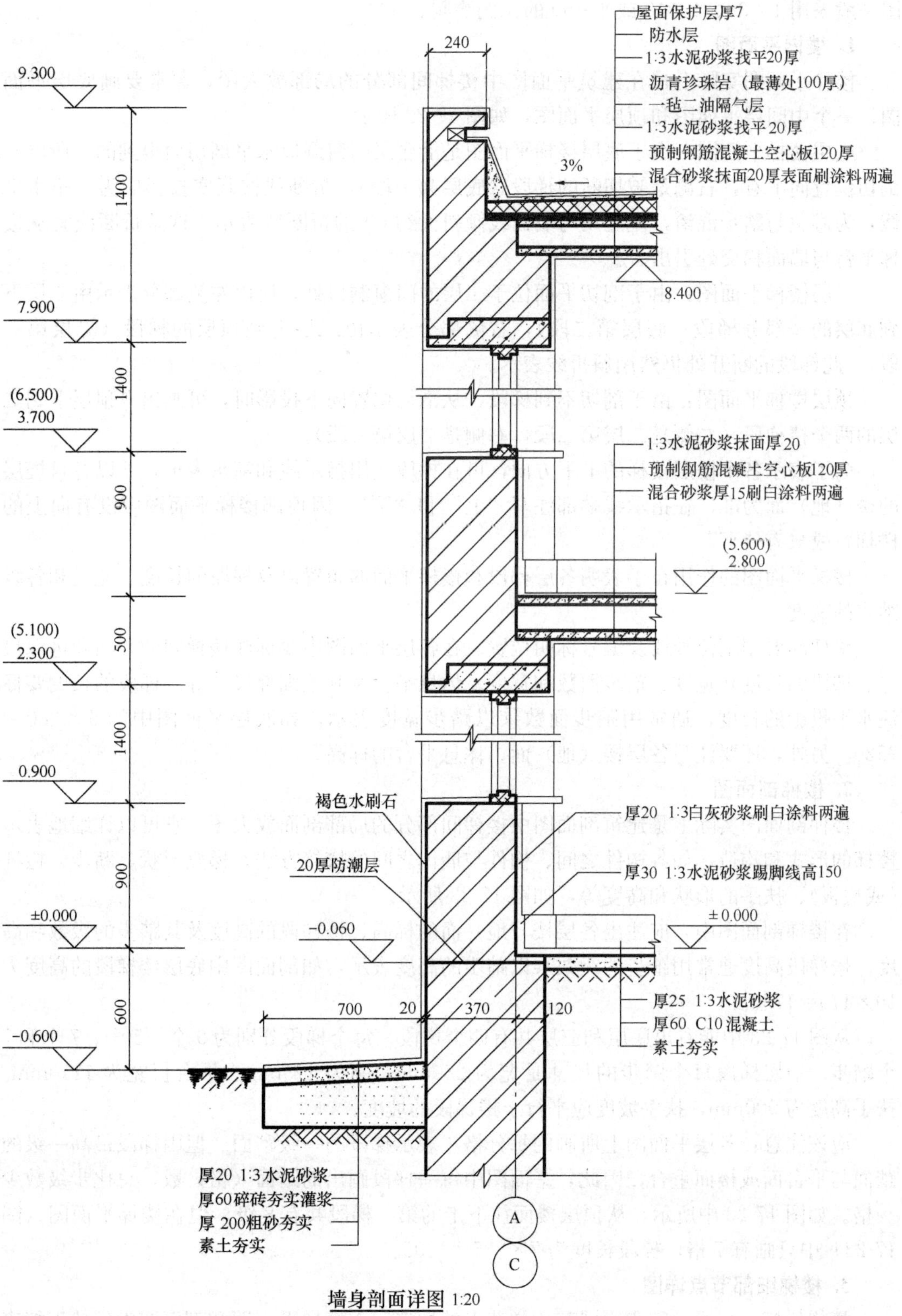

屋面保护层厚7
防水层
1:3水泥砂浆找平20厚
沥青珍珠岩（最薄处100厚）
一毡二油隔气层
1:3水泥砂浆找平20厚
预制钢筋混凝土空心板120厚
混合砂浆抹面20厚表面刷涂料两遍
240
3%
9.300
1400
8.400
7.900
1400
(6.500)
3.700
900
1:3水泥砂浆抹面厚20
预制钢筋混凝土空心板120厚
混合砂浆厚15刷白涂料两遍
(5.600)
2.800
500
(5.100)
2.300
1400
0.900
褐色水刷石
厚20 1:3白灰砂浆刷白涂料两遍
20厚防潮层
900
厚30 1:3水泥砂浆踢脚线高150
±0.000
−0.060
±0.000
600
700
20
370
120
厚25 1:3水泥砂浆
厚60 C10混凝土
素土夯实
−0.600
厚20 1:3水泥砂浆
厚60碎砖夯实灌浆
厚 200粗砂夯实
素土夯实
A
C

墙身剖面详图 1:20

图 17-21 墙身剖面详图

图一般采用 1：30、1：40 或 1：50 的比例绘制。

1. 楼梯平面图

楼梯平面图实际上是在建筑平面图中楼梯间部分的局部放大图，通常要画底层平面图、一个中间层平面图和顶层平面图，如图 17-22 所示。

底层楼梯平面图：由于底层楼梯平面图是沿底层门窗洞口水平剖切而得到的，所以从剖切位置向下看，右侧是被切断的梯段（底层第一段），折断线按真实投影应为一条水平线，为避免与踏步混淆，规定用与墙面线倾斜大约 60°的折断线表示。这条折断线宜从楼梯平台与墙面相交处引出。

二层楼梯平面图：由于剖切平面位于二层的门窗洞口处，所以左侧部分表示由二层下到底层的一部分梯段（底层第二段），右侧部分表示由二层上到顶层的梯段（二层第一段），此梯段的断开处仍然用斜折线表示。

顶层楼梯平面图：由于剖切不到梯段，从剖切位置向下投影时，可画出自顶层下到二层的两个楼梯段（左侧是二层第二段，右侧是二层第一段）。

为了表示各个楼层楼梯的上下方向，可在梯段上用指示线和箭头表示，并以各自楼层的楼（地）面为准，在指示线端部注写"上"和"下"。因顶部楼梯平面图中没有向上的楼梯，故只有"下"。

楼梯平面图的作用在于表明各层梯段和楼梯平面的布置以及梯段的长度、宽度和各级踏步的宽度。

楼梯间要用定位轴线及编号标明位置。在各层平面图中要标注楼梯间的开间和进深尺寸、梯段的长度和宽度、踏步面数和宽度、休息平台及其他细部尺寸等。梯段的长度要标注水平投影的长度，通常用踏步面数乘以踏步宽度表示，如底层平面图中的 $9 \times 280 = 2520$。另外，还要注写各层楼（地）面、休息平台的标高。

2. 楼梯剖面图

楼梯剖面图实际上是建筑剖面图中楼梯间部分的局部剖面放大图。它可以详细地表示楼梯的形式和构造，如各构件之间、构件与墙体之间的搭接方法，梯段形状，踏步、栏杆（或栏板）、扶手的形状和高度等，如图 17-23 所示。

在楼梯剖面图中，应注出各层楼（地）面的标高、楼梯段的高度及其踏步的级数和高度。楼梯段高度通常用踏步的级数乘以踏步的高度表示，如剖面图中底层楼梯段的高度为 $10 \times 175 = 1750$。

从图 17-23 中能看出底层和三层共有四个梯段，每个梯段分别为 9 个、5 个、7 个和 7 个踏步。一层梯段每个踏步的尺寸是宽为 280mm，高为 175mm。平台板宽为 1250mm。扶手高度为 900mm，扶手坡度应平行于楼梯段的坡度。

应该注意：各层平面图上所画的每分格，表示梯段的一级踏面。但因梯段最高一级的踏面与平台面或楼面重合，因此，平面图中每一梯段画出的踏面（格）数，总比步级数少一格。如图 17-23 中所示，从顶层楼面往下走的第一梯段共有 8 级，但在楼梯平面图（图 17-22）中只画有 7 格，梯段长度为 $7 \times 285 = 1995$。

3. 楼梯细部节点详图

楼梯栏杆、扶手、踏步面层和楼梯节点的构造，在楼梯平面图和剖面图中仍然不能表示得十分清楚，还需要用更大比例画出节点放大图。

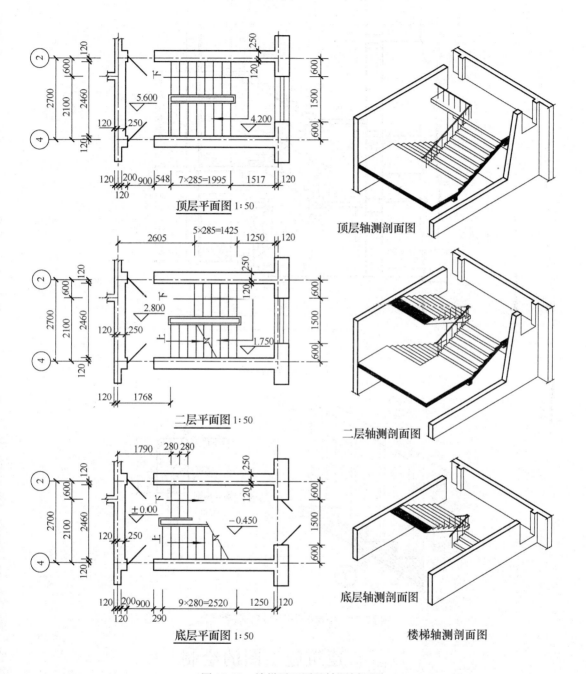

图 17-22　楼梯平面图及轴测剖面图

图 17-24 中楼梯节点、栏杆、扶手详图，已详细标明楼梯踏步、栏杆和扶手的细部构造及尺寸。

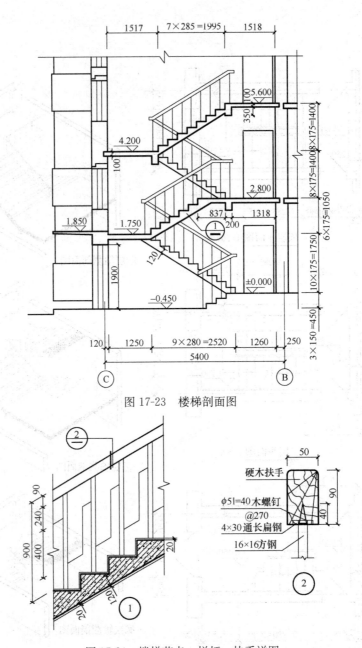

图 17-23　楼梯剖面图

图 17-24　楼梯节点、栏杆、扶手详图

17.7　建筑施工图的绘制

通过前面几节的学习，对建筑施工图的表达内容、图示方法和看图要领有了初步了解。但要学会画建筑施工图，掌握画图的技能与技巧，就必须通过绘图的实践。

绘图时，首先要根据所画图形的内容、数量和大小，选择合适的图纸、比例进行布图，然后再用硬铅笔（2H 或 3H）画出细线底图，最后再按图线要求加深底图、标注尺寸、填写标题栏。

建筑施工图的画图顺序是先画平面图，再画立面图和剖面图，最后画详图。

平面图、立面图和剖面图三个图样可以画在一张图纸上，也可以不画在一张图纸上。画在一张图纸上时，应按投影关系排列；不画在一张图纸上时，相应的尺寸必须一致。

下面介绍各建筑施工图的具体画法。

17.7.1　平面图的画法

（1）根据开间和进深尺寸画出定位轴线，如图 17-25（a）所示。

（2）根据墙体厚度、门窗洞口和窗间墙等细部尺寸画出内外墙身轮廓线的底图，如图

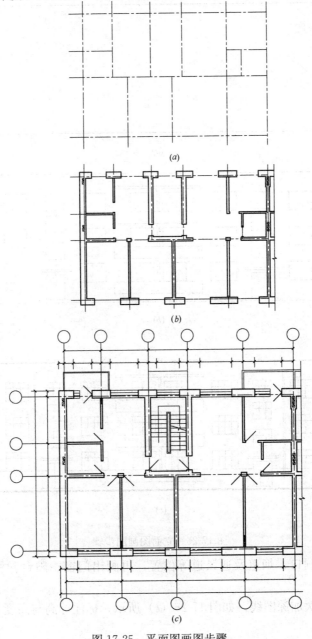

图 17-25　平面图画图步骤

17-25（b）所示。

（3）根据尺寸画出楼梯、台阶、平台、散水等细部，再按图例画出门窗、烟道、通风道等，如图 17-25（c）所示。

（4）按图线层次要求加深所有图线，再画尺寸界线、尺寸线和轴线编号圆圈，最后注写轴线与门窗编号以及尺寸数字（参看图 17-7、图 17-9）。

17.7.2　立面图的画法

（1）画出室外地面线、房屋外形轮廓线和屋顶线，如图 17-26（a）所示。

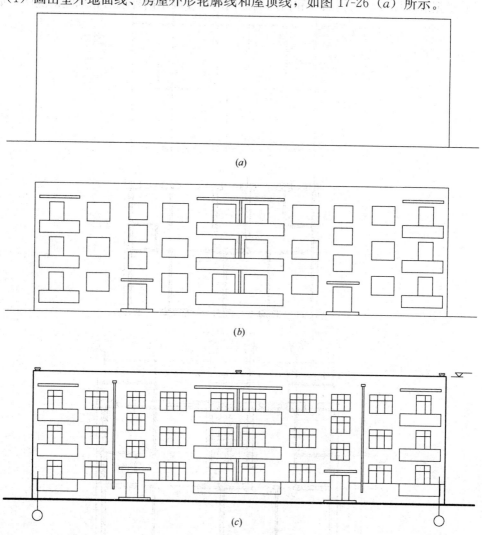

图 17-26　立面图画图步骤

（2）确定门窗洞口、烟道及通风道等位置，再画出门窗、阳台、檐口等细部，如图 17-26（b）所示。

（3）按图线层次加深图线，如图 17-26（c）所示；标注标高与高度方向尺寸及文字说明（参看图 17-13）。

17.7.3 剖面图的画法

（1）依次画出墙身定位轴线、室内外地面线和女儿墙顶部线，再画各楼层、楼梯平台等处标高控制线和墙厚线，如图 17-27（a）所示。

（2）在墙身上画出门窗位置，再画楼梯梯段、台阶、阳台、女儿墙、屋面、烟道、通风道等细部，如图 17-27（b）所示。

（3）按图线层次加深各图线，如图 17-27（c）所示；注写标高和尺寸数字（参看图 17-15）。

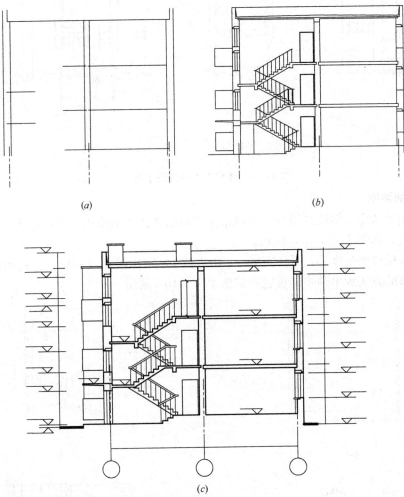

图 17-27　剖面图画图步骤

17.7.4　楼梯详图画法

1. 楼梯平面图（以底层平面图为例）

（1）根据楼梯间的开间和进深尺寸画出定位轴线，然后根据墙体厚度画出墙轮廓线及门窗洞口，如图 17-28（a）所示。

（2）画出楼梯平台宽度 a、梯段长度 L、梯段宽度 b，再根据踏步级数 n 在楼梯段上用等分两平行线间距离的方法画出踏步面数（等于 $n-1$），如图 17-28（b）所示。

（3）画其他细部，并根据图线层次依次加深图线，再标注标高、尺寸数字、轴线编号、楼梯上下方向指示线和箭头，如图 17-28（c）所示。

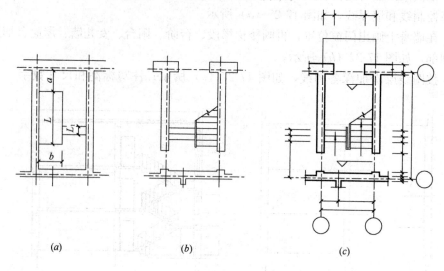

（a）   （b）   （c）

图 17-28　楼梯平面图画图步骤

2. 楼梯剖面图

（1）先画外墙定位轴线及墙身，再根据标高画出室内外地面线、各层楼面、楼梯休息平台的位置线，如图 17-29（a）所示。

（2）根据梯段的长度 L、平台宽度 a、踏步数 n，定出楼梯段的位置。再根据等分两平行线间距离的方法画出踏步的位置，如图 17-29（b）所示。

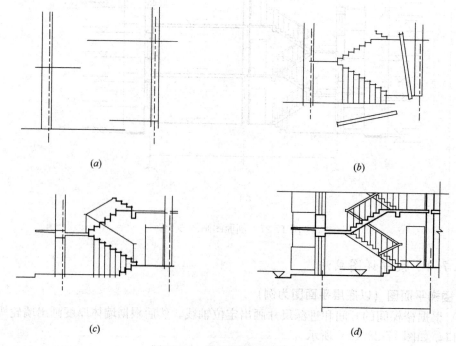

（a）   （b）

（c）   （d）

图 17-29　楼梯剖面图画图步骤

（3）画门窗、梁板、台阶、雨篷、栏杆和扶手等细部，如图 17-29（c）所示。

（4）加深图线并标注尺寸、标高、轴线编号等，如图 17-29（d）所示。

思 考 题

1. 试述房屋施工图的分类以及建筑施工图和结构施工图的主要区别。

2. 房屋施工图包括哪些图纸，它们各自表示什么内容？

3. 试述总平面图的作用和内容以及如何在总平面图中确定建筑物的位置。

4. 平面图的外墙上规定标注几道尺寸？每道尺寸的作用如何？

5. 在剖面图和立面图上各自标注哪些尺寸（包括标高）？

6. 为什么要画详图，它在表达方法上与平面图、立面图和剖面图有何区别？

7. 试述索引符号与详图符号的编制方法。

8. 试述画平面图、立面图、剖面图的一般方法和步骤。